普通高等院校数据科学与大数据技术专业"十三五"规划教材

R 语言程序设计基础

主　编　文必龙　高雅田
副主编　李　治　李　萌

华中科技大学出版社
中国·武汉

内 容 简 介

本书全面且系统地讲述了 R 语言的基础知识、图形工具及在机器学习算法中的应用。教材分为三个部分。第一部分是基础部分,由第 1～5 章组成,介绍 R 语言的基本语法、数据类型、控制流程、数据的输入输出及图形编程等。第二部分是高级部分,由第 6～11 章组成,介绍 R 语言的数据预处理、数据处理、数据统计性分析,以及回归分析、聚类分析、支持向量机、人工神经网络等常用数据分析算法的原理及应用编程。第三部分即第 12 章,是应用案例,以图书馆大数据分析为业务背景,逐步介绍了采用 R 语言进行数据探索、数据分析、数据可视化等的具体方法和实现过程。

本书按照"教、学、做"一体化的模式编写,本书可以作为高等院校 R 语言课程的教材,也可以作为软件开发人员学习 R 语言的参考书籍。

图书在版编目(CIP)数据

R 语言程序设计基础/文必龙,高雅田主编. —武汉:华中科技大学出版社,2019.4(2025.1 重印)

普通高等院校数据科学与大数据技术专业"十三五"规划教材

ISBN 978-7-5680-5006-7

Ⅰ. ①R… Ⅱ. ①文… ②高… Ⅲ. ①程序语言-程序设计-高等学校-教材 Ⅳ. ①TP312

中国版本图书馆 CIP 数据核字(2019)第 062428 号

R 语言程序设计基础 文必龙 高雅田 主编

R Yuyan Chengxu Sheji Jichu

策划编辑:李 露 廖佳妮

责任编辑:李 露

封面设计:原色设计

责任校对:李 琴

责任监印:徐 露

出版发行:华中科技大学出版社(中国·武汉) 电话:(027)81321913
　　　　　武汉市东湖新技术开发区华工科技园 邮编:430223

录　　排:华中科技大学惠友文印中心

印　　刷:武汉邮科印务有限公司

开　　本:787mm×1092mm 1/16

印　　张:18

字　　数:441 千字

版　　次:2025 年 1 月第 1 版第 3 次印刷

定　　价:49.80 元

近年来,国家明确提出实施国家大数据战略,大数据已然成为一个非常时尚、热门的概念。随着大数据变得越来越流行,对大数据的探索、分析、预测已经成为大数据分析领域的基本技能之一。"大数据"直到今天都是一个宽泛的概念,但是对其中"大"的概念已经达成了共识,那就是"数量庞大的数据集"。在"数量庞大的数据集"面前,传统的数据挖掘软件已经力不从心,在这种背景下由统计学家编写的一款免费的数据挖掘软件R语言进入了大数据研究者的视野中。R语言提供可以进行交互式数据分析和数据探索的强大平台。经过近些年的发展,R语言被越来越多的大数据研究者接受并使用。

目前关于R语言的参考书籍并不多,可以找到的R语言教材大多是由统计学家撰写的,在内容上偏向统计学理论的介绍,对R语言本身的讲解不多,并且统计学家的讲解方式对现今大量涌入大数据研究行业的计算机相关专业的学生来说友好度过低,造成教学者选材困难,使用者学习困难。由此编者产生了编写这本适合数据科学与大数据技术以及计算机相关专业学生使用的R语言教材的想法,并且完成了这本R语言教材。本书包括以下特色。

(1) 本书的作者全部为来自教学一线的计算机相关专业的高校教师,教学经历丰富,对计算机语言讲授方式把握精准,所编写的内容适合相关专业的学生学习。

(2) 本书从无到有一步一步地教读者使用R语言。

(3) 本书对统计学基础的要求较低,在循序渐进的学习过程中,读者可掌握相关的统计学知识。

(4) 语言表达简洁、严谨、流畅,内容通俗易懂、重点突出、实例丰富,可作为高校各专业程序设计语言课程的教材,也可以作为非计算机专业公共基础课教材。

(5) 本书对常用的R语言的语法与使用方法做了详尽的讲解。

(6) 书中包含大量的实例与代码,让读者在学习时事半功倍。

(7) 本书以一个完整的、易于理解的"图书馆大数据分析"为案例,运用大数据分析方法和书中介绍的R语言知识逐步实现需求分析、数据理解、数据处理、数据分析、数据可视化等全部过程。

本书第1、3、6、7章由李萌编写,第2、4、5章由李治编写,第8、9、10、11章由高雅田编写,第12章由文必龙编写。

本书提供全套教学课件和源代码,源代码均在RStudio中测试通过。

由于时间仓促,作者水平有限,书中难免出现疏漏,不足之处敬请读者批评指正。

目 录
CONTENTS

第1章 进入R的世界

本章学习目标

- 掌握 R 及 RStudio 的下载与安装
- 认识 RStudio 开发环境
- 掌握 R 语言的基本开发过程
- 了解 R 语言的扩展包

R 语言是针对统计分析、图形可视化、报告的完美工具，它在广泛的领域中都有着完美的表现。R 语言的核心是解释计算机语言，其允许分支和循环，以及使用函数的模块化编程。R 语言可以与 C,C++,Java,Python 等语言集成以提高效率。相信通过本章的学习，读者会对 R 环境有充分的认识，并且可以了解到与 R 的扩展包有关的知识。

R 语言最初是由新西兰奥克兰大学统计系的 Ross Ihaka 和 Robert Gentleman 在 S 语言的基础上开发的。R 语言于 1993 年首次亮相。一大群人通过发送代码和错误报告对 R 语言做出了贡献。1997 年，R 语言的核心开发团队成立，当然 Ross Ihaka 和 Robert Gentleman 是这个开发团队的成员，另外，S 语言的开发者 John Chambers 也是这个开发团队的一员。这些成员拥有修改 R 源代码的权限。

1.1 R 及 RStudio 的下载与安装

1.1.1 R 的下载与安装

使用 R 语言的第一步是下载 R 程序。R 程序是 R 语言核心团队免费提供给大家的，我们只需要访问 R 的网站 https://www.r-project.org/，从"维护者"网站（CRAN）来下载需要的 R 程序。CRAN 代理网站有很多，大家可以按照自己的实际情况来选择，本书选择国内的 CRAN 代理网站 https://mirrors.ustc.edu.cn/CRAN/来下载 R 程序。

R 语言需要依靠安装在操作系统中的 R 程序来运行。Windows 系统、Mac OS 系统、Linux 系统都支持 R 程序的运行，当然前提是已下载了相应的 R 程序。本书中的所有例子都在 Windows 环境下执行,所以本书选择 Windows 环境下的 R 程序。

首先选择下载 Windows 版本的 R 程序,然后选择 Base 即可在其中选择下载最新版本的 R 程序。成功下载 R 程序后需要安装 R 程序。找到下载的 R 程序,然后按照安装向导将 R 程序安装到指定目录,需要注意的是,安装的目录尽量不要存在空格或者中文。安装的过程中会询问用户安装哪些组件,其中包含 32 位和 64 位的两种程序,请用户按照自己的实际需求选择其中一个程序。安装完成后,双击 R 图标就可以打开 R 程序的标准界面,在这个界面中可以在 Console 区域中编写、运行 R 代码,同时代码运行结果也可以在 Console 区域中查看。

可以在 Console 区域中编写、运行 R 代码,同时查看代码运行结果的这一特征正是 R 的魅力所在。R 不用像 Java 等编程语言那样需要将源代码编译后运行才可以看到结果,R 的运行结果在输入相应的命令后会自动显示出来。

1.1.2 RStudio 的下载与安装

R 语言充满了魅力,有无数的程序员为 R 的发展无私地贡献了自己的力量。他们为 R 编写了大量的集或开发环境(IDE),现在公认最好的是 JJ Allaire 小组设计的 RStudio 。本书中的例子使用 RStudio 来完成,下面来完成 RStudio 的下载与安装。

可以在 RStudio 的官网 https://www.rstudio.com/中来选择需要的 RStudio 版本来下载。由于本书是在 Windows 系统环境下使用 R,所以选择支持 Windows 的 RStudio 版本来下载。

成功下载需要的 RStudio 程序后,下一步需要找到下载的 RStudio 程序,然后按照安装向导将 RStudio 安装到指定目录中。需要注意的是,RStudio 安装成功的前提条件是已经成功安装了 R 程序,也就是说 RStudio 需要 R 程序来支持。

1.2   认识 RStudio 开发环境

安装并成功启动 RStudio 后,第一次打开 RStudio 可以看到 3 个区域。选择 File 标签中 New File 中的 R Script 创建一个新的 R 脚本,此时呈现出一个包含 4 个区域的 RStudio 窗体,这是 RStudio 程序常用的界面。如图 1-1 所示。

在这里简单介绍一下这四个区域。

1. Source Editor 区域

Source Editor 区域位于 RStudio 窗体的左上角,这个部分是 R 脚本的编辑区,在这里可以编写 R 语言程序代码,也可以保存并运行编写好的 R 程序代码。

2. Console 区域

Console 区域位于 RStudio 窗体的左下角。这个区域是 R 语言的主界面,可以在此直接输入指令并获得执行结果。这部分功能与 R 语言的类似,运用上下键可以切换上次运行的函数,特别的是,在 RStudio 窗体中按 Ctrl 键＋向上键可以显示最近运行的函数的历史列表。如果想重复运行前面刚运行过的程序,可利用该操作方式很方便地进行。

图 1-1   RStudio 窗口各区域图

3. Workspace 区域

Workspace 区域位于 RStudio 窗体的右上角。该部分的核心标签为 Environment 标签和 History 标签。其中,Environment 标签可以用于查看当前 RStudio 环境中所存在的变量名称和变量值;History 标签可以用于查看在 Console 区域中所有执行过的指令。

4. 功能区

功能区位于 RStudio 窗体的右下角。该部分包含 Files 标签、Plots 标签、Packages 标签、Help 标签等,部分标签的功能如下。

(1) Files 标签:这个区域可以对工作区的文件进行操作,可以显示工作区内的所有文件,单击"New Folder"按钮可以新建文件,单击"Delete"按钮可以删除一个文件,单击"Rename"按钮可以对文件重命名。当然,做这些操作之前要先勾选被操作的文件前面的复选框。More 选项则提供了其他功能。

(2) Plots 标签:这个区域可以显示 Console 区域要求输出的图。

(3) Packages 标签:在这个区域可以看到当前 RStudio 的所有扩展包,单击包名,可以在 Help 区域中查阅选中扩展包的说明文档,同时也可以在这个区域下载并安装新的扩展包。

(4) Help 标签:在这个区域可以看到你希望看到的说明文档。

R 自带的脚本编写工具是一款优秀的脚本编写工具,但是与 RStudio 相比,大多数程序员会选择使用 RStudio。因为 RStudio 存在丰富的可以满足各种需求的插件,并且 RStudio 支持用户自定义自己的程序编写风格,可以让程序员使用自己熟悉的编程风格来完成自己的程序。RStudio 初始主题为官方的主题,这个主题对于函数、注释等一些字体的颜色并没有显著的标注,并且字体大小、样式都不让笔者满意。下面介绍如何按照自己的习惯来修改 RStudio 的主题。

首先在菜单中选择 Tools 命令,在 Tools 中选择 Global Options 选项,进入到 RStudio

的全局设置界面,在全局设置界面中选择 Appearance 标签,在这个标签中,RStudio Theme 选项中有可以直接使用的预设的主题;Zoom 选项可以用于更改整体主题的大小;Editor Font 选项可以用于改变代码字体,尽量选择一个发布结果时要求应用的字体,这样会减轻工作量;Editor Font Size 选项可以用于改变字体大小,选择合适的字体会减轻工作的疲劳程度;Editor Theme 选项可以用于改变代码风格,可以让代码中每一个类别的代码都用不同的颜色表示,一个程序员熟悉的代码风格会让编写速度、检错速度,以及代码准确度大幅度提高。

　　到这里读者已经初步认识了 RStudio 的开发环境,并且按照自己的习惯设置了 RStudio 的风格,下面可以编写第一个 R 程序了。

1.3　第一次使用 R

　　下面编写经典的入门程序"Hello Word!"。由于本书主要程序都是在 RStudio 中完成的,所以第一个入门程序"Hello Word!"也用 RStudio 来编写。与 R 不同,RStudio 包含一个特色功能——项目功能,也就是说 RStudio 可以把每一次的工作放在不同的项目里,方便用户来管理自己的 R 程序。

　　开始一个新项目比较简单,选择 File 菜单中的 New Project 命令来创建一个新的项目。新项目的建立有 3 个可选项:New Directory、Existing Directory、Version Control。它们的功能分别是在一个新的目录中建立一个新的项目、在一个现存目录下建立一个新的项目、从一个版本库中查看一个项目。在这里,入门程序采用第一种方式建立一个新项目,首先为项目起一个名字,单击"Create Project"按钮,新的 RStudio 项目就建立好了,可以看到在 Files 窗体中会生成一个新的.Rproj 文件,这个文件用于存放结果目录并追踪整个项目,如图 1-2 所示。

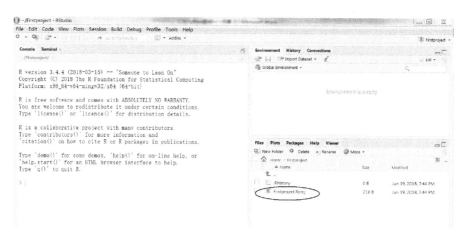

图 1-2　在 RStudio 中创建好的新项目

　　项目创建成功后,下面正式开始编写"Hello Word!"程序,这个程序的目的是打印"Hello Word!"这句话。R 是一种支持直译器的语言,所以编写"Hello Word!"这句话非常容易,只需要在 Console 区域中直接输入命令"print("Hello Word!")"就可以得到想要的结果。

在 Console 区域中也可以把"Hello Word!"字符串赋值给一个变量,然后将变量打印出来,程序如下。

```
># Hello Word 程序
>fistString <-"Hello Word!"
>print(fistString)
[1] "Hello Word!"
```

"#"右边的文字为 R 语言的注释,在 R 语言中,不论是在直译器中,还是在脚本程序中,"#"右边的文字都是程序的注释,这部分文字只是增加了 R 语言的可读性,不会参与程序的运行。当然还有另一种更像程序员的实现方式,那就是在 Source Editor 编辑器中编写程序,然后通过执行操作来实现"Hello Word!"。

创建一个新的 R 脚本,在 File 菜单中选择创建一个 R Script,然后把刚才的程序写在新建的 Source Editor 编辑器中,选中编写的程序,单击"Run"按钮来运行程序(如果想运行编辑器中的所有代码,直接单击"Source"按钮即可,程序运行结果会显示在 Console 窗口中。

下面介绍在 Source Editor 编辑器中编写实现"Hello Word!"的程序。在 Source Editor 编辑器中编写程序是可以保存下来的,单击保存按钮为保存的程序取一个名字。此例命名为 hello,保存后在 Files 窗口会生成一个新的 hello.R 文件(R 语言默认的文件扩展名为 .R),如图 1-3 所示,这个文件就是已保存好的"Hello Word!"程序。

图 1-3　保存好的 R 程序

到这里,入门程序"Hello Word!"就编写完成了,需要注意的是,这个时候 Source Editor 编辑器中的文件名称已经变成了 hello.R,如果想编辑新的程序并且不想改变现有的"Hello Word!"程序,只需要关闭 hello.R 窗口,然后单击 Console 窗口右上角的按钮,就可以生成一个新的未命名的程序编辑窗口,如图 1-4 所示。

图 1-4　生成一个新的未命名的程序编辑窗口

1.4 R 包

R 语言现在越来越流行，主要原因是大量的程序员无私地奉献出了自己编写的程序。R 语言收集这些程序员自己编写的程序的方式就是依靠包来实现的。截至 2018 年 6 月，在 R 的官方网站中公开发布的可用 R 包达到了 12630 个。这些 R 包几乎囊括了统计学的方方面面，有效地利用这些包可以减少程序员自己的编写量。并且这些包很多都是由某一领域的专家学者编写的，他们有丰富的专业知识，他们编写的程序算法更合理、更高效。

那么什么是 R 包呢？R 包本质上来说其实就是事先编辑好的并实现了一系列功能的代码库，我们可以把它看作 R 的功能扩展，它包含了大量的函数。不是所有函数都存在于基础的 R 中的，例如，项目需要利用 R 绘图所用的 Lattice 绘图系统和 ggplot2 绘图系统中的函数来绘制辅助分析图，现阶段基础的 R 中就不包含这两个绘图系统所使用的函数。那么如果项目需要使用这些函数，就需要加载相应的包，Lattice 绘图系统需要加载 lattice 包，ggplot2 绘图系统需要加载 ggplot2 包。

需要注意的是，并不是所有发布在官网（这里指 CRAN 代理网站，后同）上的包都是稳定的、高质量的包，官网中的包都是程序员自己发到网上的，有些包可能会存在一些问题。更重要的是，大部分的 R 包是由统计学家编写的解决统计学问题的 R 包，这些 R 包虽然正确，但并不一定符合计算机工程师的期望。所以具体选用哪些 R 包要自己测试。

1.4.1 R 包的安装

R 语言的扩展包除了在其官网上可以找到以外，还可以在 Bioconductor 和 GitHub 等平台上找到。

本书主要介绍如何在 R 的官网上找到并安装 R 包。首先需要打开 R 的官网，选择链接 Packages 程序，Packages 页面中的第一部分包含现在网站中可用 R 包的个数，以及两个链接：Table of available packages，sorted by date of publication 链接和 Table of available packages，sorted by name 链接。这两个链接分别为按照时间排序的可用包列表和按照名称排序的可用包列表。具体如图 1-5 所示。

图 1-5 CRAN 中的 R 包列表

选择 Table of available packages，sorted by name 链接后就会显示按照名称排序的平台上现有的所有 R 包，选择 L 字母就可以找到 Lattice 绘图系统需要加载的 lattice 包，单击后，可以看到 lattice 包中的相关信息。

找到相关的 R 包后，需要下载和安装用户需要的 R 包。在网站下载扩展包，在软件中自行安装的常规编程语言的扩展包的安装方式也适用于 R 语言。但是 R 程序员通常不会采用这种方式来下载并安装 R 包，R 程序员通常采用以下两种方式来下载和安装 R 包。

第一种为使用 RStudio 自带的图形安装界面来下载并安装 R 包。首先选择 Packages 窗口，单击窗口左上角的"Install"按钮。在名称部分填入想下载并安装的包的名字，例如 Lattice 绘图系统需要加载 lattice 包，当然如果你想加载多个包，只需要把包名称都写到输入栏中并用"，"分隔开即可，如果需要同时下载与该包相关联的其他必要包，则可点选 Install Dependencies 复选框，选择好后，直接单击"Install"按钮，R 程序会自动下载并安装用户需要的包。第二种方式为通过在控制台输入命令来安装 R 包。如果想在 CRAN 中下载并安装某一个 R 包，只需要在 Console 窗口中输入"install.packages(" ")"命令即可，在英文引号中填写想安装的 R 包的名称。以下载并安装 Lattice 绘图系统需要加载的 lattice 包为例，需要在 Console 窗口中输入以下代码：

```
>install.packages("lattice")
```

这就自动实现了下载并安装 R 包的功能。

1.4.2　R 包的加载

在 R 语言中，R 的扩展包安装好之后，其中的函数是不可以直接调用的。如果想使用下载的 R 的扩展包，首先需要把这个扩展包加载到 R 中，有两种命令可供选择，分别为 library 命令和 require 命令。它们都可以完成加载包的需求，区别在于 require 命令在加载成功的时候会返回一个"TRUE"信息，在加载失败的时候会返回一个"FALSE"信息。因此如果想要加载 lattice 包只需要执行以下任意一条代码即可：

```
>library(lattice)
>require(lattice)
```

需要注意的是，一个包仅在启动一个新的项目时需要加载，一旦加载过之后就一直存于 R 程序的工作空间中，直到项目关闭或该包被分离为止。

另外一种包的加载方式是在 Packages 窗口中找到想加载的 R 包，点选其左侧的复选框，也可以加载想要的包。

1.4.3　R 包的分离

有的时候可能需要卸载掉已经加载的包，这个操作在 R 中称为包的分离。包的分离同样有两种方法，一种是使用命令，可以使用 detach 命令来分离加载过的包，在这个命令中，需要在包名前面加"package:"作为参数。例如分离 ggplot2 这个包需要执行以下代码：

```
>detach("package:ggplot2")
```

另一种分离方式是在 Packages 窗口中找到想分离的 R 包，将其左侧的复选框取消选择，即可分离该 R 包。

本章小结及习题

第 2 章　R 语言基础

本章学习目标

■ 掌握 R 语言中变量和函数的特点
■ 掌握向量的构建、元素提取及运算方法
■ 掌握矩阵的构建、元素提取及运算方法，了解数组的特点
■ 掌握数据框的构建、元素提取及运算方法
■ 掌握列表的构建及元素提取方法

　　程序的任务是对数据进行处理，对象即程序处理的各类数据，而各种运算符和函数则用来指明对数据的处理方式。数据按运算方式的不同，可以分为数值、逻辑和字符等三类。根据结构的不同，在 R 语言中，数据可还分为向量、矩阵、数组、数据框和列表等不同类型。本章首先结合 R 语言的特点，介绍程序中涉及的一些基本概念。然后根据不同结构，对常用数据类型的特点及相关的运算符和函数进行介绍。

2.1　基　本　概　念

　　在程序中，数据按其表现形式，可以分为常量和变量等两类，其中变量的正确使用在程序编写中至关重要。此外，在 R 语言中，函数几乎无处不在，各种各样的函数极大地降低了编程的难度。因此，本节将对变量和函数的基础知识进行介绍。

2.1.1　变量及其赋值

　　在一些简单情况下，数据可以直接以原始形式，即常量的形式表现，如：

```
>print(3.1415)
[1] 3.1415
```

　　上面这行代码使用了一个函数 print()，其功能是根据括号内数据的特点选择合适的显示方式，并将其显示在屏幕上。在这里，该函数的作用是将括号内的数字直接显示在屏幕上。

　　这种直接使用常量的形式,至少存在以下几个缺点。第一,当需要在多个地方重复使用这个常量时,有可能会在多次输入的过程中出现录入错误,尤其是在常量比较长、重复使用又比较多的情况下容易出错。第二,如果程序中多处使用这个常量,则要对这个常量进行修改时,就需要对多处同时进行修改,但当对程序本身不够了解时,容易出错。第三,当某个常量需要随情况不同而变化时,无法使用这种形式。由于存在以上缺点,因此直接使用常量的情况比较少见。在绝大多数情况下,数据都需要采用变量的形式来呈现。

　　1. 变量名

　　一个变量可以视为一个装载数据的容器。在 R 语言中,变量的类型和大小随所装载数据的类型和大小而变化。为了能够在程序运行过程中随时调用这个容器,需要对这个容器进行命名,即对每一个变量指定一个变量名。

　　在 R 语言中,变量名可以包含字母、数字、下划线和句点,但不能以数字和下划线开头。另外,变量名中的大小写字母表示着不同的变量,如 a、A、a1、A1、a_1、a.1、.a 都是合法的不同的变量名,且 a 和 A 代表两个不同变量。但需要注意的是,以句点开头的变量比较特殊,默认不显示,如:

```
>x1=1; x2=3; .x=5        # 可以利用";"将多条命令写在一行
>ls()                    # 显示当前工作环境下的变量名称
[1] "x1" "x2"
>ls(all.names=T)         # 强制显示以句点开头的变量
[1] ".x" "x1" "x2"
>rm(list=ls())           # 删除当前工作环境中的所有变量
>ls()
character(0)
>ls(all.names=T)
[1] ".x"
```

　　如上所示,虽然命名了一个变量".x",但使用 ls()函数显示当前运行环境中的变量时默认不显示,必须指定显示以句点开头的变量才会显示。同样,在删除当前运行环境中的变量时,该变量也默认不被删除。

　　虽然,理论上只要符合命名规则的变量名都可以使用,但在实际使用时仍然要注意不要随意命名变量。例如,理论上在程序中可以使用 x1、x2、x3 等对所有变量进行命名,但当程序较长、所用变量较多时,很容易在变量调用时出错。甚至,如果采用 f6nVIz、fOUd9V、0o0o0o 这样的形式来命名变量,那么出错几乎就是不可避免的了。因此,程序中所用的变量名应该尽量能够反映其内容。例如,使用 height、weight 来命名变量,则不容易在调用时发生混淆。但当程序中所用变量较多,而一个单词不足以表示其内容时,直接拼接多个单词可能并不容易识别,此时可以采用首字母大写、加下划线或句点进行分隔的方式。例如,需命名一个变量表示心率(heart rate)时,可以采用 HeartRate、heart_rate、heart.rate 等形式表示。另外,虽然有时可以采用首字母缩写的方式来表示多个单词的变量名,如使用 HR 表示 heart rate,但当这种缩写形式不太常用时,应该进行注释,否则很容易隔一段时间之后就完全忘了该变量所代表的含义。最后,变量名不能和 R 语言中的保留字相冲突。可以使用"? reserved"命令查询 R 语言所用的保留字。

2. 变量赋值

在指定变量名之后，就可以往这个容器里装载数据了，这个过程称为赋值。R 语言中的赋值符号为"<-"，但绝大多数情况下也可以使用"="。例如，以下两句均可实现对 x 的赋值：

```
>x <-1
>x=1
```

但二者在使用时需要注意一些细节。

1）关系比较时的陷阱

大多数常用数值运算符并不强求在其前后加空格，因此很多时候虽然数值表达式省略了空格，但不影响计算结果，如：

```
>1+1            # 计算 1+1
[1] 2
>x=1            # 给 x 赋值为 1
>x+2            # 计算 x+2
[1] 3
>1<3            # 判断是否 1 小于 3
[1] TRUE
>1 <-2          # 判断是否 1 小于-2
Error in 1 <-2 : invalid (do_set) left-hand side to assignment
```

对于以上五句代码，前四句的运行结果都符合预期，但第五句运行出错。原因在于"<"后面紧接一个负数时，R 语言会将"<"和"-"优先连接在一起，导致第五句被解释为"给 1 赋值为 2"，但由于 1 是一个常量，不可以被赋值，因此出错。正确写法如下：

```
>1 <  -2
[1] FALSE
```

需要注意的是，本例中由于 1 是常量，所以会有出错提示。但在要判断变量 x 是否小于-2 时，若没有在"<"后添加空格，则会直接给 x 进行赋值，而不会有出错提示，如：

```
>x=1
>x <  -2          # 判断 x 是否小于-2
[1] FALSE
>x <-2            # 若没有添加空格，则直接给 x 进行赋值
>x
[1] 2
```

2）函数中参数传递时的误用

这个错误涉及的原因比较复杂，将在下一小节做详细解释。

2.1.2 函数和参数

在 R 语言中，函数的使用形式如下：

函数名(参数 1，参数 2，…)

每一个函数都会根据其参数返回相应的运算结果。为方便调用，每一个函数都有一个函数名，其命名规则和变量名的相同，二者的差别在于后面是否连接圆括号，如：

```
>ls=1        # 命名一个变量"ls",并赋值为 1
>ls()        # 这是一个函数,用于显示当前工作环境中所有变量的名称
[1] "ls"     # 当前工作环境中只有前一句创造成功的变量"ls"
```

虽然 R 语言可以根据上下文环境,即后面是否紧接圆括号,来判断所用名称是变量名还是函数名,但在实际使用时,不建议让变量名和已有函数名同名。

1.函数的形式参数与实际参数

绝大多数函数的正确运行都需要设置若干参数,这些参数实际上是函数内部环境中的一些变量,它们也称为形式参数。这些形式参数构成了每个函数特有的参数列表。当函数被程序调用时,需给形式参数传递具体的数据,这些具体的数据称为实际参数。每个形式参数都对实际参数的属性,如数据类型、数据长度等,有特定的要求,如实际参数不符合要求,则可能会产生一些意外结果,或者提示参数有误。

参数值由实际参数向形式参数传递时,利用传值符号"="将二者连接,如:

```
>set.seed(seed=1)
>rnorm(n=3,mean=0,sd=1)
[1] -0.6264538 0.1836433 -0.8356286
```

以上两个命令使用了两个函数。由于第二个命令要取随机数字,为了保证结果能够重现,所以第一句的作用是设置一个随机种子。第二句的作用是依据均数为 0,标准差为 1 的正态分布取 3 个随机数字。

这两个函数都有各自所需的参数。以第二句为例,n、mean、sd 为函数 rnorm() 所需参数的名称,即形式参数的名称,这个名称是由函数本身规定的。在调用这个函数的时候,需指定每个参数的值。在本例中,三个数值 3、0、1 分别传递给三个形式参数,代表三个形式参数在本次调用时的实际取值,即实际参数。

2.形式参数名称的省略

在函数 rnorm() 中,三个形式参数的默认顺序依次为 n、mean、sd。当调用这个函数且不打算改变形式参数的默认顺序时,可以省略形式参数的名称,如:

```
>set.seed(1)
>rnorm(3,0,1)
[1] -0.6264538 0.1836433 -0.8356286
```

如上所示,在调用以上两个函数的时候,虽然都省去了形式参数的名称,但并没有改变计算结果。因为每个形式参数会按顺序获取自己的实际参数。但如果需要改变形式参数的顺序,则不能省略参数名称,必须指定各个实际参数到底传递给哪个形式参数,如:

```
>set.seed(1)
>rnorm(mean=0,sd=1,n=3)
[1] -0.6264538 0.1836433 -0.8356286
```

3.实际参数为变量时的注意事项

在上述例子中,实际参数为具体的数值,即参数为常量的形式,但也可以采用变量的形式,如:

```
>set.seed(1)
>x1=3; x2=0; x3=1
>rnorm(n=x1,mean=x2,sd=x3)
[1] -0.6264538 0.1836433 -0.8356286
```

如上所示,x1、x2、x3 三个变量作为实际参数将它们所包含的数据传递给相应的形式参数。但正如前述,x1、x2、x3 这三个变量名并不理想,该名称并不能反映其所包含的数据应该传递给哪个形式参数,因此需要更恰当的变量名,如:

```
>set.seed(1)
>n=3; mean=0; sd=1
>rnorm(n=n,mean=mean,sd=sd)
[1] -0.6264538 0.1836433 -0.8356286
```

如上所示,变量名和 rnorm()的形式参数名一样,这样就不容易弄错是给哪个形式参数传递数据了。在这种情况下,形式参数的名称也可以省略,如:

```
>set.seed(1)
>n=3; mean=0; sd=1
>rnorm(n,mean,sd)
[1] -0.6264538 0.1836433 -0.8356286
```

如上所示,省略了形式参数的名称后,由于三个变量名和三个形式参数名一样,因此容易将这三个变量当作形式参数,但实际上这里是三个实际参数,如:

```
>set.seed(1)
>n=3; mean=-1; sd=1
>rnorm(mean,n,sd)
Error in rnorm(mean, n, sd) : 参数不对
```

如上所示,将 mean 和 n 两个变量分别作为函数 rnorm()的第一个和第二个实际参数,相对应地,此时这两个实际参数应该分别给形式参数 n 和 mean 传递数值。但由于形式参数 n 不能取值为负数,故导致程序出错。因此,当变量名和形式参数名相同时,需要特别注意其使用顺序。

4. 函数的默认参数

在 R 语言中,很多函数的参数列表比较长,在调用时需指定很多参数的值,但在实际使用过程中,很多参数都有默认值。当不需要修改默认值时,就不需要在调用时将其列出来,如:

```
>set.seed(1)
>rnorm(3)
[1] -0.6264538 0.1836433 -0.8356286
```

如上所示,函数 rnorm()的两个形式参数 mean 和 sd,默认取值分别为 0 和 1,因此当无需修改这两个参数时,可以直接省略它们而不影响运算结果。此外,在省略默认参数时,有时可以根据需要使用","表示所省略的参数的位置,如:

```
>set.seed(1)
>rnorm(3,sd=1)    # 第二个形式参数 mean 取默认值而被省略,形式参数 sd 的默认顺序是第
                    三个,而无法省略参数名
[1] -0.6264538 0.1836433 -0.8356286
>set.seed(1)
>rnorm(3,,1)      # 使用","标明第二个形式参数被省略,第三个形式参数的名称就可以省略
[1] -0.6264538 0.1836433 -0.8356286
```

如上所示,当函数 rnorm()的第二个形式参数被省略,同时第三个形式参数 sd 取值时,

可以直接使用参数名称标明,也可以使用",",标明参数的顺序,从而省略参数名称。

5.函数嵌套

函数的实际参数除了可以是常量和变量外,也可以是函数,如:

```
>set.seed(1)
>sum(rnorm(3))
[1] -1.2784391
```

如上所示,函数 rnorm()生成的 3 个随机数将作为求和函数 sum()的参数。函数 sum()
对这 3 个随机数进行求和。这种将一个函数直接作为另一个函数的参数的调用形式即为函
数嵌套。正确的函数嵌套可以提高程序的运行效率,但同时增加了阅读难度,因此在使用时
应慎重,同时应做好注释。

6.函数被赋值

在 R 语言中,有的函数用于提取变量的某些元素或属性。其中,部分函数可以放在赋值
符号左侧,形式上表现为对函数赋值,实际上是对函数的实际参数进行修改,如:

```
>x=1
>x              # 显示 x 的值
[1] 1
>names(x)       # 函数 names()用于返回 x 中数据的名称,但 x 在建立时没有对其命名,所
                  以返回 NULL
NULL
>names(x)='a'   # 函数 names()放在"="左侧,此时,其作用是将数据名称修改为"a"
>x              # 重新显示 x 的值,此时 x 中的数据 1 有了一个名称为"a"
a
1
>names(x)       # 利用函数 names()再次提取 x 中元素的名称
[1] "a"
```

7.赋值符号在参数传递中的误用

在将实际参数传递给形式参数的时候,需使用传值符号"="连接两个参数。虽然赋值
符号"<-"大多数时候可以被"="替代而不影响计算结果,但反过来却很容易出问题,
如:

```
>set.seed(1)
>n=3; mean=0; sd=1
>x=rnorm(n,sd <-1)
>x
[1] 0.3735462 1.1836433 0.1643714
```

如上所示,在调用函数 rnorm()时,虽然对形式参数 sd 的赋值并没有改变其值(仍然为
1),但运算结果却发生了变化。这是由于"<-"不是传值符号,因此"sd <- 1"被当成一个
赋值命令,而不是一个参数传递过程。这个赋值命令将 sd 赋值为 1 并将 sd 的值作为实际
参数传递给函数 rnorm()的第二个形式参数(即 mean),从而导致运算结果异常。另外需要
注意的是,虽然这个赋值命令写在函数 rnorm()的括号里,但修改的是当前工作环境里变量
sd 的值,因此其造成的影响可能会比较大。

2.2 向　　量

在 R 语言中,向量是结构最简单的数据,是构成其他结构的基础。每一个向量包含若干相同类型的元素,元素的数目即向量的长度。依据数据类型的不同,向量可分为数值向量、逻辑向量、字符向量三类。

2.2.1 数值向量

数值向量就是由若干数字组成的一个向量。当需要重新构建一个向量时,根据其所包含各元素的特点,可以采用不同的方法进行构建。

1. 直接连接多个数字

1) 函数 scan()

如果只是临时录入几个数字,可以利用函数 scan()进行键盘录入,如:

```
>x=scan()
1: 1
2: 3 5 9
5: 4
6:
Read 5 items
>x
[1] 1 3 5 9 4
```

如上所示,使用函数 scan()时,可以每行录一个数字,也可以在同一行使用空格隔开若干数字。当录入完毕时,录入一个空行即可。

2) 函数 c()

除了临时键盘录入,也可以利用函数 c()在程序中直接连接不同的数据,如:

```
>x=c(1,3,9)      # 将多个数字连接为一个向量
>x
[1] 1 3 9
>x=c(x,pi)       # pi 是 R 语言中内嵌的一个常量,即圆周率 π
>x
[1] 1.000000 3.000000 9.000000 3.141593
```

如上所示,函数 c()既可以连接常量,也可以连接变量。另外,当 x 的各元素都是整数的时候,其存储精度为整数。当包含小数时,各元素的存储精度都转换为双精度型的。显然,当向量元素很多时,使用函数 scan()或 c()构建向量是一件很麻烦的事情,此时可以根据数据规律的不同,利用相应的函数构建所需要的向量。

2. 生成规则数字

1) 运算符":"

根据规则不同,生成规则数字的方法也各有不同。最简单的就是利用运算符":"生成连

续整数,如:

```
>1:3
[1] 1 2 3
>0:-3
[1] 0 -1 -2 -3
```

如上所示,该方法以":"左边的数字为起点,右边的数字为终点。若起点较小,则步长为1,逐次增加,直至加到终点为止。反之,则步长为−1,逐次减小。

":"常用于整数,也可用于小数,如:

```
>1.23:6.98
[1] 1.23 2.23 3.23 4.23 5.23 6.23
>2.39:-3.21
[1] 2.39 1.39 0.39 -0.61 -1.61 -2.61
```

如上所示,在用于小数时,":"同样限制步长为1或−1。在第一个命令的运算结果中,由于7.23>6.98,超出了终点,因此只能取到6.23。

2) 函数 seq()

由于":"限制了步长只能为1或−1,当需要使用不同的步长时,可以使用函数 seq()来实现,如:

```
>seq(from=0,to=3,by=0.5)
[1] 0.0 0.5 1.0 1.5 2.0 2.5 3.0
>seq(0,1,0.3)
[1] 0.0 0.3 0.6 0.9
```

如上所示,函数 seq()默认的形式参数顺序为起点、终点和步长,因此可以像第二个命令那样进行简写。不过函数 seq()不仅可以指定步长,还可以在起点和终点确定的情况下,指定序列长度而无需设定步长,如:

```
>seq(0,1,length=3)
[1] 0.0 0.5 1.0
```

如上所示,该方式由参数 length 指定序列的长度,再根据起点和终点计算所需步长,从而得出所需序列。这里有两点需要注意:一是序列的起点和终点必然包含在序列里,二是形式参数 length 的默认顺序并不是第三位,因此其名称不可省略。

除了以上两种用法,函数 seq()还可以仅使用一个参数,此时 seq(n)就相当于 1:n,如:

```
>seq(5)
[1] 1 2 3 4 5
```

3) 函数 rep()

函数 rep()用于将一个向量重复若干遍,如:

```
>rep(x=1:3,times=2)
[1] 1 2 3 1 2 3
```

如上所示,函数 rep()的形式参数前两位默认为 x 和 times,通过 times 指定 x 循环重复的次数。但 times 的实际参数不仅可以是一个整数,还可以是一个长度大于1的向量,如:

```
>rep(1:3,1:3)
[1] 1 2 2 3 3 3
>rep(1:3,c(3,3,3))
[1] 1 1 1 2 2 2 3 3 3
```

如上所示,当 times 的长度大于 1 时,可以将 x 的每一个元素依次重复指定次数。此时, times 的长度必须等于 x 的长度,否则命令会出错。此外,对于最后一条命令,当对 x 的每一个元素依次重复的次数相等时,也可以使用参数 each 来代替,如:

```
> rep(1:3,each=3)
[1] 1 1 1 2 2 2 3 3 3
```

此外,函数 rep() 还可以利用参数 length 指定序列长度,如:

```
> rep(1:3,length=10)
[1] 1 2 3 1 2 3 1 2 3 1
> rep(1:3,each=2,length=10)
[1] 1 1 2 2 3 3 1 1 2 2
```

如上所示,当省略参数 times 和 each 时,函数 rep() 默认对参数 x 采用循环重复,直至序列长度达到参数 length 指定的长度为止。当参数 each 被采用时,参数 x 的元素被依次重复,若全部重复完之后,序列长度仍不足参数 length 指定长度,则按此重复模式继续进行,直至序列长度满足要求为止。值得注意的是,参数 times 无法与 length 同时使用,当参数 length 被采用时,参数 times 则被忽略。

4) 函数 sequence()

函数 sequence() 对一个正整数向量中的每一个元素生成一个 1:n 的序列,如:

```
> sequence(2:4)      # 参数里包含三个元素:2、3、4
[1] 1 2 1 2 3 1 2 3 4
```

3. 生成随机数字

1) 根据概率分布生成随机数字

R 语言提供了多种概率分布的相关计算函数,这些函数分为概率密度函数、累计概率函数、分位数函数和随机数函数四类。各类函数利用在分布名字前分别添加 d、p、q 和 r 四个字母来进行区分。如 dnorm()、pnorm()、qnorm()、rnorm() 分别代表正态分布的四类函数,而 dunif()、punif()、qunif()、runif() 分别代表均匀分布的四类函数。R 语言提供的各种分布类型可通过"? distributions"命令进行查看。

由于不同分布所用参数不一样,而且有的参数有默认值,有的参数没有默认值,因此使用随机数函数时,不同分布的用法略有差异,如:

```
> set.seed(1)
> rnorm(3)          # 默认分布为标准正态分布
[1] -0.6264538 0.1836433 -0.8356286
> rnorm(3,2,2)      # 指定分布为均数和标准差均为 2 的正态分布
[1] 5.1905616 2.6590155 0.3590632
> runif(3)          # 默认分布为 0 到 1 之间的均匀分布
[1] 0.6870228 0.3841037 0.7698414
> runif(3,2,5)      # 指定分布为 2 到 5 之间的均匀分布
[1] 3.493098 4.152856 4.975718
```

如上所示,随机数函数的第一个形式参数用于指定随机生成的数字个数,其后的形式参数为各分布特有的参数。具体各随机函数的参数列表可使用"? 函数名"命令进行查询。

2) 利用函数 sample() 进行随机抽样

函数 sample() 用于对向量中的元素进行随机抽样,如:

```
>set.seed(1)
>sample(x=1:10,size=3)          # 从 1 到 10 的整数中,不重复抽样,抽取 3 个数字
[1] 3 4 5
>sample(1:5,2)                  # 从 1 到 5 的整数中,不重复抽样,抽取 2 个数字
[1] 5 1
>set.seed(1)
>sample(10,3)                   # 从 1 到 10 的整数中,不重复抽样,抽取 3 个数字
[1] 3 4 5
>sample(10)                     # 将从 1 到 10 的整数全部随机抽取出来,随机排序
[1] 10 2 8 7 4 6 1 5 3 9
```

如上所示,函数 sample()第一个和第二个形式参数分别为 x 和 size,一般情况下可省略这两个参数名称。注意,当 x 为一个整数时,相当于 1:x。参数 size 指定从 x 的各元素中随机抽取元素的个数,默认采取非重复抽样,因此默认情况下 size 的长度不能大于 x 的长度,但可以采用参数 replace 指定为重复抽样,如:

```
>set.seed(1)
>sample(1:3,5)                  # size 的长度大于 x 的长度,无法进行非重复抽样
Error in sample.int(length(x), size, replace, prob) :
cannot take a sample larger than the population when 'replace=FALSE'
>sample(3,5,replace=TRUE)       # 注意第一个参数 3,相当于 1:3
[1] 1 2 2 3 1
```

函数 sample()在抽样时,默认情况下,各元素被抽取到的概率是相等的,但也可以通过参数 prob 指定被抽取的概率权重,如:

```
>set.seed(1)
>sample(1:3,5,replace=TRUE,prob=c(1,2,2))      # 参数 prob 用于指定三个元素被抽取
                                                 到的概率权重
[1] 2 2 3 1 2
>set.seed(1)
>sample(3,5,replace=TRUE,prob=c(0.1,0.2,0.2))
[1] 2 2 3 1 2
>set.seed(1)
>sample(3,5,replace=TRUE,prob=c(0.2,0.4,0.4))
[1] 2 2 3 1 2
```

如上所示,参数 prob 设定的是概率权重,而不是概率本身,即使采用 0 和 1 之间的小数进行设定,也仍然只能代表概率权重。

4.构建一个空向量

利用函数 vector()可以构建一个不包含任何元素的空向量,如:

```
>x=vector(mode='numeric')
>x                     # 一个不包含任何元素的数值向量
numeric(0)
>is.null(x)            # 判断 x 是否为 NULL
[1] FALSE
```

如上所示,在 R 语言中,NULL 表示一个空值,即什么都没有。但一个空向量并不等于 NULL,因为变量里包含了数据属性。

2.2.2 逻辑向量

逻辑向量即由若干逻辑值组成的向量。逻辑值包括两个,即 TRUE 和 FALSE。这两个值只能大写,但可以缩写为 T 和 F。函数 logical()可以用于创建一个逻辑向量,其各元素均为 FALSE,如:

```
>logical(5)    # 创建一个逻辑向量,包含 5 个 FALSE
[1] FALSE FALSE FALSE FALSE FALSE
```

此外,由于不涉及算术运算,函数 scan()、c()、rep()、sample()等也可用于创建逻辑向量。

1. 比较运算

在实际使用中,逻辑向量多为比较运算的结果。常用的比较运算符有>、<、>=、<=、==、!=,分别表示大于、小于、大于或等于、小于或等于、相等和不等。注意,相等使用的是两个等号。建议在使用这些运算符的时候,在其前后添加空格,如:

```
>x=rep(1:3,2)
>x
[1] 1 2 3 1 2 3
>x > 2     # 判断 x 中的各元素是否大于 2
[1] FALSE FALSE TRUE FALSE FALSE TRUE
```

2. 逻辑运算

逻辑值可以进行逻辑运算,常用运算符有 &、|、!、&&、||,使用时建议在这些运算符前后添加空格,如:

```
>x=rep(c(T,F),3)
>x
[1] TRUE FALSE TRUE FALSE TRUE FALSE
>y=rep(c(F,T),each=3)
>y
[1] FALSE FALSE FALSE TRUE TRUE TRUE
> !x        # 对 x 取反,即将 T 变为 F,将 F 变为 T
[1] FALSE TRUE FALSE TRUE FALSE TRUE
>x & y      # "与"运算,即二者同时为真才返回真
[1] FALSE FALSE FALSE FALSE TRUE FALSE
>x | y      # "或"运算,即二者有一为真即返回真
[1] TRUE FALSE TRUE TRUE TRUE TRUE
>x && y     # "与"运算,但只对两向量的第一个元素进行运算
[1] FALSE
>x || y     # "或"运算,但只对两向量的第一个元素进行运算
[1] TRUE
```

除了这些运算符,还有一些相关函数,如 xor()、any()、all()等。使用如下:

```
>xor(x,y)      # "异或"运算,两值不等为真,两值相等为假
[1] TRUE FALSE TRUE TRUE FALSE TRUE
>any(x)        # x中是否至少包含一个 TRUE
[1] TRUE
>all(x)        # x中是否全部为 TRUE
[1] FALSE
```

2.2.3　字符向量

字符向量即由若干字符串组成的向量。由于不涉及算术运算,因此函数 scan()、c()、rep()、sample()等也可用于创建字符向量。但在使用函数 scan()时,需利用参数 what 指明录入的是字符串,如:

```
>scan(what='chr')
1: abc
2: def g h
5:
Read 4 items
[1] "abc" "def" "g" "h"
```

此外,R 语言还内嵌了四个字符向量,包括:

LETTERS　　　　　♯26 个大写字母

letters　　　　　♯26 个小写字母

month. abb　　　　♯12 个月份的三字母缩写

month. name　　　♯12 个月份的全称

1. 引号和转义字符

R 语言中,字符串使用引号进行标识,即最外围的成对引号所包含的内容为一个字符串,单引号和双引号几乎没有区别。引号内几乎可以包含任意符号,但对于引号本身和反斜杠(\)的使用需要注意一些细节,如:

```
>x=c('a','1','@ ','"','''','\'\"')
>x
[1] "a"    "1"    "@ "    "\"\"" "'''"  "'\""
>nchar(x)     # 显示 x 中各元素的字符个数
[1] 1 1 1 2 2 2
```

如上所示,x 中的第四个和第五个元素分别为一对双引号和一对单引号,第六个元素由单引号和双引号两个符号组成。由于引号具有标识字符串的功能,因此当字符串本身包含引号时,必须明确指明其为字符串的一部分。因此在构建向量时,当字符串包含单引号时,可用双引号括起来,反之,包含双引号时,可用单引号括起来。除了使用不同的引号进行标识之外,也可像第六个元素一样,使用反斜杠进行标注。

反斜杠是一个特殊的符号,用于和其他字符构成转义字符。R 语言涉及的转义字符可使用"? Quotes"命令进行查询。常用转义字符有"\t"(水平制表符,即 Tab)、"\n"(换行符)、"\\"(反斜杠本身)等,如:

```
>x=c('a\tb\nc\td\t\\')
>nchar(x)
[1] 9
```

如上所示,x 里包含五个转义字符,但字符串形式无法直观地展现其含义。实际上其含义如下:

```
>cat(x)          # 逐个输出字符,转义字符被转义输出
a  b
c  d  \
```

2.因子向量

因子向量是一类特殊的字符向量,在数据分析中常用于分类变量。和一般字符向量不同的是,因子向量有一个标签属性(levels),因此因子向量可以视为一个由标签组成的字符向量。

在构建因子向量时,可以利用函数 factor() 将一般字符向量转为因子向量,如:

```
>x=rep(c('male','female'),3)
>x     # 一个普通的字符向量,包含六个字符串
[1] "male" "female" "male" "female" "male" "female"
>x=factor(x)   # 将 x 转为因子向量
>x     # 多了一个 levels 属性
[1] male   female male   female male   female
Levels: female male
>levels(x)=c('male','female')        # 将 levels()各标签的顺序进行变换
>x    # x 的值随 levels()的变换而发生变化
[1] female male   female male   female male
Levels: male female
```

也可利用函数 gl() 从头构建一个因子向量,如:

```
>gl(n=3,k=3,length=18,label=c('a','b','c'))
[1] a a a b b b c c c a a a b b b c c c
Levels: a b c
```

如上所示,函数 gl() 的参数 n 指明 levels 的长度,参数 label 指明 levels 中各标签的名称,不指明时,则默认采用 1:n,参数 k 指明 levels 中各元素重复的次数,参数 length 指明因子向量的长度,默认为 n * k。有的时候参数 label 和参数 length 可以省略,如:

```
>gl(3,5)
[1] 1 1 1 1 1 2 2 2 2 2 3 3 3 3 3
Levels: 1 2 3
```

注意,此时该向量虽然在形式上是一个数值向量,但其在本质上仍然是一个字符向量,因此无法进行算术运算。

2.2.4 向量中元素的选取

之前的例子都是对整个向量进行操作的,但很多时候需要对向量中某些元素进行操作,此时就涉及如何提取这些元素的问题。

1.数值下标

在构成每个向量时,向量中的每个元素就已经被进行了编号,即已存在下标。但需注意

的是,R 语言中的下标是从 1 开始的。利用下标提取元素时,需要使用方括号进行标识,如:

```
>set.seed(1)
>x=rnorm(5)
>x
[1] -0.6264538 0.1836433 -0.8356286 1.5952808 0.3295078
>x[1]      # 第一个元素,注意下标从 1 开始
[1] -0.6264538
>x[c(1,3)]
[1] -0.6264538 -0.8356286
>x[2:4]
[1] 0.1836433 -0.8356286 1.5952808
```

如上所示,方括号里的内容实际上是一个向量,因此,只要不违反逻辑,与向量有关的操作都可以用在这里。在上面的例子中,元素的选取使用的都是正数,但也可以在这里使用负号,其含义为删除相应下标的元素,如:

```
>x[-2]       # 去掉第二个元素的 x
[1] -0.6264538 -0.8356286 1.5952808 0.3295078
>x[-c(1:3)] # 去掉前三个元素的 x
[1] 1.5952808 0.3295078
>a=1:3
>x[-a]        # 也可以使用变量来指定需要删除的元素
[1] 1.5952808 0.3295078
>x            # 以上操作并不改变 x 原有的值
[1] -0.6264538 0.1836433 -0.8356286 1.5952808 0.3295078
```

如第二句命令所示,当要删除多个元素时,如果直接采用常量形式,则需要使用函数 c() 将它们结合在一起构成一个向量。需要注意的是,如第三句所示,当对这些选取的元素进行操作时,并不改变原有变量的值。若要改变,则需在运算完之后再赋值回去,如:

```
>x[-2]=x[-2]+1     # 将运算后的结果赋值回去
>x                 # 除第二个元素以外,其他元素的值都发生了改变
[1] 0.3735462 0.1836433 0.1643714 2.5952808 1.3295078
```

2. 字符下标

向量中的元素除了可以用下标区分外,也可以利用函数 names() 对其命名,如:

```
>x=c(3,0,1)
>names(x)=c('n','mean','sd')    # 对 x 中的元素命名
>x                              # x 中的 3 个数字有了名称
  n mean  sd
  3   0    1
>x['n']                         # 提取名称为"n"的元素
n
3
>x[c('n','sd')]                 # 提取名称为"n"和"sd"的元素
n sd
3 1
```

如上所示,对元素进行命名后,即可利用元素名来提取各元素。而且,由于命名和顺序无关,即使元素的顺序发生变化,也可提取到正确的元素。但需注意两点,一是元素名称是字符串,必须用引号进行标注,二是不能将元素名和负号联用来进行元素的删除。

3.条件选取

当向量中的元素很多时,经常需要根据某种条件选取合适的元素,如:

```
>set.seed(1)
>x=rnorm(5)
>x
[1] -0.6264538 0.1836433 -0.8356286 1.5952808 0.3295078
>x[x>0]              # 挑选 x 中的正数
[1] 0.1836433 1.5952808 0.3295078
>x[x>0 & x<1]        # 可以多个条件联用
[1] 0.1836433 0.3295078
```

如上所示,在方括号中放入一个条件,即可实现对元素的条件选取。在这个过程中,实际上是先根据比较运算获取一个和 x 等长的逻辑向量,然后根据 TRUE 所在的下标选取 x 中对应的元素。

若只想获取符合条件的元素的位置,则可以利用函数 which() 提取数值下标。注意,这里的选取条件是作为参数,而不是作为下标,因此用的是圆括号,如:

```
>which(x>0)        # 返回 x 中正数所在的数值下标
[1] 2 4 5
```

4.下标超范围

在提取向量中的元素时,当数值下标大于向量长度,或选用不存在的字符下标时,命令本身不会出错,只是返回 NA。当对这些元素赋值时,向量会自动扩展以容纳新元素,如:

```
>x=1:3
>x[4]              # 没有第四个元素,只能返回 NA,但没有出错信息
[1] NA
>x['a']            # 没有名称为"a"的元素,也只能返回 NA,而且没有出错信息
[1] NA
>x[6]=4            # x 中只有三个元素,但给第 6 个元素进行赋值后,会自动延长
>x                 # x 中第 4、5 个元素为延长所必需的,但没有被赋值,因此为 NA
[1] 1 2 3 NA NA 4

>x=1:3; names(x)=letters[1:3]
>x                 # x 中有三个元素,并分别命名为 a、b、c
a b c
1 2 3
>x['d']=4          # x 中原先没有名称为"d"的元素,此时会自动延长
>x                 # 由于名称和位置无关,因此只在末尾添加一个元素即可
a b c d
1 2 3 4
```

2.2.5　向量类型的识别与转换

如前所示,很多运算符和函数对数据的类型有一定的要求,数据类型不符合要求容易造成意想不到的结果或者无法运行。而在程序运行过程中,由于变量所包含的数据经常发生变化,因此有可能会出现数据类型不符合要求的情况。因此,在适当的时候对数据类型进行检查和转换是非常必要的。

1. 向量类型的识别

对于不同的分类方法,对于数据的类型可以有不同的分类结果。在 R 语言中,常见的数据类型识别函数有 class()、mode()等。class()用于返回数据的运算结构类型,要函数和运算符正确运行,需要数据有正确的运算结构,而 mode()返回数据的存储结构类型,如:

```
>x=1:3            # 由整数组成的数值向量
>class(x)         # 以整数向量的形式参与运算
[1] "integer"
>mode(x)          # 以数值向量的形式进行存储
[1] "numeric
>x=factor(1:3)    # 因子向量
>class(x)         # 以因子向量的形式参与运算
[1] "factor"
>mode(x)          # 以数值向量的形式进行存储
[1] "numeric"
```

如上所示,同样的存储结构类型可以有不同的运算结构类型,而运算结构类型决定了能进行何种运算。除了以上两种类型查看方式外,还可以使用函数 str()展示数据的结构摘要,如:

```
>str(1:3)
int [1:3] 1 2 3
```

2. 向量类型的转换

不同向量类型在符合要求的情况下可以利用以 as 开头的函数进行相互转换,常见转换如下:

```
>x=rep(0:2,2)
>x                     # 一个数值向量
[1] 0 1 2 0 1 2
>as.character(x)       # 可以转换为字符向量
[1] "0" "1" "2" "0" "1" "2"
>as.factor(x)          # 也可以转换为因子向量
[1] 0 1 2 0 1 2
Levels: 0 1 2
>as.logical(x)         # 也可以转换为逻辑向量,0 为 FALSE,其他为 TRUE
[1] FALSE TRUE TRUE FALSE TRUE TRUE


>x=rep(c(T,F),3)
>x                     # 一个逻辑向量
```

```
[1] TRUE FALSE TRUE FALSE TRUE FALSE
>as.integer(x)        # 可以转换为由 0 和 1 组成的整数向量
[1] 1 0 1 0 1 0

>x=letters[1:5]       # 一个普通的字符向量
>as.logical(x)        # 不能转换为逻辑向量
[1] NA NA NA NA NA
>as.numeric(x)        # 也不能转换为数值向量
[1] NA NA NA NA NA
Warning message:
NAs introduced by coercion

>x=c('1.1','2','3.14')
>x                    # 一个由数字组成的字符向量
[1] "1.1"  "2"  "3.14"
>as.numeric(x)        # 可以转换为数值向量
[1] 1.10 2.00 3.14
>as.logical(x)        # 但不能直接转换为逻辑向量
[1] NA NA NA

>x=c('T','TRUE','True','true','F','FALSE','False','false','a','b')
>as.logical(x)        # 特定形式的字符串才可以直接转换为逻辑向量
[1] TRUE TRUE TRUE TRUE FALSE FALSE FALSE FALSE NA NA
```

如上所示,在数据类型转换不成功时,返回一个特殊值 NA,即缺失值。

2.2.6 数值向量的运算

数值向量的运算是最常见的运算,相关运算符和函数也比较多。但由于某些运算不涉及算术计算,因此一些函数也可以用于非数值向量的运算。

1. 基本算术运算

常见运算符包括:＋、－、＊、/、^(乘方)、%%(求模)、%/%(整除)等。一般来说,除前五个运算符以外,在使用其他运算符时建议在其前后添加空格。

R 语言的运算有两个特点:向量化和循环填充。向量化即自动对元素循环运算。循环填充是指当对两个长度不等的向量进行运算时,短的向量会自动循环填充直至其长度与长的向量的长度相等,如:

```
>x=1:10
>x
[1] 1 2 3 4 5 6 7 8 9 10
>x+1          # 自动对每个元素进行加 1,无需特意使用循环语句
[1] 2 3 4 5 6 7 8 9 10 11
>x+1:5        # 自动将 1:5 循环与 x 相加
[1] 2 4 6 8 10 7 9 11 13 15
>x+1:3        # 当长向量长度不是短向量长度的整倍数时,会给出警告信息
```

```
[1] 2 4 6 5 7 9 8 10 12 11
Warning message:
In x+1:3 :
longer object length is not a multiple of shorter object length
```

除以上运算符以外,表 2-1 还列出了一些常用的基本运算函数。除 prod()外,这些函数在运算时也会进行向量化运算,如:

```
>sqrt(1:5)      # 自动循环计算这 5 个整数的平方根
[1] 1.000000 1.414214 1.732051 2.000000 2.236068
```

表 2-1　常用基本运算函数

常用函数		对数函数		三角函数		反三角函数		与阶乘有关的函数	
abs()	绝对值	log()	对数	sin()	正弦	asin()	反正弦	factorial(n)	阶乘
sqrt()	开方	log10()	常用对数	cos()	余弦	acos()	反余弦	gamma(n+1)	Γ 函数
exp()	e^x	log2()	底为 2 的对数	tan()	正切	atan()	反正切	prod(1:n)	连乘
sign()	符号函数								

符号函数 sign()用于判断数值的正负,如:

```
>sign(c(-3,5,-9,0))      # 正数返回 1,负数返回-1,0 返回 0
[1] -1 1 -1 0
```

2.常用统计函数

1) 常用描述统计指标

对于一些常用的描述统计指标,R 语言提供了很多函数,方便进行计算,如:

```
>x=1:10
>length(x)      # 向量中元素的数目
[1] 10
>sum(x)         # 对所有元素求和
[1] 55
>median(x)      # 中位数
[1] 5.5
>mean(x)        # 算术平均数
[1] 5.5
>weighted.mean(x,w=1:10)      # 利用参数 w 指定的权重,计算 x 的加权平均数
[1] 7
>var(x)         # 方差
[1] 9.166667
>sd(x)          # 标准差
[1] 3.02765
>max(x)         # 最大值
[1] 10
>min(x)         # 最小值
[1] 1
>IQR(x)         # 四分位数间距
[1] 4.5
```

```
>quantile(x)          # 默认返回四分位数,同时包含最大值和最小值
 0%   25%   50%   75%   100%
1.00  3.25  5.50  7.75  10.00
>quantile(x,prob=c(seq(0.1,0.9,0.1)))    # 利用参数 prob 可以返回指定的百分数
 10%  20%  30%  40%  50%  60%  70%  80%  90%
 1.9  2.8  3.7  4.6  5.5  6.4  7.3  8.2  9.1
>range(x)            # 返回向量中的最小值和最大值
[1] 1 10
>summary(x)           # 返回最小值、四分位数、中位数、算术平均数和最大值
 Min. 1st Qu.  Median     Mean 3rd Qu.   Max.
 1.00   3.25    5.50     5.50    7.75   10.00
```

对于一个离散变量,可使用函数 table() 计算各值的频数,如:

```
>set.seed(1)
>x=sample(1:3,20,replace=T)       # 对三个数字(1、2、3)重复抽样 20 次
>table(x)    # 计算每个数字出现的频数
x
1 2 3
5 7 8
```

2) 其他常用统计函数

给定一个数值序列,可以利用函数 diff() 计算差分序列,如:

```
>x=1:10
>diff(x)             # 注意差分序列的长度比原序列的长度少 1
[1] 1 1 1 1 1 1 1 1 1
>diff(range(x))   # 和函数 range() 联用可以计算极差
[1] 9
```

将函数 length() 和 which() 嵌套可以进行条件计数,如:

```
>length(which(x >5))
[1] 5
```

对两个等长的数值向量还可以计算协方差系数和相关系数。在计算相关系数时,默认为 pearson 相关系数,也可使用参数 method 指定计算 spearman 或 kendall 相关系数,如:

```
>set.seed(1)
>x=rnorm(5); y=x+rnorm(5)
>cov(x,y)     # 计算两向量的协方差系数
[1] 1.10287
>cor(x,y)     # 计算两向量的相关系数,默认为 pearson 相关系数
[1] 0.8726198
>cor(x,y,method='spearman')     # 利用参数 method 指定计算 spearman 相关系数
[1] 0.8
```

利用函数 rank() 可以计算各元素的秩次,也可以利用函数 sort() 对各元素排序,默认为升序排列,如:

```
>set.seed(1)
>x=runif(5)
>x
[1] 0.2655087 0.3721239 0.5728534 0.9082078 0.2016819
>rank(x)        # 秩次
[1] 2 3 4 5 1
>sort(x)        # 默认升序排列
[1] 0.2016819 0.2655087 0.3721239 0.5728534 0.9082078
>sort(x,decreasing=T)     # 可以利用参数 decreasing 进行降序排列
[1] 0.9082078 0.5728534 0.3721239 0.2655087 0.2016819
>rev(sort(x))          # 也可以和函数 rev()联用进行降序排列
[1] 0.9082078 0.5728534 0.3721239 0.2655087 0.2016819
```

如上所示,函数 rev()可以将向量中的元素反向排列,因此和函数 sort()联用可实现降序排列。

3. 集合运算

1) 元素的归属判断

对于集合运算,R 语言提供了很多方便使用的函数,如:

```
>x=1:10; y=6:15
>union(x,y)         # 求 x 和 y 的并集
[1] 1 2 3 4 5 6 7 8 9 10 11 12 13 14 15
>intersect(x,y)     # 求 x 和 y 的交集
[1] 6 7 8 9 10
>setdiff(x,y)       # 求属于 x 而不属于 y 的元素
[1] 1 2 3 4 5
```

当需要判断某个元素是否属于某个集合时,可以使用运算符%in%来实现,如:

```
>5 % in%  1:10      # 判断 5 是否包含在向量 1:10 之中
[1] TRUE
```

当需要判断两个向量中的元素是否相同时,可以使用函数 setequal()来实现,如:

```
>setequal(0:5,5:0) # 判断两个向量包含的元素是否相同,这个判断和元素的排列顺序无关
[1] TRUE
```

若要判断两向量中元素是否逐位相同,则可以先利用运算符"=="按顺序依次判断两向量的各元素是否相等,再利用函数 all()判断是否所有相同元素的位置都相同,如:

```
>all(0:5==0:5)      # "=="可以对两个向量进行向量化运算
[1] TRUE
```

2) 元素的组合运算

当要对向量中的元素进行组合运算时,可以利用函数 choose()计算组合数,如:

```
>choose(n=5,k=2)    # n 个里面取 k 个的组合数
[1] 10
```

当参数 n 和 k 为向量时,函数 choose()可对其进行向量化运算,如:

```
>choose(3:6,1:2)    # n 和 k 不等长时,k 进行了循环填充
[1]  3  6  5  15
>choose(3,1);choose(4,2);choose(5,1);choose(6,2) # 前一个命令即相当于这四条命令
[1] 3
[1] 6
[1] 5
[1] 15
```

注意,如上所示,当参数 n 为向量时,函数 choose()对 n 中的每一个数字计算相应的组合数。这是因为组合数和向量的内容无关,只和向量的长度有关,因此函数 choose()会将参数 n 中的每一个数字看作不同向量的长度。

若需获取具体的组合形式,可利用函数 combn()列出所有的组合形式,如:

```
>combn(3:5,2)      # 3、4、5 三个元素里取 2 个的所有组合形式
     [,1][,2][,3]
[1,]  3   3   4
[2,]  4   5   5
```

函数 combn()用于对一个集合中的元素进行组合。对于不同集合中的元素,可以利用函数 expand.grid()进行组合,如:

```
>expand.grid(1:2,1:3)  # 将两个集合中的元素一对一循环配对
  Var1  Var2
1   1    1
2   2    1
3   1    2
4   2    2
5   1    3
6   2    3
```

2.3　矩阵和数组

R 语言中,矩阵和数组可以视为向量的一种特殊表现形式,其实质是,将一个向量中的元素按指定格式进行排列。向量是基础结构,矩阵和数组也是基础结构。一个向量不能既包括数值元素,又包括字符串,矩阵也同样不能。矩阵和数组与向量在本质上是相同的,但其将向量中的元素按照指定格式进行排列,这给程序编写和数据运算带来了很大的便利性。

2.3.1　创建一个矩阵

1.函数 matrix()

矩阵在形式上是一个行列表,函数 matrix()是最常用于构建矩阵的函数,如:

```
>matrix(data=1,nrow=2,ncol=3)      # 用数字 1 填充一个 2 行 3 列的矩阵
    [,1] [,2] [,3]
[1,]  1    1    1
[2,]  1    1    1
```

如上所示,参数 nrow 和 ncol 分别用于指定矩阵的行数和列数。参数 data 指定填充矩阵的向量。当 data 的长度是行数或列数的整倍数时,nrow 和 ncol 可以仅使用一个,如:

```
>matrix(1:6,2)      # 用 6 个元素填充一个 2 行的矩阵,3 列正好填充完毕
    [,1] [,2] [,3]
[1,]  1    3    5
[2,]  2    4    6
```

当参数 data 中的向量长度小于 nrow×ncol 时,该向量即可以进行循环填充,如:

```
>matrix(1:3,2,3)      # 用向量 1:3 循环填充一个 2 行 3 列的矩阵
    [,1] [,2] [,3]
[1,]  1    3    2
[2,]  2    1    3
```

如上所示,当用向量对矩阵进行填充时,默认按列进行填充。也可采用参数 byrow 指定按行进行填充,如:

```
>matrix(1:3,2,3,byrow=T)
    [,1] [,2] [,3]
[1,]  1    2    3
[2,]  1    2    3
```

当参数 data 为逻辑向量或字符向量时,也可建立逻辑矩阵或字符矩阵。

2. 对角矩阵

在 R 语言中,对角矩阵可以利用函数 diag() 进行构建,如:

```
>diag(3)      # 构建一个 3* 3 的单位矩阵
    [,1] [,2] [,3]
[1,]  1    0    0
[2,]  0    1    0
[3,]  0    0    1
>diag(1:3)      # 构建一个对角元素为 1:3 的方阵
    [,1] [,2] [,3]
[1,]  1    0    0
[2,]  0    2    0
[3,]  0    0    3
>diag(2,nrow=3)      # 构建一个 3* 3 的方阵,对角元素全部为 2
    [,1] [,2] [,3]
[1,]  2    0    0
[2,]  0    2    0
[3,]  0    0    2
>diag(1:2,3)      # 当第一个参数的长度小于方阵的行数时,对角元素会循环填充
```

```
       [,1][,2][,3]
[1,]    1    0    0
[2,]    0    2    0
[3,]    0    0    1
>diag(1:5,3)        # 当第一个参数的长度大于方阵的行数时,会略去多余的元素
       [,1][,2][,3]
[1,]    1    0    0
[2,]    0    2    0
[3,]    0    0    3
```

如上所示,函数 diag()在默认情况下构建一个方阵,但也可以构建行数和列数不同的矩阵,如:

```
>diag(2,nrow=3,ncol=4)     # 构建一个 3 行 4 列的矩阵,对角元素全部为 2
       [,1][,2][,3][,4]
[1,]    2    0    0    0
[2,]    0    2    0    0
[3,]    0    0    2    0
>diag(1:5,3,2)            # 第一个参数的长度超出矩阵的大小,会略去多余的元素
       [,1][,2]
[1,]    1    0
[2,]    0    2
[3,]    0    0
```

除了构建对角矩阵外,函数 diag()还可以用于修改对角矩阵或提取对角元素,如:

```
>x=diag(2)          # 构建一个 2* 2 的单位矩阵
>diag(x)=2:3        # 修改对角元素为 2 和 3
>x
       [,1][,2]
[1,]    2    0
[2,]    0    3
>diag(x)            # 显示 x 的对角元素
[1] 2 3
```

3. 三角矩阵

三角矩阵的构建一般需要两步,首先构建一个普通矩阵,然后利用函数 upper.tri()或 lower.tri()分别将上三角或下三角元素置为 0,如:

```
>x=matrix(1:9,3)
>upper.tri(x)  # 函数 upper.tri()本身只是生成一个逻辑矩阵来标识上三角元素的位置
       [,1]  [,2]  [,3]
[1,] FALSE  TRUE  TRUE
[2,] FALSE FALSE  TRUE
[3,] FALSE FALSE FALSE
>x[upper.tri(x)]=0     # 根据函数 upper.tri()返回的逻辑矩阵提取相关元素,并赋值为 0
>x
```

```
     [,1][,2][,3]
[1,]  1    0    0
[2,]  2    5    0
[3,]  3    6    9
```

函数 upper. tri()或 lower. tri()默认不包括对角元素的位置,但也可以利用参数 diag＝
TRUE 将对角元素包括进来。

2.3.2　矩阵中元素的选取

当需要提取矩阵中的某些元素时,可以利用数值下标或行列名进行提取,也可以进行条
件选取。

1. 数值下标

1) 向量形式的下标

由于矩阵可以视为按列排列的向量,因此可以直接使用向量形式的下标提取元素,如:

```
>x=matrix(7:12,2)
>x
     [,1][,2][,3]
[1,]  7    9   11
[2,]  8   10   12
>x[c(2,4,6)]        # 按列逐一计数时的第 2、4、6 个元素,即第二行
[1] 8 10 12
```

2) 行列号

如上所示,虽然可以使用单一向量提取矩阵的元素,但对于行号和列号的表现并不直
观。因此,矩阵中经常利用将行号和列号相结合的方式来提取元素。在使用行列号提取元
素之前,可以使用函数 nrow()和 ncol()分别查看矩阵的行数和列数,如:

```
>x=matrix(7:12,2)
>nrow(x)        # 查看矩阵 x 的行数
[1] 2
>ncol(x)        # 查看矩阵 x 的列数
[1] 3
>x[2,3]         # 提取第 2 行第 3 列的元素
[1] 12
>x[2,]          # 提取第 2 行的所有元素,注意逗号的位置
[1] 8 10 12
>x[,3]          # 提取第 3 列的所有元素,注意逗号的位置
[1] 11 12
```

如上所示,在提取矩阵元素时,在方括号里使用逗号分隔行号和列号,行号与列号相结
合即可确定矩阵中的每一个元素。当省略行号或列号时,即可相应选择整列或整行数据。
注意,虽然行号和列号可以省略,但逗号却不可省略,因为一个数字到底标识的是行,还是
列,是由逗号的位置来确定的。

此外,行号和列号也可以分别使用长度大于 1 的向量,如:

```
>x[1:2,c(1,3)]    # 提取第 1 行和第 2 行中第 1 列和第 3 列的元素
     [,1][,2]
[1,]  7 11
[2,]  8 12
```

3）删除元素

正如可以在向量的下标前加负号删除元素一样，也可以在矩阵的行列号前加负号删除元素，但只能整行或整列删除，如：

```
>x=matrix(1:9,3)
>x
     [,1][,2][,3]
[1,]  1  4  7
[2,]  2  5  8
[3,]  3  6  9
>x[-2,-2]    # 删除第 2 行所有元素，同时删除第 2 列所有元素
     [,1][,2]
[1,]  1  7
[2,]  3  9
```

2. 行列名

对于一个向量，可以对每一个元素进行命名。对于矩阵，可以用函数 colnames() 和 rownames() 分别对各列和各行的名称进行查看或修改，如：

```
>x=matrix(1:6,2)
>colnames(x)=letters[1:3]    # 用函数 colnames() 对 x 中的各列进行命名
>rownames(x)=letters[4:5]    # 用函数 rownames() 对 x 中的各行进行命名
>x
  a b c
d 1 3 5
e 2 4 6
>colnames(x)          # 用函数 colnames() 显示 x 中各列的名称
[1] "a" "b" "c"
```

有了行名和列名，就可以根据这些名称来选取元素，如：

```
>x['d','a']    # 行名为'd'，列名为'a'的元素
[1] 1
>x['e',]       # 行名为'e'的所有元素
a b c
2 4 6
```

3. 条件选取

1）以向量的形式选取

矩阵可以像向量那样对所有元素进行条件选取，其所得结果为一个向量，如：

```
>x=matrix(1:9,3)
>x[x>3]    # 将矩阵中大于 3 的元素挑选出来，以向量的形式返回
[1] 4 5 6 7 8 9
```

可以利用函数 which() 返回这些元素的位置，如：

```
>which(x >3)      # 以向量形式返回符合条件的元素的位置
[1] 4 5 6 7 8 9
>which(x >7,arr.ind=T)      # 利用参数 arr.ind 可以返回符合条件的元素的行列号
    row col
[1,]  2   3
[2,]  3   3
```

2）以行列号的形式选取

根据行列号进行选取时,一般都是根据某行的数据选取符合条件的列,或者反过来,根据某列的数据选取符合条件的行,如:

```
>x=matrix(1:9,3)
>x[,x[1,] >1]      # 选取第 1 行大于 1 的那些列,注意逗号的位置
     [,1] [,2]
[1,]  4    7
[2,]  5    8
[3,]  6    9
```

如上所示,首先判断第 1 行各元素是否大于 1,所得逻辑向量位于列号所在的位置,然后根据 TRUE 所在的编号选取相应的列,又如:

```
>x[x[,2] >4,]      # 选取第 2 列大于 4 的行,注意逗号的位置
     [,1] [,2] [,3]
[1,]  2    5    8
[2,]  3    6    9
```

如上所示,首先判断第 2 列各元素是否大于 4,所得逻辑向量位于行号所在的位置,然后根据 TRUE 所在的编号选取相应的行。

3）避免意外降维

在对矩阵进行条件选取时,一般情况下期望获得一个较小的矩阵,但很多时候无法预料条件选取的结果,当只有一行或一列数据符合要求时,默认会以向量的形式返回结果,从而导致二维矩阵结构被一维的向量结构代替,可能就无法满足进行后续运算时对数据结构的要求。此时,可以利用参数 drop 限制这种情况的发生,如:

```
>x[x[,2] >5,]      # 只有一行符合要求,默认以向量形式返回
[1] 3 6 9
>x[x[,2] >5,,drop=F]  # 使用参数 drop 限制降维,以矩阵的形式返回结果
     [,1] [,2] [,3]
[1,]  3    6    9
```

如上所示,使用参数 drop 限制降维时,需用逗号进行分隔。在第二句命令中,最外围的方括号内用两个逗号分隔三个参数,行号、列号和 drop。注意,虽然列号省略了,但逗号不能省略。对列进行选取时,同样要注意逗号的位置。

2.3.3　矩阵运算

矩阵运算在数据分析中很常用,R 语言提供了很多函数来方便计算。

1.矩阵的转置

矩阵在参与运算时,很多时候需要进行行列转换,此时可以利用函数 t()来实现,如:

```
>x=matrix(1:6,2)
>rownames(x)=letters[1:2]
>colnames(x)=letters[3:5]
>x          # 一个 2 行 3 列的矩阵
  c d e
a 1 3 5
b 2 4 6
>t(x)       # 转置为一个 3 行 2 列的矩阵
  a b
c 1 2
d 3 4
e 5 6
```

2. 矩阵的合并

两个行数或列数相同的矩阵可以利用函数 cbind()或 rbind()进行合并,如:

```
>cbind(matrix(1:6,2),matrix(1:4,2))          # 行数相同,可以按列合并
    [,1][,2][,3][,4][,5]
[1,]  1   3   5   1   3
[2,]  2   4   6   2   4
>rbind(matrix(1:6,ncol=2),matrix(1:4,ncol=2))     # 列数相同,可以按行合并
    [,1][,2]
[1,]  1   4
[2,]  2   5
[3,]  3   6
[4,]  1   3
[5,]  2   4
```

3. 逐元运算

矩阵在本质上是一个向量,因此用于向量的运算符也可以用于矩阵,但这样的运算是对两个矩阵的对应元素逐个进行运算,此时参与运算的两个矩阵的行列数应该相等,如:

```
>matrix(c(T,F),2,3) & matrix(c(T,F),2,3,byrow=T)  # 对两个逻辑矩阵进行逻辑运算
    [,1]  [,2]  [,3]
[1,] TRUE FALSE TRUE
[2,] FALSE FALSE FALSE
>matrix(1:6,2) * matrix(7:12,2)       # 两矩阵对应元素相乘,注意,和矩阵乘法不同
    [,1][,2][,3]
[1,]  7  27  55
[2,]  16 40  72
```

4. 逐行或逐列运算

对于一个矩阵,可以使用函数 apply()逐行或逐列进行运算,如:

```
>x=matrix(1:10,2)
>apply(X=x,MARGIN=1,FUN=mean)
[1] 5 6
```

函数 apply()使用参数 X 指定参与运算的向量,参数 MARGIN 使用 1 或 2 分别指定按

行或按列进行运算,参数 FUN 指定进行运算的函数名称。注意参与运算的函数的返回值可能不止一个,因此其结果可能会比较复杂,如:

```
>rownames(x)=letters[1:2]     # 对各行命名,用于区别计算结果
>apply(x,1,range)
     a  b
[1,] 1 2
[2,] 9 10
```

对于求和与计算平均数,R 语言提供了四个函数可以分别对行列表进行逐行或逐列计算,如:

```
>x=matrix(1:9,3)
>colSums(x)         # 各列分别求和
[1] 6 15 24
>rowSums(x)         # 各行分别求和
[1] 12 15 18
>colMeans(x)        # 各列分别计算平均数
[1] 2 5 8
>rowMeans(x)        # 各行分别计算平均数
[1] 4 5 6
```

5. 行列式值

一个数值矩阵可以视为行列式,可利用函数 det()求其值,如:

```
>x=matrix(1:4,2)
>det(x)
[1] -2
```

6. 矩阵乘法

对于两个矩阵,如果前一个矩阵的列数和后一个矩阵的行数相同,则可以利用运算符"％＊％"进行矩阵乘法运算,如:

```
>x=matrix(c(1:9),3)
>rownames(x)=c('x1','x2','x3'); colnames(x)=letters[1:3]
>x        # 一个 3 列的矩阵
   a b c
x1 1 4 7
x2 2 5 8
x3 3 6 9


>y=matrix(c(1:6),3)
>rownames(y)=letters[1:3]; colnames(y)=c('y1','y2')
>y        # 一个 3 行的矩阵
  y1  y2
a  1  4
b  2  5
c  3  6
```

```
>x %*%y      # 矩阵乘法,注意两个矩阵的前后顺序不能互换
   y1 y2
x1 30 66
x2 36 81
x3 42 96
```

7. 向量的外积

在R语言中,向量外积指的是一个向量的每个元素和另一向量的每个元素相乘,结果为一个矩阵。可以使用运算符"%o%"(两个百分号中间是小写字母o)进行计算,如:

```
>x=1:2; names(x)=letters[1:2]
>y=3:5; names(y)=letters[3:5]
>x %o% y
  c d e
a 3 4 5
b 6 8 10
```

外积运算也可以使用函数outer()来实现,而且该函数可以指定两向量各元素之间的运算方式,如:

```
>x=1:2; y=3:5
>outer(x,y)           # 默认两元素之间进行乘法运算
     [,1][,2][,3]
[1,]  3    4    5
[2,]  6    8    10
>x=letters[1:2]; y=1:3
>outer(x,y,FUN=paste)   # 利用函数paste()将两向量中的各元素以字符形式连接在一起
     [,1]  [,2]  [,3]
[1,] "a 1" "a 2" "a 3"
[2,] "b 1" "b 2" "b 3"
```

8. 特征值

矩阵的特征值和特征向量可以利用函数eigen()进行求解,如:

```
>eigen(matrix(1:4,2))
eigen() decomposition
$values
[1] 5.3722813 -0.3722813
$vectors
      [,1]        [,2]
[1,] -0.5657675 -0.9093767
[2,] -0.8245648  0.4159736
```

如上所示,函数eigen()的计算结果为一个列表,其中,values中包含两个特征值,vectors中包含一个矩阵。矩阵中第一列为第一个特征值对应的特征向量,第二列则为第二个特征值对应的特征向量。注意,这些特征向量是被标准化的结果。

9. 对矩阵进行标准化

当需要对矩阵进行标准化时,可以利用函数scale()进行计算,如:

```
>x=matrix(1:6,2)
>scale(x)
          [,1]          [,2]          [,3]
[1,] -0.7071068 -0.7071068 -0.7071068
[2,]  0.7071068  0.7071068  0.7071068
attr(,"scaled:center")
[1] 1.5 3.5 5.5
attr(,"scaled:scale")
[1] 0.7071068 0.7071068 0.7071068
```

如上所示,函数 scale()默认对矩阵各列进行中心化和标准化,并对计算结果赋予两个属性,一个记录中心化的偏移量,另一个记录标准化的压缩尺度。

10. **协方差矩阵和相关矩阵**

当把矩阵视为一个数据表,每列代表一个变量,每行代表一个个体或一条记录,则可利用函数 cov()和 cor()计算协方差矩阵和相关矩阵,如:

```
>x=matrix(rnorm(50),10)
>colnames(x)=c('x1','x2','x3','x4','x5')
>head(x,3)        # 当数据行数太多时,可以只显示前几行,省略第二个参数,则默认显示前六行
          x1          x2          x3           x4          x5
[1,] -0.6264538  1.51178117  0.91897737  1.35867955 -0.1645236
[2,]  0.1836433  0.38984324  0.78213630 -0.10278773 -0.2533617
[3,] -0.8356286 -0.62124058  0.07456498  0.38767161  0.6969634
>cov(x)            # 协方差矩阵
          x1          x2          x3           x4          x5
x1  0.6093144 -0.3144902 -0.53396816 -0.15426137  0.1055258
x2 -0.3144902  1.1438620  0.61733799  0.15204620 -0.2155141
x3 -0.5339682  0.6173380  0.91318591  0.06410393 -0.2642035
x4 -0.1542614  0.1520462  0.06410393  0.65377679  0.1647101
x5  0.1055258 -0.2155141 -0.26420350  0.16471012  0.3549372
>cor(x)            # 相关矩阵
          x1          x2          x3           x4          x5
x1  1.0000000 -0.3767034 -0.71583846 -0.24441154  0.2269145
x2 -0.3767034  1.0000000  0.60402733  0.17582232 -0.3382308
x3 -0.7158385  0.6040273  1.00000000  0.08296412 -0.4640697
x4 -0.2444115  0.1758223  0.08296412  1.00000000  0.3419242
x5  0.2269145 -0.3382308 -0.46406970  0.34192416  1.0000000
```

2.3.4　数组

在 R 语言中,数组是二维矩阵向更高维度扩展的形式,而矩阵就是二维的数组。

1. **数组的构建**

数组可以使用函数 array()进行构建,如:

```
>array(data=1:24,dim=c(3,4,2))    # 三个维度,大小分别为 3,4,2
, , 1
    [,1][,2][,3][,4]
[1,]  1   4   7   10
[2,]  2   5   8   11
[3,]  3   6   9   12
, , 2
    [,1][,2][,3][,4]
[1,]  13  16  19  22
[2,]  14  17  20  23
[3,]  15  18  21  24
```

如上所示,参数 data 指定填充数组的向量,参数 dim 指定维度的多少,以及各个维度的大小。数组在具体呈现形式上,以顺序排列的若干矩阵组成,而数组的前两个维度即矩阵的行和列。此外,正如矩阵一样,数组在本质上仍然是一个向量。

2.数组中元素的选取

和矩阵一样,可以以向量形式来选取数组元素,也可借助多维数值形式的下标和维度名形式的下标来选取元素,如:

```
>x=array(data=1:12,dim=c(2,3,2))
>dim(x)                # 显示 x 的维度
[1] 2 3 2
>dimnames(x)=list(letters[1:2],letters[3:5],letters[6:7])   # 对各维度进行命名
>x
, , f
  c d e
a 1 3 5
b 2 4 6
, , g
  c d e
a 7 9 11
b 8 10 12
>x[5]                  # 向量形式的选取
[1] 5
>x[1,3,2]              # 多维数值形式的下标
[1] 11
>x['b','d','f']        # 维度名形式的下标
[1] 4
```

3.数组的运算

一维数组可以按向量进行运算,二维数组即矩阵,可以进行矩阵的各种运算。大于二维的数组可以按照向量化的原则进行逐元运算,也可以利用函数 apply()对指定维度进行循环运算,如:

```
>x=array(1:8,c(2,2,2))
>dimnames(x)[[3]]=letters[1:2]     # 对第三个维度命名
>x
,,a
    [,1][,2]
[1,] 1 3
[2,] 2 4
,,b
    [,1][,2]
[1,] 5 7
[2,] 6 8
>apply(x,3,det)     # 按照第三个维度的顺序,对矩阵求行列式值
 a  b
-2  -2
```

2.4 数 据 框

数据框在形式上和矩阵一样,都是行列表的形式,但和矩阵不同的是,数据框虽然要求同一列数据的类型必须一样,但不同列的数据的类型可以不同。因此,矩阵属于基础结构,而数据框不属于基础结构。一个数据框可以视为由若干等长向量按列合并构成的集合,每一个向量是数据框中的一个子集。

2.4.1 构建一个数据框

在构建一个数据框的时候,可以利用函数 data.frame() 将多个向量合并为一个数据框,如:

```
>x1=1:2; x2=c(0.1,0.2,0.3); x3=c(T,F); x4=letters[1:6]
>x=data.frame(x1,x2,x3,x4)
>x        # 合并后,变量名成为数据框的列名
  x1  x2    x3  x4
1 1 0.1  TRUE  a
2 2 0.2 FALSE  b
3 1 0.3  TRUE  c
4 2 0.1 FALSE  d
5 1 0.2  TRUE  e
6 2 0.3 FALSE  f
```

如上所示,利用函数 data.frame() 将已有向量合并时,长度较短的向量会循环填充,直至其长度等于最长向量的长度。注意,在构建数据框时,如果没有指定行名和列名,默认会给各行、各列分配一个名称,行名为字符形式的整数,从上到下依次为“1”“2”“3”等,列名会根据数据特征由系统生成。

　　此外,也可以在构建的时候使用"="对这些向量命名,以减少环境中变量的数目,如:

```
>x=data.frame(x1=1:100,x2=letters[1:25])   # 在构建数据框的同时,指定各列的名称
>str(x)
'data.frame':  100 obs.of  2 variables:
$ x1: int  1 2 3 4 5 6 7 8 9 10 ...
$ x2: Factor w/ 25 levels "a","b","c","d"...: 1 2 3 4 5 6 7 8 9 10 ...
```

　　如上所示,可以利用函数 str()查看数据框的结构摘要,数据框所包含的每个向量的数据类型及其中的前面几个元素会被显示出来。从结构上看,数据框的结构格式和常见的数据表的结构格式一样,每列可视为一个变量或一个字段,每行是一个个体或一条观察记录。值得注意的是,字符向量参与构建时被默认转变为因子变量,但有时这并不是编程人员的本意,此时可以利用参数 stringsAsFactors 避免这种转换,如:

```
>x=data.frame(x1=1:2,x2=letters[1:4],stringsAsFactors=F)
>str(x)
'data.frame':  4 obs.of  2 variables:
$ x1: int  1 2 1 2
$ x2: chr  "a" "b" "c" "d"
```

　　构建之后,可以利用函数 length()和 names()查看数据框中子集的数目及名称,如:

```
>length(x)      # 每列是一个子集,共 2 个子集
[1] 2
>names(x)      # 查看每一个子集的名称
[1] "x1" "x2"
>names(x)=letters[1:2]      # 也可修改各子集的名称
```

　　此外,由于数据框和矩阵在形式上都是行列表的形式,因此也可以使用函数 colnames()和 rownames()分别对列名和行名进行查看和修改。

2.4.2 数据框中元素的选取

1. 下标

　　数据框也可以像矩阵一样使用多维下标的方式选取相应的元素。但由于数据框在本质上并不是一个向量,因此无法对其进行向量形式的选取,如:

```
>x=data.frame(x1=1:4,x2=rep(c(T,F),2),x3=5:8)
>rownames(x)=letters[1:nrow(x)]      # 对每行进行命名
>x
   x1 x2  x3
a  1  TRUE  5
b  2 FALSE  6
c  3  TRUE  7
d  4 FALSE  8
>x[3]       # 无法使用向量形式的下标
Error in `[.data.frame`(x, 3) : undefined columns selected
>x[3,2]       # 行列号形式的下标
[1] TRUE
```

```
>x['c','x2']      # 行列名形式的下标
[1] TRUE
```

值得注意的是,数据框在构建时给每一行自动分配了一个行名,这些行名虽然在形式上是顺序排列的数字,但并不能作为行号,而只能视为自动分配的唯一编号。当数据框中的行排列顺序发生变化时,这些编号的顺序也会随之改变,如:

```
>x=data.frame(a=1:2,b=1:4)
>x                        # 自动给每一行赋予一个唯一编号作为行名
  a b
1 1 1
2 2 2
3 1 3
4 2 4
>rownames(x)             # 这些行名是字符形式的数值
[1] "1" "2" "3" "4"
>x=x[c(3,4,1,2),]         # 重新排列数据框中的行
>x                        # 行编号顺序随之发生变化
  a b
3 1 3
4 2 4
1 1 1
2 2 2
>x[3,]                    # x 中的第三行,其行名为"1"
  a b
1 1 1
>x['3',]                  # 而行名为"3"的行,现在排在第一行
  a b
3 1 3
```

2. 符号"$"

由于数据框是一种更高级的表示结构,因此可以利用符号"$"选取相应子集,如:

```
>x=data.frame(x1=1:4,x2=rep(c(T,F),2),x3=5:8)
>x$x1       # 列名为"x1"的所有元素
[1] 1 2 3 4
```

此外,和向量类似,对数据框中不存在的子集赋值可以直接添加新的一列,如:

```
>x$x4=9:12          # 可以利用符号"$"直接添加一个新向量
>x[,'x5']=13:16     # 也可以使用列名的形式添加
>x[,6]=17:20        # 也可以使用列号的形式添加
>x[,8]=1:4          # 和向量不同的是,按列号添加不能跳跃,只能一列一列地添加
Error in `[<-.data.frame`(`*tmp*`, , 8, value=1:4) :
new columns would leave holes after existing columns
>x
  x1   x2 x3 x4 x5 V6
1 1  TRUE  5  9 13 17
```

```
2  2 FALSE   6 10 14 18
3  3  TRUE   7 11 15 19
4  4 FALSE   8 12 16 20
```

需要注意的是,这种用法虽然很方便,但由于没有任何提示,因此在使用前,最好能检查一下数据框的原有变量,以避免发生意外。

3. 函数 subset()

函数 subset() 常用于数据框的条件选取,其第一个参数指定需要进行操作的数据框;第二个参数为选取条件,用于确定选取哪些行;第三个参数指定从哪些列里提取相应的元素,默认各列都参与选取,如:

```
>x=data.frame(x1=1:4,x2=rep(c(T,F),2),x3=5:8)
>rownames(x)=letters[1:nrow(x)]
>subset(x,x1>2)                # 根据条件确定行,及被选取元素所在的列,默认为所有列
  x1  x2  x3
c  3  TRUE   7
d  4  FALSE  8
>subset(x,x1>2,select=c(x2,x3))      # 在 x2 列和 x3 列中选取相应行的元素
    x2  x3
c  TRUE   7
d FALSE   8
```

2.4.3 数据框的运算

1. 矩阵和数据框的相互转换

矩阵可以利用函数 as.data.frame() 转换为数据框,但对于字符矩阵,默认将各列转换为因子向量。

```
>x=matrix(letters[1:6],3); colnames(x)=c('x1','x2')     # 一个字符矩阵
>str(as.data.frame(x))              # 转换为数据框后显示结构摘要
'data.frame':  3 obs.of  2 variables:
$ x1: Factor w/ 3 levels "a","b","c": 1 2 3
$ x2: Factor w/ 3 levels "d","e","f": 1 2 3
>str(as.data.frame(x,stringsAsFactors=F))     # 指明字符向量不转换为因子向量
'data.frame':  3 obs.of  2 variables:
$ x1: chr  "a" "b" "c"
$ x2: chr  "d" "e" "f"
```

数据框也可以利用函数 as.matrix() 转换为矩阵。但由于矩阵中的数据类型必须一致,因此当数据框中包含字符向量(包括因子向量)时,其他向量都会转换为字符类型。若数据框不包含字符向量,则逻辑向量可转换为数值类型,如:

```
>x=data.frame(x1=1:2,x2=c(0.1,0.2),x3=c(T,F),x4=letters[1:4])
>str(x)             #x4默认被转变为因子向量
'data.frame':  4 obs.of  4 variables:
$ x1: int  1 2 1 2
$ x2: num  0.1 0.2 0.1 0.2
$ x3: logi   TRUE FALSE TRUE FALSE
```

```
 $  x4: Factor w/ 4 levels "a","b","c","d": 1 2 3 4
>as.matrix(x)        # 包含字符,转换为字符矩阵
     x1  x2    x3        x4
[1,] "1" "0.1" " TRUE" "a"
[2,] "2" "0.2" "FALSE" "b"
[3,] "1" "0.1" " TRUE" "c"
[4,] "2" "0.2" "FALSE" "d"
>as.matrix(x[,1:3])      # 去掉字符向量 x4,逻辑向量 x3 被转换为数值
     x1  x2   x3
[1,] 1  0.1  1
[2,] 2  0.2  0
[3,] 1  0.1  1
[4,] 2  0.2  0
```

当一个数据框转换为矩阵后,即可使用矩阵特有的运算符和运算函数,如"%＊%"、det()等。

2.转置

由于数据框在形式上也是行列表的形式,因此也可以对其进行转置,但转置后的数据结构为矩阵,如:

```
>x=data.frame(x1=1:3,x2=4:6,x3=letters[1:3])
>t(x)          # 虽然转置前无需转换为矩阵,但转置的结果是一个矩阵
    [,1] [,2] [,3]
x1 "1"  "2"  "3"
x2 "4"  "5"  "6"
x3 "a"  "b"  "c"
```

3.数据框的合并

1) 按行合并

列数相同的数据框可以按行合并,但要求各列名称必须对应相同,如:

```
>x=data.frame(x1=1:2,x2=letters[1:2])
>y=data.frame(y1=3:4,y2=letters[3:4])
>rbind(x,y)        # 列名不对应,不能合并
Error in match.names(clabs, names(xi)) : 名字与原来已有的名字不对应
>z=data.frame(x1=5:6,x2=letters[5:6])
>rbind(x,z)        # 对应的列名相同,可以合并
  x1  x2
1  1  a
2  2  b
3  5  e
4  6  f
```

2) 按列合并

行数相同的数据框可以直接利用函数 cbind()按列合并,但当两个数据框有相同字段时,可以利用函数 merge()依据共同的字段进行合并,如:

```
>x=data.frame(id=1:2,x1=1:2,x2=letters[1:2])
>y=data.frame(y1=1:2,y2=letters[3:4])
>z=data.frame(id=3:1,z1=5:7,z2=letters[5:7])
>cbind(x,y)              # 行数相同,直接按列合并
   id x1 x2 y1 y2
1  1  1  a  1  c
2  2  2  b  2  d
>cbind(x,z)              # 行数不同,无法直接按列合并
Error in data.frame(..., check.names=FALSE):
    参数值意味着不同的行数: 2, 3
>merge(x,z,by='id')          # x 和 z 有一个共同的列名 id,但合并时 z 被缩短了
   id x1 x2 z1 z2
1  1  1  a  7  g
2  2  2  b  6  f
>merge(x,z,by='id',all=T)    # 利用参数 all 避免缩短
   id x1  x2 z1 z2
1  1  1   a  7  g
2  2  2   b  6  f
3  3 NA <NA>  5  e
```

如上所示,使用函数 merge() 进行合并时,由于 x 中 id 的取值较少,因此 z 中多余的行被删除了,此时可以利用参数 all 限定不进行删除。

4. 逐元运算

数据框也可以和矩阵一样进行逐元素运算,此时参与运算的数据框必须行列数一致。而且,由于所有元素要参与相同运算,因此一般要求所有元素的数据类型要一致,如:

```
>x=data.frame(x1=1:3,x2=4:6)
>y=data.frame(y1=7:9,y2=10:12)
>x+y
   x1 x2
1   8 14
2  10 16
3  12 18
```

5. 逐行、逐列运算

对于一个全部由数值组成的数据框,可以利用函数 colSums()、rowSums()、colMeans() 和 rowMeans() 进行逐行和逐列计算,如:

```
>x=data.frame(x1=1:3,x2=4:6,x3=7:9)
>colSums(x)
x1 x2 x3
6 15 24
```

此外,也可以像矩阵一样使用函数 apply() 对其进行逐行或逐列运算,如:

```
>x=data.frame(x1=1:3,x2=4:6,x3=7:9)
>apply(x,1,length)
[1] 3 3 3
```

如上所示,对于数据框来说,函数 apply()的使用形式和矩阵一样。

6. 协方差矩阵和相关矩阵

数据框的结构形式本身就是数据表的形式,因此可以利用函数 cov()和 cor()计算协方差矩阵和相关矩阵。只不过此时数据框必须全部由数值组成,如:

```
>set.seed(1)
>x=data.frame(x1=rnorm(100),x2=rnorm(100),x3=rnorm(100))
>cor(x)          # 相关矩阵
          x1            x2           x3
x1  1.0000000000 -0.0009943199  0.01838219
x2 -0.0009943199  1.0000000000 -0.04953621
x3  0.0183821868 -0.0495362135  1.00000000
```

7. 多个分类变量的运算

1) 列联表

数据框可以利用函数 table()生成列联表,同时可用函数 addmargins()对表格加上周边合计,如:

```
>x=data.frame(        # 为排列整齐,方便查看,可以将一条命令分成多行,注意末尾的逗号和配对的括号
    age=rep(c('Young','Middle','Old'),8),
    sex=c('Female','Male'),
    height=seq(175,185,length=24))
>addmargins(table(x$age,x$sex))    # 两分类的列联表加周边合计
       Female Male Sum
Middle    4    4    8
Old       4    4    8
Young     4    4    8
Sum      12   12   24
```

当对三个及以上分类变量进行频数统计时,函数 table()的运算结果会显示得比较长,此时可使用函数 ftable()改变显示方式。

2) 分组运算

数据框可以利用函数 aggregate()进行分组运算,如:

```
>aggregate(height~age+sex, data=x, FUN=mean)
    age     sex   height
1 Middle Female 180.6522
2    Old Female 179.7826
3  Young Female 178.9130
4 Middle   Male 179.3478
5    Old   Male 181.0870
6  Young   Male 180.2174
```

如上所示,函数 aggregate()的第一个参数以公式的形式指定参与运算的向量。"～"右侧为参与分组的向量,多个向量之间使用"＋"相连。"～"左侧为参与函数运算的向量。注意,左侧的变量若不止一个,不能用"＋"连接,只能用 cbind 连接,或使用"."指明对分组变

量以外的所有变量进行计算。第二个参数 data 指明公式中的向量放在哪个数据框中。第三个参数 FUN 指明运算函数。

3）多分类的排序

数据框可以利用函数 order()进行多分类的排序。函数 order()默认对向量进行升序排列,但返回的并不是排序后的元素本身,而是排序后的各元素在原向量的下标,如:

```
>set.seed(1)
>x=runif(5)
>x
[1] 0.2655087 0.3721239 0.5728534 0.9082078 0.2016819
>order(x)
[1] 5 1 2 3 4
```

如上所示,x 中的第 5 个元素最小,于是其下标 5 为第一个返回值;第 1 个元素次之,其下标 1 为第二个返回值;依次类推。因此,当该函数用于多个分类向量时,可获得依次排序的下标顺序,如:

```
>x=data.frame(x1=c(2,1,2,1),x2=c(2,2,1,1),x3=letters[1:4])
>x[order(x$x1,x$x2),]    # 先按 x1 列升序排列,再按 x2 列升序排列
  x1  x2  x3
4  1   1   d
2  1   2   b
3  2   1   c
1  2   2   a
```

2.5　列　　表

在 R 语言中,列表的结构是最复杂的,列表对元素的类型没有要求,因此可容纳各种类型的数据。但由于其结构复杂,在使用时应非常小心。

2.5.1　创建一个列表

列表可以使用函数 list()进行创建,其用法和函数 data.frame()的用法类似,如:

```
>x=list(     # 为便于查看,将该命令分成多行
    x1=1:2,
    x2=matrix(1:6,2),
    x3=data.frame(x1=1:3,x2=letters[1:3]),
    x4=list(x1=letters[1:5],x2=data.frame(x1=1:3,x2=letters[1:3])))
>str(x)      # 使用函数 str()查看 x 的结构摘要
List of 4
$ x1: int [1:2] 1 2
$ x2: int [1:2, 1:3] 1 2 3 4 5 6
$ x3:'data.frame':3 obs.of 2 variables:
```

```
..$  x1: int [1:3] 1 2 3
..$  x2: Factor w/ 3 levels "a","b","c": 1 2 3
$  x4:List of 2
..$  x1: chr [1:5] "a" "b" "c" "d" ...
..$  x2:'data.frame':3 obs.of 2 variables:
....$  x1: int [1:3] 1 2 3
....$  x2: Factor w/ 3 levels "a","b","c": 1 2 3
```

如上所示,虽然函数 list()在使用上和函数 data. frame()类似,但在结果上差别较大。列表也可以视为数据的集合,其内的向量、矩阵、数据框、列表等都可视为这个集合的子集。

从结构上看,向量和矩阵没有子集,不能继续分级,它们是一种"原子"结构,数据框和列表则包含子集,可以继续分级,而且列表可以包含列表,因此可以不断向下分支。可以使用函数 length()和函数 names()查看某一子集的数目和各子集的名称,如:

```
>length(x)        # 查看某一子集的数目
[1] 4
>names(x)         # 查看各子集的名称
[1] "x1" "x2" "x3" "x4"
```

2.5.2　列表中元素的选取

1.下标

由于列表可以不断分支,而且其中的子集也可能具有复杂的结构,因此仅仅使用"[]"来选取元素是不够的。在 R 语言中,使用"[[]]"选取某一层级的子集,然后根据子集的结构特点,再选择合适的选取方式。例如,对于第 2.5.1 小节的 x,可以按以下语句提取元素:

```
>x[[1]]                  # x 的第 1 个子集(一个向量)
[1] 1 2
>x[[2]][1,]              # x 的第 2 个子集(一个矩阵)的第 1 行
[1] 1 3 5
>x[[4]][[1]]             # x 的第 4 个子集(一个列表)中的第 1 个子集(一个字符向量)
[1] "a" "b" "c" "d" "e"
>x[['x3']][,'x1']        # x 中名称为"x3"的子集(一个数据框)中,名称为"x1"的那一列
[1] 1 2 3
>x[['x4']][['x2']][['x1']]     # 逐级根据名称选取子集
[1] 1 2 3
```

2.符号"$"

除了下标,列表也可以用符号"$"来选取具有名称的各子集,如:

```
>x$x1            # x 中名称为"x1"的子集(一个向量)
[1] 1 2
>x$x2[1,3]       # x 中名称为"x2"的子集(一个矩阵)中,第一行第三列的元素
[1] 5
>x$x3$x1         # x 中名称为"x3"的子集(一个数据框)中,名称为"x1"的子集(一个向量)
[1] 1 2 3
>x$x4$x2$x1      # 逐级利用符号"$"选取子集
[1] 1 2 3
```

和数据框一样,符号"＄"也可以用于直接添加子集。在实际使用中,可以先用函数vector()建立空列表,然后在程序运行过程中,将所需保存的各类结果利用符号"＄"放到一个列表里,或者分类放到不同的列表里,以方便后续统一处理,如:

```
>y=vector('list')      # 构建一个空列表
>str(y)                # 显示 y 的结构,没有任何元素
list()
>y$y1=1:5              # 添加一个子集,名称为 y1
>str(y)                # 显示 y 的结构
List of 1
$ y1: int [1:5] 1 2 3 4 5
```

2.5.3　列表运算

1. 函数 lapply()或 sapply()

当需要对列表中的各子集逐个应用相同的运算操作时,可以利用函数 lapply()或sapply()进行。两个函数的用法基本一样,但前者以列表的形式返回结果,后者以向量或矩阵的形式返回结果。例如,对于第 2.5.1 小节的 x,可以进行以下操作:

```
>sapply(x,class)      # 返回 x 中第一级子集的运算结构
     x1          x2          x3          x4
"integer"    "matrix"    "data.frame"    "list"
```

由于列表中各子集结构的差别可以很大,而向量、矩阵、数据框都有各自的特点,很多时候难以对列表各子集进行相同的运算。因此列表常用于保存相关的各种数据,根据需要提取所需数据用于相应计算。

2. 函数 unlist()

函数 unlist()用于将列表中的所有数据转换为一个向量,如:

```
>x=list(x1=1,x2=4:6,x3=matrix(1:6,2))
>unlist(x)
x1 x21 x22 x23 x31 x32 x33 x34 x35 x36
 1   4   5   6   1   2   3   4   5   6
```

如上所示,在结构转换时默认会保留名称信息。需要注意的是,除了数值、逻辑、字符以外,列表也可以包含一些特殊的数据类型,如表达式、函数等,此时函数 unlist()无法将所有数据转换为向量,只能以列表的形式返回结果。

3. 列表的合并

不同的列表可以使用函数 list()直接合并,此时每个列表将作为新列表的一个子集。但如果想将各列表的子集直接合并在一个新列表中,则需要使用函数 c(),如:

```
>x=list(x1=1:3,x2=4:10)
>y=list(y1=letters[1:3],y2=letters[4:10])
>str(list(x,y))       # 两个列表分别成为新列表的一个子集
List of 2
$ :List of 2
..$ x1: int [1:3] 1 2 3
..$ x2: int [1:7] 4 5 6 7 8 9 10
```

```
$  :List of 2
..$  y1: chr [1:3] "a" "b" "c"
..$  y2: chr [1:7] "d" "e" "f" "g" ...
>str(c(x,y))         # 两个列表共四个子集合并为一个新列表
List of 4
$  x1: int [1:3] 1 2 3
$  x2: int [1:7] 4 5 6 7 8 9 10
$  y1: chr [1:3] "a" "b" "c"
$  y2: chr [1:7] "d" "e" "f" "g" ..
```

本章小结及习题

第 3 章　R 函数与流程控制

● ....

本章学习目标

- 学会编写自定义 R 函数
- 理解函数也是一个对象的概念
- 理解 return() 函数在 R 语言中的地位
- 理解 R 语言中的通用函数
- 掌握 R 语言中的分支结构
- 掌握 R 语言中的循环结构

通过对前面章节的学习，读者已经掌握了 R 语言的基础知识。同时也发现了很多需要重复运行的命令，把这些单独执行的命令包装起来用于解决一些常用的实际问题是所有程序员希望做的事情。R 对这个问题的解决方式是把这些代码封装在一起变成函数。本章主要讲解如何编写自定义的 R 函数，如何处理 R 程序中的分支结构和循环结构。通过本章的学习，相信读者可以用 R 的自定义函数来解决部分现实问题。

3.1　编写自己的 R 函数

R 语言包含了丰富的内部函数，R 语言的扩展包也包含了大量的可实用函数。这些函数有的是 R 的核心团队提供的，有的是各个专业领域的专业人才提供的。在真实的项目中，这些函数可以满足大部分开发者的需求，但还是有一些项目的需求是这些函数不能完美实现的，或者某些函数的实现并不能达到项目目标。因此，若想成为一个合格的 R 程序员或者 R 数据分析师就需要会编写自己的 R 函数来完成自己的项目需求。这种 R 函数被开发人员称为自定义函数。

3.1.1　编写第一个自定义 R 函数

在正式学习编写自己的 R 函数之前，先借助前面章节的内容在 Console 窗口中直接编写如下所示的例子。

【例 3-1】　编写一个计算最贵水果和最便宜水果的单价(元/斤)差的程序,要求用一个向量来存储水果单价。代码如下(myR_3_1.R):

```
#
# myR_3_1.R
#
>x <- c(5,3,6,12,2,20)        # 构建一个向量来存储水果的单价
>x.max<-max(x)                # 找到最大值
>x.min<-min(x)                # 找到最小值
>y <-x.max -x.min            # 计算最大值和最小值的差值
>y                           # 如果这段代码是在代码编译器中编写的,此处需要将 y 改成 print(y)
```

执行结果:

```
[1] 18
```

在这个项目中,用一个向量 x 来存储水果的单价,然后使用 max()函数寻找单价的最大值,用 min()函数寻找单价的最小值,把这两个值的差存放到对象 y 中,然后查看 y 的值,至此就完成了此例的需求。如果这段代码是在代码编译器中编写的,最后一行代码需要改成">print(y)",因为代码编译器并不能对代码做直译的操作,需要调用 print()函数把结果输出。

这个程序最大的问题是,每次传进新的向量时,都需要重新写一次这段代码。这不符合程序员对代码重用的理念,所以需要对这段代码进行改良。最好的办法就是将这段代码编成一个函数,每次处理不同的向量时,只需要调用这个自定义函数就可以了。

下面要介绍一下在 R 语言中如何自定义函数。自定义函数的格式如下:

```
function_name <- function(arg_1, arg_2, …){
    function body
    return()}
```

函数组件包括以下几个部分。

函数名称(function_name):这是函数的实际名称。函数的所有内容以这个名称作为一个对象存储在 R 环境中。

参数(arg):参数用一个占位符表示。当函数被调用时,可以传递一个值到参数中。参数是可选的,也就是说一个函数可能包含一个参数也可能包含多个参数,或者不包含参数。

函数体(function body):函数中所有语句的集合是函数体。

返回值(return):函数的返回值是函数需要给出的结果。

参考自定义函数的格式编写例 3-1 程序,其代码如下(myR_3_2.R):

```
#
# myR_3_2.R
#
myfu_1<-function(x){
    x.max<-max(x)
    x.min<-min(x)
    y <-x.max -x.min
    return(y)
}
```

运行结果：

```
>x <-c(5,3,6,12,2,20)
>myfu_1(x)
[1] 18
```

根据程序的运行结果可以看出，计算最贵水果与最便宜水果的单价差的程序已经保存到了一个名字为 myfu_1 的对象中，并且已经加载到 R 环境中，如果以后想调用这个函数，只需要执行 myfu_1() 函数即可。

上面的程序中自定义的函数存到了一个对象 myfu_1 中，这证明了其实函数也是一个对象，既然是对象，就可以用查看对象的方式来查看一个函数的内容，例如，如果想查询 myfu_1() 函数的内容，在 Console 窗口中运行"myfu_1"命令即可查询出。

这里需要特别注意的是，如果想查看对象内容，输入命令的时候不能在"myfu_1"后面加"()"，如果加"()"则是代表调用函数，当然，调用 myfu_1() 函数时需要为其传递参数。

基于这种设定，也可以为 myfu_1 赋予新的对象，新对象也等于 myfu_1 对象。例如，运行以下代码所得到的 myfu_2() 函数，其查询内容和 myfu_1() 函数的内容是相同的：

```
>myfu_2<-myfu_1
>myfu_2
function(x){
  x.max<-max(x)
  x.min<-min(x)
  y <-x.max -x.min
  return(y)
}
```

需要注意的是，这个特别的功能似乎对数学家们比较有效果，它的存在尽可能地减少了一个项目中的对象个数，从而有利于整个项目的计算。但这个功能对计算机工程师来说是一个灾难。这个功能带来的结果是可以重复引用，如果再把一个向量值传给 myfu_1 对象，那么前面编写的自定义函数将不复存在，如下代码所示：

```
>myfu_1<-c(2,3,4,5)
>myfu_1
[1] 2 3 4 5
```

所以请各位读者在为自己的自定义函数取名的时候一定要小心，尽量取有意义的名字来避免出现同名对象。

3.1.2　简化 R 程序

对于 R 程序来说，其实有些代码是可以省略的。

第一种可以省略的代码是最后一行的 return() 代码，在 R 语言中默认会返回最后一行程序代码，具体代码参看 myR_3_3.R：

```
#
# myR_3_3.R
#
myfu_1<-function(x){
```

```
    x.max<-max(x)
    x.min<-min(x)
    y <-x.max -x.min
    }
```

运行结果：

```
>x <-c(5,3,6,12,2,20)
>myfu_1(x)
```

对于这段代码，myfu_1()函数中省略了 return(y)，从结果上来看，运行后并没有显示出项目想要的最大单价与最小单价的差值，但其实项目想要的信息已经计算出来并且存到 R 环境中了，如果想查看到这个差值，则需要运行如下语句：

```
>print(myfu_1(x))
[1] 18
```

打印这个函数就可以看到想要的结果，造成这种后果的原因是在 R 语言中默认会返回最后一行程序代码，上面 myR_3_3.R 程序默认返回的不是差值，而是对象 y，也就是说这段程序是把结果赋值给对象 y 后将对象 y 返回，由于 y 是局部变量，所以 y 的值并不能显示出来，想要查看函数的结果值，需要调用 print(myfu_1(x)) 函数或者是将函数的返回结果赋给一个对象，例如 z <− myfu_1(x)，然后查询这个对象 z 的值就可以得到想要的结果。

如果想直接得到结果，需要把代码改写如下：

```
#
# myR_3_4.R
#
myfu_1<-function(x){
    x.max<-max(x)
    x.min<-min(x)
    x.max -x.min
    }
```

运行结果：

```
>source('~/Firstproject/myR_3_4.R')
>myfu_1(x)
[1] 18
```

在代码最后一行若不将运算结果赋值给对象，默认就会返回运算的结果值。

在自定义的函数中，函数主体需要用"{}"括起来。在 R 语言中有一项规定，如果函数的主体只有一行，则可以省略"{}"。

【例 3-2】　编写一个函数计算向量的平方。

计算向量平方的函数的程序如下：

```
#
# myR_3_5.R
#
myfu_3<-function(x){
    x* x
    }
```

这段代码中的函数体只有一行代码,所以可以写为:

```
myfu_3<-function(x) x*x
```

运行结果:

```
>source('~/Firstproject/myR_3_1.R')
>x<-c(5,3,6,12,2,20)
>myfu_3(x)
[1] 25 9 36 144 4 400
```

参考这段代码来重新设计 myR_3_4.R,将其变成最简形式,代码如下:

```
myfu_1<-function(x) max(x)-min(x)
```

运行结果:

```
>source('~/Firstproject/myR_3_4.R')
>x<-c(5,3,6,12,2,20)
>myfu_1(x)
[1] 18
```

虽然最简形式代码的代码量较少,但笔者并不建议将代码写成这种形式,这种形式的代码不利于阅读,如果没有详细的注释,很可能忘记代码的含义。并且在真正的项目设计中,能通过一句代码来实现功能的函数是很罕见的。

3.1.3 返回值

学习完上一节的简化 R 程序之后,似乎 return()函数的存在没有意义,可以用最后一行代码替换掉 return()函数,真相当然不是这样的。

在 R 语言中,函数的返回值可以返回任何 R 对象,尽管返回值通常为列表形式。在程序中可以通过显式调用 return()函数,把一个值返回给主调函数。如果省略这条语句,默认将会把最后执行的语句的值作为返回值。特别需要注意的是,return()函数不仅有把一个值返回给主调函数这一个作用,它还有结束 R 程序的作用,如:

【例 3-3】

```
#
# myR_3_6.R
# return()的作用
#
myfu_4<-function(x) {
  x.max<-max(x)
  x.min<-min(x)
  return(x.min)
  y<-x.max-x.min
  return(y)
}
```

运行结果:

```
>x<-c(5,3,6,12,2,20)
>myfu_4(x)
[1] 2
```

上面例子中,函数返回的值是第一个 return(x. min)的值,和其他一些程序语言不一样,R 语言在一条分支中写多少个 return()函数都不会报错,但是只要有 return()函数运行,程序就会结束,其后面的代码便不会再执行。由于 return()函数的这个特性,有些程序中需要在 return()之后结束程序,这时候需要书写 return()函数,例如,后面要讲到的流程控制中,当达到某一种条件时,要想程序执行结束跳出程序,就必须书写 return()函数。

现在 R 语言普遍的主流思想是,能避免显式调用 return()函数,就不用显式调用。主要原因是调用 return()函数会延长执行时间,并且增加代码量。现今真正编码的时候,对这种显式调用的使用并不常见。这其中的原因涉及使用 R 语言的两类人群:一类是数学家,一类是计算机行业的程序员。R 语言在大数据分析成为热门之前,大多是被数学家们使用,直到大数据兴起,计算机行业的从业者才逐渐走进 R 语言的世界。现今 R 语言的一些主流编程思想还是数学家的编程思想,但由于有大量的计算机程序员进入,编程方式已经开始偏向计算机的编程思维。就 return()函数来说,调用它,的确要浪费一定的时间,但对程序员来说,除非函数非常短,否则避免显式调用 return()函数所节省的时间是微不足道的,所以这并不是避免显式调用 return()函数的重要原因。另外就代码量来说,程序员通常不会介意多写几行代码来增加代码的可读性,对程序员来说,一个好的软件设计可以使使用者浏览一遍程序代码之后就能马上发现哪些地方、哪些值会被返回给主调函数。要达到这个目的,最简单的方法就是在代码中需要返回的地方调用 return()函数。

3.1.4　函数的参数

函数执行其实就是帮助主调函数完成一个功能。那么这就涉及几个问题,函数帮助主调函数完成功能需不需要主调函数中的对象值? 需要什么类型的对象值? 需要多少个值?

函数参数就是为解决这类问题而出现的。在 R 语言中,函数的参数值可以没有,可以有一个,也可以有多个;参数值的类型可以是 R 语言的基本类型,也可以是函数。

没有参数值传递的函数一般称为无参函数,这样的函数多数是为了完成固定功能,而和主调函数没有必然关系,只有一个参数的函数在上一小节学习过。在这小节里讲解其他种类的参数。

1. 有多个参数的函数

如果一个函数有多个参数,那么只需要将多个参数放到函数的参数表中,并且用“,”将各个参数隔开即可。具体参考例 3-4:

【例 3-4】　编写一个函数,用于分别打印传入的第一个参数和第二个参数。代码如下(myR_3_7. R):

```
#
# myR_3_7.R
# 打印传入的两个参数
#
myfu_1<-function(first, second) {
  y<-sprintf("第一个参数:%s,第二个参数 %s", first, second)
  print(y)
}
```

运行结果:
```
>myfu_1("first","second")
[1] "第一个参数:first,第二个参数 second"
```

　　这段代码中,函数 myfu_1()有两个参数存在,第一个代表传入的第一个字符串,第二个代表传入的第二个字符串。将这两个值在参数表中用逗号分开就可以满足需求。

　　这里简单介绍一下 sprintf()函数,这个函数主要用于处理含有变量的文本,它的第一个参数是含有特殊字符(%s)的文本,用后面的参数来替换前面的特殊字符,如本例中 myfu_1 (first,second)函数用接收到的第一个参数替换掉第一个"%s"符号,用接收到的第二个参数替换掉第二个"%s"符号。

　　当函数有多个参数时,只需要在参数表中继续加参数,并且用","将参数隔开就可以了。函数的写法比较简单,但是多个参数传值会引发一个比较有趣的问题。如果将 myR_3_7.R 代码中的调用函数写成 myfu_1("second","first"),会有什么结果产生呢?

　　运行结果:

```
>myfu_1("second","first")
[1] "第一个参数:second,第二个参数 first"
```

　　这个结果说明,当函数有多个参数的时候,参数是按位置匹配的。但有的时候这种匹配并不理想,那么有没有什么指定的方式可以把"second"赋给参数 second,把"first"赋给参数 first,而不论参数位置怎么放呢? 这种方式在 R 语言中是可以实现的。测试下面两种调用:

```
>myfu_1(first="first",second="second")
[1] "第一个参数:first,第二个参数 second"
>myfu_1(second="second",first="first")
[1] "第一个参数:first,第二个参数 second"
```

　　上面两种调用的结果是一样的,所以只要在参数表中确定好要为哪个参数传值,结果就不会因为参数位置的变化而变化,也就是说,这个时候参数表不再是按位置传参数了。当然,如果只有两个参数值,且其中一个已经指定为为某个参数传值,则另外一个参数可以不用指定。例如下面的调用和上面的调用效果一样:

```
>myfu_1(second="second","first")
[1] "第一个参数:first,第二个参数 second"
>myfu_1(first="first","second")
[1] "第一个参数:first,第二个参数 second"
```

　　为指定参数传值还有一种更简单的方式:

```
>myfu_1(se="second",fi="first")
[1] "第一个参数:first,第二个参数 second"
```

　　即使用参数的一部分名称也可给指定参数传值。这种用法虽然给函数的调用带来了更大的灵活性,但是需要注意参数中是否有相似的对象名,如果有相似的对象名,这种调用方式会报错。例如代码 myR_3_8.R:

```
#
# myR_3_8.R
# 打印传入的两个参数
#
myfu_1<-function(arg1, arg2) {
  y<-sprintf("第一个参数:%s,第二个参数 %s", arg1, arg2)
  print(y)
}
```

运行结果：

```
>myfu_1(ar="second","first")
Error in myfu_1(ar="second", "first") :
  argument 1 matches multiple formal arguments
```

这个运行结果的错误信息是一个参数匹配上了多个参数值的结果。

2. 参数的默认值

将代码 myR_3_7.R 做如下修改：

```
myfu_1<-function(first="num1", second) {
  y<-sprintf("第一个参数:%s,第二个参数 %s", first, second)
  print(y)
}
```

运行结果：

```
>myfu_1("first","num2")
[1] "第一个参数:first,第二个参数 num2"
>myfu_1(,"num2")
[1] "第一个参数:num1,第二个参数 num2"
```

这里发现，如果在编写函数时在参数表中直接为参数赋值，则正常调用 myfu_1
("first","num2")的时候在参数表中的赋值是不起作用的，但如果没有给这个参数传值，那
么，例如 myfu_1(,"num2")中只给第二个参数传了一个值，第一个参数就会使用写在参数
表中的参数值"num1"。这个事先在参数表中写好的参数值就是函数的默认值。默认值的
意义是在调用函数的时候如果没有对相应参数传值就会自动调用这个值。

需要注意的是，上面的例子只是为了让大家看得更清晰，一般情况下，设计一个函数需
要设定默认值的参数一般是后面的参数，如：

```
myfu_1<-function(first, second="num2") {
  y<-sprintf("第一个参数:%s,第二个参数 %s", first, second)
  print(y)
}
```

运行结果：

```
>myfu_1("num1")
[1] "第一个参数:num1,第二个参数 num2"
```

这样在用 myfu_1("num1")的时候是不会出现任何错误的，如果是第一种写法，这种调
用会出现以下情况：

```
>myfu_1("num2")
Error in sprintf("第一个参数:%s,第二个参数 %s", first, second) :
  argument "second" is missing, with no default
```

3. "…"参数

上一节学会了设计有多个参数的函数，但是在实际开发中有时设计的函数需要很多的
参数，设计函数时，参数列表就要变得很长，同时调用函数的时候需要传递的值也是很多的，
毕竟不是每一个参数都能用默认值表示，在 R 语言中解决这种问题的方式是使用"…"参数。
下面用"…"参数更改 myR_3_8.R 程序，这次设计函数来打印三个参数，如：

```
#
# myR_3_8.R
# 打印传入的三个参数
#
myfu_1<-function(first, ...) {
    y<-sprintf("第一个参数:%s,第二个参数 %s,第三个参数 %s", first, ...)
    print(y)
}
```

运行结果：

```
>myfu_1("num1","num2","num3")
[1] "第一个参数:num1,第二个参数 num2,第三个参数 num3"
```

在这里，项目用"…"参数代替了第二个参数和第三个参数。当然如果想要代替第四个、第五个参数，则只要相应增加 sprintf()函数第一个参数中的"%s"就可以。对"…"参数的应用有两点需要注意：第一点是"…"参数需要书写在参数表的最后面，第二点是虽然"…"参数为编程带来了更大的灵活性，但同时它也为程序带来了不确定性，如上面的例子中，sprintf()函数需要接收三个参数，用"…"参数代替其余的两个参数，那么调用的时候，如果只给函数传入两个参数是完全符合程序的书写规则的，但是事实上如果只给函数传入两个参数就会造成 sprintf()函数缺少参数从而出现错误，如：

```
>myfu_1("num1","num2")
Error in sprintf("第一个参数:%s,第二个参数 %s,第三个参数 %s", first, :
too few arguments
```

4. 把函数当作参数

在前面提到函数也是一个对象，既然函数是一个对象，那么它就可以作为一个参数传递给另外一个函数。

例 3-5 在例 3-1 的基础上增加了一些需求。

【例 3-5】 编写一个计算最贵水果和最便宜水果单价差与水果平均单价的差价的函数。代码如下（myR_3_9.R）：

```
#
# myR_3_9.R
#
myfu_dif<-function(x,xmean){
    x.max<-max(x)          # 找最大值
    x.min<-min(x)          # 找最小值
    y <-x.max-x.min        # 存储最大值与最小值的差
    z<-y-xmean             # xmean 是传进来的平均值
    return(z)
}
```

运行结果：

```
>x <-c(5,3,6,12,2,20)
>myfu_dif(x,mean(x))
[1] 10
```

在代码 myR_3_9.R 中，myfu_dif() 函数接收了两个值，其中第二个值 xmean 负责接收平均值，这样程序在传值的时候传入的是 mean(x) 函数，从实例的结果来看，在函数的参数中传递一个函数是可行的。

或许有人认为这种方式在函数调用的时候比较麻烦，用学习过的默认值知识可以很简单地解决这个问题。可以将上面的代码改写成：

```
myfu_dif<-function(x,xmean=mean(x)){
   x.max<-max(x)        # 找最大值
   x.min<-min(x)        # 找最小值
   y<-x.max-x.min       # 存储最大值与最小值的差
   z<-y-xmean           # xmean 是传进来的平均值
   return(z)
}
```

运行结果：

```
>x<-c(5,3,6,12,2,20)
>myfu_dif(x)
[1] 10
```

为参数表的 xmean 参数直接设置默认值 mean(x)，这样调用的时候只需要传入一个 x 值就可以了，这样的方式更方便函数的调用。

3.1.5　通用函数

在其他的编程语言中有一种重要的函数调用方式叫作重载。那在 R 语言中是否有重载的存在呢？答案是没有。但是 R 语言中有一种特别的函数与重载十分相似。这种特别的函数叫作通用函数（generic function）或泛型函数。

什么是通用函数？就是一个函数接收到参数后本身什么都不做，只是根据该参数来决定把这个工作交给与其相关的函数去执行，这样的函数就是通用函数。

在 R 语言的内置函数中有很多通用函数，其中最典型、最常用的通用函数就是 print() 函数。

下面通过 print() 函数来看看通用函数是如何工作的。首先查询一下 print() 函数的内容，如：

```
>print
function (x, ...)
UseMethod("print")
<bytecode: 0x000000000943f848>
<environment: namespace:base>
```

从代码来看，print() 函数的程序体只有一句代码 UseMethod("print")，注意其他两行并不是 print() 函数的程序代码。这句代码的意思就是把程序执行交给协助 print 执行的函数，即寻找参数匹配的函数来执行代码。

下面用 apropos() 函数来查询一下 print() 函数可以分配的函数。apropos() 函数可以查询现在 R 语言环境中包含该函数参数的所有函数名。想查询包含 print 的所有函数需要运行以下代码：

```
>apropos("print")
[17] "print.data.frame"
[18] "print.Date"
[19] "print.default"
[27] "print.function"
[36] "print.POSIXct"
[37] "print.POSIXlt"
[46] "print.table"
……
```

由于查询结果比较多,这里只列举一部分,查询结果中的函数并不都是可供 print()函数分配的函数,只有以"print."开头的函数是可供 print()函数分配的函数。当调用 print()函数传入的参数是一个数据框的时候,print()函数会将工作交给 print.data.frame()函数处理;如果传入的参数是一个日期,则会交给 print.Date()函数来处理;如果传入的参数是其他类型,则会交给相应类型的函数来处理。

现在已经通过 print()函数认识到了什么是通用函数,那么下面就可设计一个自己的通用函数。

【例 3-6】 设计一个通用函数,参数是中文的时候打印"你在说中文!",参数是英文的时候打印"You are speaking English!",代码如下:

```
#
# myR_3_10.R
# 设计通用函数
#
speak <-function(x,...){
  UseMethod("speak")
}
speak.chi <-function(x, ...){
  print("你在说中文!")
}
speak.eng <-function(x,...){
  print("You are speaking English!")
}
```

这个函数中 speak()是通用函数,如果传入的值是"chi"类型就打印"你在说中文!",如果传入的值是"eng"类型就打印"You are speaking English!"。下面设计两个向量,用 attr()函数分别把它们设置成"chi"类型和"eng"类型,代码如下:

```
>x<-c("中国人","说中文")
>y<-c("Englishman","speaking English")
>attr(x,'class')<-'chi'
>attr(y,'class')<-'eng'
>class(x)
[1] "chi"
>class(y)
[1] "eng"
```

```
>speak(x)
[1] "你在说中文!"
>speak(y)
[1] "You are speaking English!"
```

从运行结果来看,speak(x)的工作被分配给了 speak.chi()函数来运行,speak(y)的工作被分配给了 speak.eng()函数来运行。这个结果说明了设计的这个 speak()函数是一个通用函数。不过现在还有一个问题,如果单纯创造一个向量,不用 attr()函数将其设置成"chi"类型或者"eng"类型,那么调用的时候会出现什么情况呢? 如:

```
>z<-c("American","speaking English")
>speak(z)
Error in UseMethod("speak") :
no applicable method for "speak" applied to an object of class "character"
```

从运行结果就可以看出,speak()函数中没有一个"character"类型的可分配函数存在,如果想正确运行,则需要再设计一个 speak.character()函数,但是在真实的项目中总会有考虑不到的类型存在,遇到这样的问题就需要编写一个通用函数的默认函数。默认函数是以".default"为后缀的函数,它的作用是如果没有能匹配上的类型,就调用默认类型。最后在myR_3_10.R 的设计中加上默认函数来完善通用函数 speak(),如:

```
#
# myR_3_10.R
# 设计通用函数
#
speak <-function(x,...){
  UseMethod("speak")
}
speak.chi <-function(x, ...){
  print("你在说中文!")
}
speak.eng <-function(x,...){
  print("You are speaking English!")
}
speak.default <-function(x,...){
print("你说的是什么我没听懂!")
}
```

运行结果:

```
>speak(x)
[1] "你在说中文!"
>speak(y)
[1] "You are speaking English!"
>speak(z)
[1] "你说的是什么我没听懂!"
```

3.2　分　支　结　构

真实的世界中,很多事情都要遵循一定的规则去执行,达到什么条件做什么事情,程序设计也是如此。

流程控制语句对于任何一门编程语言来说都是至关重要的,它提供了控制程序的运行方向的基本手段。如果没有流程控制语句,整个程序将按照线性的顺序来执行,而不能根据具体需求来改变程序流向,这将是一个真实项目的灾难。R 语言和大多数程序语言一样都存在分支结构和循环结构两种流程控制结构,本节将讲解分支结构。

3.2.1　if…else 语句组

R 语言中分支结构控制语句中最基本的语句组就是 if…else 语句组。这组语句包含 if 语句,if…else 语句和 if…else if…else 语句。

1. if 语句

单一 if 语句一般用在程序中只有一个分支的情况下,下面编写一个实例来看一看 if 语句的作用。

【例 3-7】　编写一个计算水果总价的程序,要求用一个向量来存储水果单价,用一个数值存储水果斤数,如果水果斤数大于 5,则水果总价下调 10%。代码如下(myR_3_11. R):

```
#
# myR_3_11.R
# 计算水果总价
#
myfu_fruit <- function(x,y){
  fruit.pro<-x* y
  if(y>5){
    fruit.pro<-fruit.pro* 0.9
  }
  return(fruit.pro)
}
```

运行结果:

```
>x<-c(5,3,14,12,22,20)
>myfu_fruit(x,3)
[1] 15 9 42 36 66 60
>myfu_fruit(x,10)
[1] 45 27 126 108 198 180
```

从运行结果来看,如果水果斤数不大于 5,则水果总价=水果单价×斤数,如果水果斤数大于 5,则水果总价=水果单价×斤数×(1-0.1)。

从实例程序中看到,其实 if 语句的语法结构非常简单,它的结构是:

```
if(logical 表达式){
    程序体
}
```

logical 表达式(其他语言称为 Boolean 表达式)如果是真,则运行大括号中的程序体;如果是假,则跳过 if 语句继续运行下面的程序。

例 3-7 用一个 if 语句处理了水果斤数是不是大于 5 的程序分支,大于 5 就运行 fruit. pro<－ fruit. pro * 0.9,不大于 5 就不运行这条语句。这就是 if 语句的作用。

2. if…else 语句

上面例子中使用 if 语句处理了只有一个分支的程序,那么如果例 3-7 中的条件再增加该怎么处理?

【例 3-8】　编写一个计算水果总价的程序,要求用一个向量来存储水果单价,用一个数值存储水果斤数,如果水果斤数大于 5,则水果总价下调 10%,如果水果斤数不大于 5,则水果总价下调 1 元。代码如下(myR_3_12. R):

```
#
# myR_3_12.R
# 计算水果总价
#
myfu_fruit <-function(x,y){
  fruit.pro<-x* y
  if(y>5){
    fruit.pro<-fruit.pro* 0.9
  }
  else{
    fruit.pro<-fruit.pro-1
  }
  return(fruit.pro)
}
```

运行结果:

```
>myfu_fruit(x,10)
[1] 45 27 126 108 198 180
>myfu_fruit(x,4)
[1] 19 11 55 47 87 79
```

从运行结果来看,如果水果斤数不大于 5,则水果总价＝水果单价×斤数－1,如果水果斤数大于 5,则水果总价＝水果单价×斤数×(1－0.1)。

从实例程序中看到,其实 if…else 语句的语法结构和 if 语句的语法结构的区别只在于,如果 if 的 logical 表达式的判定是假,则运行 else 中的程序体,它的结构是:

```
if(logical 表达式){
    程序体
}else{
    程序体
}
```

logical 表达式如果是真,则运行首个大括号中的程序体;如果是假,则运行 else 中的程序体。

3. if…else if…else 语句

上面的例子中出现了两个分支,那么如果出现更多的分支要怎么做呢?

【例 3-9】　编写一个计算水果总价的程序,要求用一个向量来存储水果单价,用一个数值存储水果斤数,如果水果斤数大于 10,则水果总价下调 15%,如果水果斤数小于或等于 10 且大于 5,则水果总价下调 10%,如果水果斤数不大于 5,则水果总价下调 1 元,要求最终返回所有水果总价的总和。代码如下(myR_3_13.R):

```
#
# myR_3_13.R
# 计算水果总价
#
myfu_fruit <- function(x,y){
  fruit.pro<-x* y
  if(y>10){
    fruit.pro<-fruit.pro* 0.85
  }
  else if(y>5){
    fruit.pro<-fruit.pro* 0.9
  }
  else{
    fruit.pro<-fruit.pro-1
  }
  fruit.sum=sum(fruit.pro)
  return(fruit.sum)
}
```

运行结果:

```
>x<-c(5,3,14,12,22,20)
>myfu_fruit(x,11)
[1] 710.6
>myfu_fruit(x,8)
[1] 547.2
>myfu_fruit(x,2)
[1] 146
```

对于有多个分支的函数,R 语言可以使用 if…else if…else 语句,这里 else if 的个数需要通过程序的分支个数来确定,它的结构是:

```
if(logical 表达式){
    程序体
}else if(logical 表达式){
    程序体
}
……
```

```
else if(logical 表达式){
        程序体
}else{
        程序体
}
```

利用这种 if…else if…else 语句可以实现多个程序分支。

4. if 语句中的 return()函数

前面章节介绍过 return()函数,return()函数有结束程序的作用,例 3-3 便用 return()函数提前结束了程序,但是这个程序其实在现实编程中是不具有实际意义的,因为没有人会在一个单一流程的程序中写上两个 return()函数。但是如果在存在分支的函数中使用 return()函数就有实际意义了。

【例 3-10】　编写一个计算水果总价的程序,要求用一个向量来存储水果单价,用一个数值存储水果斤数。如果水果斤数大于 10,则水果总价下调 15%,并且返回所有水果的总价;如果水果斤数小于或等于 10 且大于 5,则水果总价下调 10%,并且返回最便宜的水果的总价;如果水果斤数不大于 5,则水果总价下调 1 元,并且返回所有水果的总价。代码如下(myR_3_14.R):

```
#
# myR_3_14.R
# if 语句中 return()函数的应用
#
myfu_fruit <- function(x,y){
  fruit.pro<-x* y
  if(y>10){
    fruit.pro<-fruit.pro* 0.85
  }
  else if(y>5){
    fruit.pro<-fruit.pro* 0.9
    fruit.min<-min(fruit.pro)
    return(fruit.min)
  }
  else{
    fruit.pro<-fruit.pro-1
  }
  fruit.sum=sum(fruit.pro)
  return(fruit.sum)
}
```

运行结果:

```
>myfu_fruit(x,8)
[1] 21.6
>myfu_fruit(x,15)
[1] 969
```

```
>myfu_fruit(x,2)
[1] 146
```

从运行结果来看,当水果斤数小于或等于 10 并且大于 5 的时候,程序返回的是最便宜的水果的总价,返回以后就跳出了程序并且没有再把所有水果总价的总和返回。这样这个程序里面的 return()函数就存在了现实意义,并且也不能够用简化代码把它省略掉。

5. if 语句嵌套

在具有多个分支的程序中,有的时候 if…else if…else 语句也完不成项目的需求,例如例3-11。

【例 3-11】 编写一个计算水果总价的程序,要求用一个向量来存储水果单价,用一个数值存储水果斤数。如果水果斤数大于 10,则水果总价下调 15%;如果水果斤数小于或等于10 且大于 5,则水果总价下调 10%;如果水果斤数不大于 5,则水果总价下调 1 元。当水果斤数不大于 5 时,要求返回所有水果的总价;当水果斤数大于 5 时,要求返回每种水果的总价。

在这个实例中,由于水果的斤数大于 5 的时候,程序还有两个分支,分别是水果斤数大于 10 和水果斤数小于或等于 10,所以单纯使用 if…else if…else 语句不是很容易完成这个例子。面对这种情况,通常的解决办法是通过 if 语句嵌套来完成项目的需求。代码如下(myR_3_15.R):

```
#
# myR_3_15.R
# if 语句嵌套
#
myfu_fruit <-function(x,y){
  fruit.pro<-x* y
  if(y>5){
    if(y>10){
      fruit.pro<-fruit.pro* 0.85
    }else{
      fruit.pro<-fruit.pro* 0.90
    }
    return(fruit.pro)
  } else{
    fruit.pro<-fruit.pro-1
    fruit.sum<-sum(fruit.pro)
    return(fruit.sum)
  }
}
```

运行结果:

```
>myfu_fruit(x,2)
[1] 146
>myfu_fruit(x,6)
[1] 27.0 16.2 75.6 64.8 118.8 108.0
```

```
>myfu_fruit(x,12)
[1] 51.0 30.6 142.8 122.4 224.4 204.0
```

6.向量化的 logical 表达式

前文的程序中,所有的 logical 表达式接受的参数都是单一的值,R 语言最有特色的地方就是存在向量化的变量,那么 logical 表达式是否可以接受一个向量呢?

这里用例 3-7 来进行实验,观察如果传入 logical 表达式的参数值是一个向量会出现什么情况,代码如下:

```
#
# myR_3_11.R
# 计算水果总价
#
myfu_fruit <-function(x,y){
  fruit.pro<-x* y
  if(y>5){
    fruit.pro<-fruit.pro* 0.9
  }
  return(fruit.pro)
}
```

运行结果:

```
>x<-c(5,3,14,12,22,20)
>myfu_fruit(x,c(3,8))
[1] 397
Warning message:
In if (y >5) { :
the condition has length >1 and only the first element will be used
```

程序 myR_3_11. R 为 myfu_fruit(x,y)函数的 y 参数传入了一个向量,结果程序出错,错误原因是环境中的值个数大于 1,只能使用第一个元素。那么在 R 语言中能不能给逻辑表达式传一个向量呢? 答案是可以的,R 语言对于向量有比较优秀的处理方式,而且也可以处理逻辑表达式,它的处理方式是借助 ifelse()函数来实现的。

ifelse()函数的语法格式为:

　　ifelse(logical 表达式,TRUE 表达式,FALSE 表达式)

这个语法中,首先要判断 logical 表达式是 TRUE 还是 FALSE,如果是 TRUE,返回"TRUE 表达式";如果是 FALSE,返回"FALSE 表达式"。

下面用 ifelse()函数改写程序 myR_3_11. R:

```
myfu_fruit <-function(x,y){
  fruit.pro<-x* y
  fruit.pro<-fruit.pro* ifelse(y>5,0.9,1)
  return(fruit.pro)
}
```

运行结果:

```
>x<-10
>myfu_fruit(x,c(3,8))
[1] 30 72
```

为了避免向量相乘,重新给 x 赋一个值为 10,这样便得到了 3 斤水果的总价和 8 斤水果的总价。

3.2.2　switch 语句

在编程中一个常见的问题就是检测一个对象值是否符合某一个条件,如果不符合,再用另一个条件来检测,以此类推。遇到这样的多重判断的问题,可以使用前面学习过的 if…else if…else 语句来处理。但是重复地编写 else if 过于麻烦,并且会使程序的效率不高,这种情况下可借助 switch 语句,不过需要注意的是,上面提到的向量化的逻辑表达式不能用到 switch 语句的表达式中。

R 语言的 switch 语句的基本语法如下:

　　　switch(表达式,实例 1,实例 2,…)

switch 语句和其他的条件语句差别较大,它需要遵循以下规则。

(1) 如果表达式的值不是字符串,那么它被强制变为整数,也就是说,switch 语句中的表达式只有字符串和整数两种类型,所以是没办法处理向量的。

(2) 在参数列表中可以有任意数量的实例,中间需要用“,”隔开。

(3) 表达式的类型是整数,表达式的值从 1 开始,到参数表最大值－1 结束,返回与该值对应的实例结果。

(4) 如果表达式的类型是字符串,那么返回与该字符串名称匹配的那个实例。如果有多个字符串匹配,则返回第一个匹配的实例。

(5) 不能设置参数的默认值。

(6) 在表达式没有匹配到任何实例的情况下,如果实例列表中有一个未命名的实例,则返回未命名实例。如果有多个这样的实例,则返回错误。

下面编写两个实例来分别演示表达式是数字和表达式是字符串时的 switch 语句程序。

【例 3-12】　编写一个计算水果总价的函数,要求用一个变量来存储水果单价,用另一个变量存储水果斤数,如果水果斤数大于 10,则水果总价下调 15%,如果水果斤数小于或等于 10 且大于 5,则水果总价下调 10%,最终需要返回当前斤数的水果总价。代码如下:

```
#
# myR_3_16.R
# switch 应用参数为整数
#
myfu_fruit <-function(x,y){
  num<-1
  if(y>5) num <-3
  if(y>10) num <-2
  switch (num,
    fruit.pro<-x* y,
    fruit.pro<-x* y* 0.85,
```

```
        fruit.pro<-x* y* 0.9)
      return(fruit.pro)
    }
```

运行结果：

```
>myfu_fruit(5,3)
[1] 15
>myfu_fruit(5,8)
[1] 36
>myfu_fruit(5,12)
[1] 51
```

根据要求，如果水果斤数大于 5（且小于或等于 10），num 的值为 3，如果斤数大于 10，num 的值为 2，其他情况下 num 的值为 1。num 的值是 1 的时候返回"x * y"，num 的值是 2 的时候返回"x * y * 0.85"，num 的值是 3 的时候返回"x * y * 0.9"。

这是一个表达式是整数的例子，下面再编写一个表达式是字符串的例子。

【例 3-13】　编写一个查看水果单价的函数，要求查看相应水果的单价。代码如下：

```
#
# myR_3_17.R
# switch 应用参数为字符串
#
myfu_fruit <- function(names){
  price<-switch (names,
        apple=10,
        orange=3,
        banana=7
        )
  return(price)
}
```

运行结果：

```
>myfu_fruit("apple")
[1] 10
>myfu_fruit("orange")
[1] 3
>myfu_fruit("banana")
[1] 7
```

根据这个程序可以看出，在表达式是字符串的例子里，实例是根据实例的名称来选择的，这样会产生一个问题，如果输入的名称没有怎么办？例如在上面的函数中输入一个 peach 看看会得到什么结果。代码如下：

```
>myfu_fruit("peach")
NULL
```

由于没有能匹配上的实例，所以返回"NULL"，但是这样的结果通常不是我们想要的，一个正常的程序会在遇到这种情况的时候返回一个默认值，但是 switch 语句在上面的规则中明确说明了不能设置默认值，那么怎么办？虽然 switch 语句不能设置默认值，但是有一条规则是:在表达式没有匹配到任何实例的情况下,如果实例列表中有一个未命名的实例,则返回未命名实例。switch 语句可以利用这条规则来设置默认结果,如:

```
#
# switch 默认实例
#
myfu_fruit <- function(names){
  price<-switch (names,
       apple=10,
       orange=3,
       banana=7,
       "本店没有您要的水果"
       )
  return(price)
}
```

运行结果:

```
>myfu_fruit("peach")
[1] "本店没有您要的水果"
```

3.3　循　环　结　构

R 语言是一种擅长处理向量、列表、数据框等复杂数据结构的语言,这些复杂数据结构多数都需要对其中的元素进行迭代。大多数语言中,这种迭代选择循环是很正常的事情,R 在这方面的设计要比大多数语言都优秀,R 提供了多种用于数据迭代的函数(这些函数在后面的章节介绍),但是在实际项目中,普通的矢量数据循环也是不可避免的,所以 R 也提供了 for 或 while 之类的循环方式。

3.3.1　for 循环

在 R 语言中 for 循环的语法结构如下:

```
for(循环变量 in 循环区间){
     循环体
}
```

R 语言的 for 循环的语法结构比较特别的地方就是其存在循环区间这个概念,区间一般存放一个向量,循环变量的运行流程是遵循区间中存放的向量来实现的。

下面编写一个实例来观察一下 R 语言中 for 循环的运行。

【例 3-14】　建立一个向量,遍历向量中所有元素,并打印出本次遍历的值是多少。代码如下:

```
#
# myR_3_18.R
# for 循环
#
myfu_for<-function(n){
  for (i in n) {
    y<-sprintf("本次遍历的值是:%s",i)
    print(y)
  }
}
```

运行结果：

```
>x<-1:5
>myfu_for(x)
[1] "本次遍历的值是:1"
[1] "本次遍历的值是:2"
[1] "本次遍历的值是:3"
[1] "本次遍历的值是:4"
[1] "本次遍历的值是:5"
```

从运行结果来看，遍历的内容是向量 1:5，步长是 1，那么是不是说明 n 的返回是步长为 1 的循环呢？为了测试这个问题，把 x 向量的内容换一下再运行，把 x 向量换成无规律向量，或者在向量中存储字符串。其代码如下：

```
>x<-c(1,2,6,4,4,7)
>myfu_for(x)
[1] "本次遍历的值是:1"
[1] "本次遍历的值是:2"
[1] "本次遍历的值是:6"
[1] "本次遍历的值是:4"
[1] "本次遍历的值是:4"
[1] "本次遍历的值是:7"
>x<-c("a","b","c")
>myfu_for(x)
[1] "本次遍历的值是:a"
[1] "本次遍历的值是:b"
[1] "本次遍历的值是:c"
```

这次的循环区间 n 不再是有规律的序列。向量之间没有规律，但是程序依旧按照向量中的每一个元素一一遍历，这就证明了 R 语言中的 for 循环不存在步长的概念，它只是把向量中的元素一一遍历。

下面再对例 3-14 提出更多的要求，这次想打印出遍历出的某个值位于向量的第几位，并且打印出向量值是多少。代码如下：

```
#
# myR_3_19.R
# for 循环
```

```
#
myfu_for<-function(n){
  for (i in 1:length(n)) {
    y<-sprintf("本次遍历值位于向量第%s位,遍历的值是:%s",i,n[i])
    print(y)
  }
}
```

运行结果:

```
>myfu_for(x)
[1] "本次遍历值位于向量第 1 位,遍历的值是:a"
[1] "本次遍历值位于向量第 2 位,遍历的值是:b"
[1] "本次遍历值位于向量第 3 位,遍历的值是:c"
```

其实这个项目的难点在于需要打印向量的位置和相应位置的值,也就是说,区间的范围是 1 到向量的长度,需要步长是 1 的循环,并需要取相应的向量值。想要步长是 1,只需要建立一个序列化的向量作为循环区间,这个序列化的向量是从 1 开始到这个向量长度为止的,所以用 1:length(n) 来表示,取相应向量值比较简单,由于循环变量 i 存储的就是当前遍历的位置,所以使用 n[i] 就可以得到相应的向量值了。

3.3.2 while 循环

在 R 语言中,while 循环的语法结构和其他语言的 while 循环的语法结构相似:

```
while(logical 表达式){
    循环体
}
```

while 循环的语法结构比较简单,下面通过一个例子来体验一下 while 循环。

【例 3-15】 建立一个向量,遍历向量中元素,如果向量没有到结尾,就判断一下本次遍历的值是否大于 15,如果大于 15,打印"本次循环值大于 15,循环结束",如果不大于 15,打印遍历出的这个值位于向量的第几位,并且打印出向量值是多少。代码如下:

```
#
# myR_3_20.R
# while 循环,break 应用
#
myfu_while<-function(n){
  i<--1
  while (i <length(n)+1) {
    if(n[i]>15){
      print("本次循环值大于 15,循环结束")
      break
    }
    y<-sprintf("本次遍历值位于向量第%s位,遍历的值是:%s",i,n[i])
    print(y)
    i<--i+1
  }
}
```

运行结果：

```
>x<-c(3,15,6,24,3,19,29,13)
>myfu_while(x)
[1] "本次遍历值位于向量第 1 位,遍历的值是:3"
[1] "本次遍历值位于向量第 2 位,遍历的值是:15"
[1] "本次遍历值位于向量第 3 位,遍历的值是:6"
[1] "本次循环值大于 15,循环结束"
```

这个例子中，while 循环按正常要求应该遍历完最后一个元素 13 后才结束程序，但项目要求是遇到大于 15 的值就跳出程序，实现的方式是在 if 语句的程序体中增加一条 break 语句。

break 语句的作用是，一旦其被调用，不论循环是否结束都会跳出循环，需要注意的是，和 return()函数不同，return()函数是结束该函数，而 break 语句只会从循环中跳出，如果循环之外还有程序需要执行，break 语句不会对其产生任何影响。由于它只是跳出循环，所以 break 语句一般都和 for 语句或者 while 语句一起使用。

【例 3-16】　建立一个向量，遍历向量中元素，如果向量没有到结尾，就判断一下本次遍历的值是否大于 15，如果大于 15，打印"本次循环值大于 15,本次结束"，如果不大于 15，打印遍历出的这个值位于向量的第几位，并且打印出向量值是多少。

这个例子只是对向量值大于 15 的那次循环不做记录，而并不想跳出循环，这时需要借助 next 语句来实现。代码如下：

```
#
# myR_3_21.R
# while 循环,next 应用
#
myfu_while<-function(n){
  i<-1
  while (i <length(n)+1) {
    i<-i+1
    if(n[i-1]>15){
      print("本次循环值大于 15,本次结束")
      next
    }
    y<-sprintf("本次遍历值位于向量第%s 位,遍历的值是:%s",i-1,n[i-1])
    print(y)
  }
}
```

运行结果：

```
>myfu_while(x)
[1] "本次遍历值位于向量第 1 位,遍历的值是:3"
[1] "本次遍历值位于向量第 2 位,遍历的值是:15"
[1] "本次遍历值位于向量第 3 位,遍历的值是:6"
[1] "本次循环值大于 15,本次结束"
```

〔1〕"本次遍历值位于向量第 5 位,遍历的值是:3"

〔1〕"本次循环值大于 15,本次结束"

〔1〕"本次循环值大于 15,本次结束"

〔1〕"本次遍历值位于向量第 8 位,遍历的值是:13"

这个例子需要注意的是,向量值大于 15 时运行 next 语句,next 语句一旦执行,则这个循环中 next 后面执行的语句都不再执行,直接跳到下一次循环中,因此需要将 i＜－i＋1 放到 next 语句上面执行,否则 while 循环会陷入死循环。

本章小结及习题

第 4 章 数据的输入输出

●·····································

本章学习目标

●·····································

■ 了解与文件夹和文件相关的基本操作
■ 掌握文本格式和 RData 格式的输入输出
■ 掌握 xlsx 格式的输入输出
■ 了解对 SPSS 数据文件和网页数据的读取

····································

通过对前面章节的学习,相信读者对 R 语言的数据结构和程序控制有了一定的了解。在此基础上,读者可以对数据进行各种计算,但在实际操作过程中,不太可能在程序中直接录入数据,因此需要在数据分析之前将待分析的数据写进来,而在数据分析过程中,以及数据分析完成之后,经常需要输出一些数据处理结果。本章首先对 R 语言自带的输入输出功能进行介绍,然后介绍一些与其他软件进行数据交换的方法。

4.1 基本的输入输出功能

R 语言基本的输入输出功能主要包括三种形式:键盘录入和屏幕输出、文本格式的输入输出、自有二进制格式的输入输出。在 R 语言中,无需关注键盘录入的实现过程,而且与键盘录入数据相关的函数在实际操作中的应用较少,因此本节不对该形式进行讲解。此外,由于输入输出涉及对系统中文件夹和文件的查找和选择,因此本节将对 R 语言中与文件夹和文件相关的操作进行一些简单介绍。

4.1.1 文件夹与文件

1. 工作目录

工作目录是数据分析时输入输出的一个默认文件夹。在数据分析过程中,事先设置一个合适的工作目录至少有三个好处。其一,避免保存和读取文件时反复输入相同的路径。其二,当迁移工作目录时,可以不用大量修改程序中所涉及的路径。其三,当多个工作同时进行时,可以方便进行整理,以避免数据间相互干扰。在 R 语言中,函数 getwd()可用于返回当前的工作目录,而函数 setwd() 可用于设置所需的工作目录。

　　在设置工作目录之前,还需要确保所要设置的文件夹是否存在。这可以利用函数 dir. exists() 来判断文件夹是否存在,如不存在,可以利用函数 dir. create() 新建一个文件夹。如:

```
>setwd('d:/R 语言练习')              # 无法设置,可能是文件夹不存在
Error in setwd("d:/R 语言练习") : cannot change working directory
>dir.exists('d:/R 语言练习')         # 判断文件夹是否存在
[1] FALSE
>dir.create('d:/R 语言练习')         # 不存在的话,可以新建一个
>setwd('d:/R 语言练习')              # 设置工作目录
>getwd()                             # 获取当前工作目录
[1] "d:/R 语言练习"
```

　　注意,当使用函数 setwd() 无法设置工作目录时,虽然常见原因是文件夹不存在,但也可能是出于其他原因,例如没有写入权限,因此需要判断文件夹是否存在。

　　在实际操作过程中,为避免反复输入路径,可以设一个变量用于保存路径,同时可以将对文件夹的判断与建立用 if 语句连起来。如:

```
>path='d:/R 语言练习 2'
>if (! dir.exists(path)) dir.create(path)       # 注意取反
>setwd(path)
>getwd()
[1] "d:/R 语言练习 2"
```

　　如上所示,可以把文件夹路径保存在变量 path 中,当需要修改路径的时候,只需修改 path 的赋值语句即可。在使用 if 语句联用函数 dir. exists() 和 dir. create() 时,函数 dir. exists() 会在文件不存在时返回 FALSE,因此必须对其取反才能执行函数 dir. create() 的操作。

　　在构建工作目录之后,有时还要根据需要建立不同的文件夹,以分类存放文件。此时可以利用函数 dir. create() 创建所需的文件夹。当需要查看工作目录下有哪些文件夹时,可使用函数 list. dirs() 显示所包含的文件夹。当需要删除某个文件夹时,可使用函数 unlink() 对其进行删除。如:

```
>dir.create('数据')                      # 创建一个名为"数据"的文件夹
>dir.create('程序')                      # 创建一个名为"程序"的文件夹
>dir.create('程序/test1')                # 在文件夹"程序"下再创建一个名为"test1"的文件夹
>list.dirs()                             # 显示工作目录下的所有文件夹,默认递归显示
[1] "."            "./程序"      "./程序/test1" "./数据"
>list.dirs(recursive=F)                  # 不进行递归显示
[1] "./程序" "./数据"
>list.dirs('程序')                       # 显示指定路径下的文件夹
[1] "程序"       "程序/test1"
>list.dirs('程序',recursive=F)           # 显示指定路径下的文件夹,不进行递归显示
[1] "程序/test1"
>unlink('程序',recursive=T)              # 删除名为"程序"的文件夹
```

```
>list.dirs()
[1] "."        "./数据"
```

如上所示,使用函数 dir.create()一次可创建一个文件夹。使用函数 list.dirs()可默认递归显示工作目录下的所有文件夹,包括当前文件夹和子文件夹。注意,显示结果中的"."代表工作目录。使用参数 recursive 可取消递归显示,此时当前文件夹和子文件夹都不再显示。该函数除显示工作目录的文件夹以外,也可显示其他指定路径下的文件夹。可以使用".."表示上一级文件夹。当需要删除文件夹时,函数 unlink()必须使用参数 recursive 指明递归删除,否则无法删除文件夹。注意,该命令会直接删除文件夹,而不是将其放入回收站,因此要谨慎操作。

需要注意的是,Linux 系统中的路径分隔符是斜杠"/",Windows 系统中的路径分隔符为反斜杠"\",而在 R 语言中,由于"\"具有转义的作用,因此其路径分隔符和 Linux 系统的一致。如上所示,在路径中采用"/"符号时,R 语言会自动将其转换为系统能识别的符号。此外,Windows 系统下也可以采用"\\"符号来分隔路径。如:

```
>path='d:\\R语言练习'
>setwd(path)
>getwd()
[1] "d:/R语言练习"
```

2. 文件操作

在对输入输出的文件进行操作时,首先需要确定文件所在路径。当文件的路径较长时,手工录入容易出错,则可以使用函数 file.choose()打开文件选择对话框,直接通过鼠标操作选择文件,即可返回相应的路径。如:

```
>setwd('d:/R语言练习')              # 设置工作目录
>dir.create('数据')                 # 创建一个文件夹
>write(1:3,file='数据/test.txt')    # 输出一些数据到文件"test.txt"
>file.choose()                      # 打开对话框,选择相应的文件,即可返回文件所在路径
[1] "D:\\R语言练习\\数据\\test.txt"
```

除了使用对话框选择之外,还可以在系统中选择相应文件或文件夹之后,直接右击选择复制,再将其粘贴在 R 语言的命令行中,此时即可实现文件或文件夹路径的复制。例如,在 Windows 系统中,选择上述例子中的文件"test.txt",右击,选择复制后,转到 R 语言界面,右击,选择粘贴,或通过快捷键 Ctrl+V 将文件名粘贴在命令行上,效果如下:

```
>file:///D:/R语言练习/数据/test.txt
```

在获取文件夹的路径之后,即可利用相应的函数查看文件夹内的文件,或判断某个文件是否存在。根据需要也可删除或重命名文件。如:

```
# 设置工作目录,并创建几个文件夹和文件
>setwd('d:/R语言练习')
>dir.create('程序')
>dir.create('数据')
>write(1:3,file='数据/test1.txt')
>write(1:3,file='数据/test2.txt')
>write(1:3,file='readme.txt')
```

```
# 文件夹和文件操作示例
>list.files()                          # 显示工作目录下的文件
[1] "readme.txt" "程序" "数据"
>list.files(recursive=T)               # 递归显示工作目录下的所有文件
[1] "readme.txt" "数据/test1.txt" "数据/test2.txt"
>file.remove('数据/test1.txt')   # 使用函数 file.remove()删除文件
[1] TRUE
>unlink('数据/test2.txt')              # 使用函数 unlink()删除文件
>list.files(recursive=T)
[1] "readme.txt"
>file.rename(from='readme.txt',to='说明文件.txt')        # 重命名文件
[1] TRUE
>list.files(recursive=T)
[1] "说明文件.txt"
>file.exists('说明文件.txt')      # 判断文件是否存在
[1] TRUE
```

如上所示,函数 list.files()默认显示工作目录下的文件,但同时也会显示所包含的文件夹。当采用参数 recursive 指定递归显示所有文件时,即可只显示文件,包括子文件夹中的文件。删除文件时,可采用函数 file.remove()或 unlink(),两函数都是将文件直接删除,一定要慎用。函数 file.rename()用于重命名文件,而其参数 from 和 to 都可以是字符向量,因此可用于批量重命名。函数 file.exists()用于判断文件是否存在,也可使用字符向量进行对多个文件的判断。关于文件操作的更多信息,可使用"? files"命令查看 R 语言中的帮助。

4.1.2 屏幕输出

1. print()函数和 cat()函数

在数据分析的过程中,当需要显示某个变量的值时,可以在命令提示符后直接键入变量的名称,但在循环结构中,必须使用函数对其进行屏幕输出。如:

```
>for (i in 1:2) i          # 在循环结构中,仅使用变量名无法输出变量的内容
>for (i in 1:2) print(i)   # 可以使用 print()函数指定输出 i 的值
[1] 1
[1] 2
>for (i in 1:2) cat(i)     # 也可以使用 cat()函数指定输出 i 的值
12
```

如上所示,print()函数和 cat()函数都可用于显示 i 的值,但二者的输出格式不一样。print()函数是一个类函数,一次对一个变量进行输出。它会根据变量的类别,调用合适的函数,以相应的格式进行输出,可使用 methods("print")语句查看 print()函数所能调用的输出方法。cat()函数的功能较为简单,其只能对向量进行输出。在输出时,其将向量中的元素转换为字符串并逐个输出,如:

```
>print('ab\tc')                    # 对字符进行原样输出
[1] "ab\tc"
>cat('ab\tc','de\nf')              # 转义字符被转义,多个元素之间默认使用空格连接
abc de
f
>cat('ab\tc','de f',sep='\n')      # 可使用参数 sep 指定多个元素之间的连接符
abc
de f
>for (i in 1:2) cat('这是第',i,'次循环','\n')   # 参数中也可以使用变量
这是第 1 次循环
这是第 2 次循环
```

　　如上所示,print()函数在输出时不对转义字符进行变换,而 cat()函数可以通过转义字符更灵活地调整显示结果。此外,cat()函数可以将多个元素连接后进行输出。因此 cat()函数经常用于临时提示信息的输出。

　　2.将屏幕输出保存到文件

　　若想将屏幕输出内容保存下来,可以利用函数 sink()将内容保存到一个文本文件中,如：

```
>sink('output.txt')        # 设置保存屏幕输出内容的文件,即打开一个文件句柄
>for (i in 1:2) cat('这是第',i,'次循环','\n') # 虽使用了 cat()函数,但不进行屏幕输出
>i[1,1]                    # i 此时是一个向量,不能使用多维下标,因此会显示出错信息
Error in i[1, 1] : incorrect number of dimensions
>sink()                    # 关闭文件句柄,将输出结果写入文件
```

　　此时可以在工作目录下找到文件 output.txt,文件内容如下：

　　　　这是第 1 次循环

　　　　这是第 2 次循环

　　注意,文件内容不包含程序命令本身,只有命令执行过程中需要输出的信息,且不包括出错信息。在本例中,该文件只包含 cat()函数指定的输出内容。

4.1.3　文本格式的输入输出

　　1.矩阵和数据框

　　在数据分析中,数据经常采用数据表的形式进行存储和计算,即每列代表一个变量,每行代表一个个体或一条记录。矩阵和数据框从形式上看都是行列表,因此都能以数据表的形式进行输出,但写入数据表文件时,R 语言会以数据框的形式写入。

　　1) write.csv()函数

　　逗号分隔(CSV)文件是进行数据交换时常用的一种文本格式。这种格式可以被绝大多数数据分析与存储软件所识别,而且常见的电子表格软件,如 Excel,都可以直接打开 CSV文件。R 语言使用 write.csv()函数将矩阵和数据框输出为 CSV 文件,如：

```
>set.seed(1)
>x=matrix(rnorm(12),3)
>write.csv(x,file='data.csv')          # 将矩阵 x 输出到文件"data.csv"中
```

　　如上所示,使用 write.csv()函数将矩阵 x 保存在文件"data.csv"中。文件默认保存在

工作目录下，若想将文件保存在其他路径下，则要在文件名前加上所需的路径。注意，该命令并不会自动生成文件后缀，因此需在参数 file 里手动添加文件后缀。文件"data.csv"的内容如下所示：

```
"","V1","V2","V3","V4"
"1",-0.626453810742332,1.59528080213779,0.487429052428485,-0.305388387156356
"2",0.183643324222082,0.329507771815361,0.738324705129217,1.51178116845085
"3",-0.835628612410047,-0.820468384118015,0.575781351653492,0.389843236411431
```

文件中每一行各值之间采用逗号分隔，行尾没有逗号。第一行为变量名，但第一行最左侧为一个空字符串，因为左侧第一列为自动添加的行名。由于矩阵 x 没有列名，因此该命令对各列自动分配了一个变量名。当矩阵 x 有列名，或者 x 为数据框时，则 x 保存时会保留各列的名称。

当想要保存数据，且不需要自动添加行名时，可使用参数 row.names 设置不用行名，如：

```
>write.csv(x,'data.csv',row.names=F)
```

文件"data.csv"中的内容去掉了行名所在的那一列：

```
"V1","V2","V3","V4"
-0.626453810742332,1.59528080213779,0.487429052428485,-0.305388387156356
0.183643324222082,0.329507771815361,0.738324705129217,1.51178116845085
-0.835628612410047,-0.820468384118015,0.575781351653492,0.389843236411431
```

注意，如上所示，当保存文件名和现有文件名相同时，默认为直接覆盖，没有任何提示，因此操作时需谨慎。若只需在原文件后面添加新数据，而不是覆盖原文件，则需使用 write.table() 函数进行输出。该函数将在后面进行详解。

2）read.csv() 函数

在需要读取 CSV 文件时，可以使用 read.csv() 函数对指定文件进行读取。不指定路径时，默认在工作目录下查找该文件，如：

```
>set.seed(1)
>x= matrix(rnorm(12),3)
>write.csv(x,'data.csv')          # 输出一个 CSV 文件
>read.csv('data.csv')             # 利用 read.csv()函数读取该文件
X       V1        V2        V3        V4
1 1 -0.6264538   1.5952808 0.4874291 -0.3053884
2 2 0.1836433 0.3295078 0.7383247 1.5117812
3 3 -0.8356286 -0.8204684 0.5757814 0.3898432
```

如上所示，对于该文件，read.csv() 函数并不能自动识别行号，而将自动生成的行名作为一列写了进来。此时，可以利用参数 row.names 指定第一列为行名，如：

```
>read.csv('data.csv',row.names=1)
V1        V2        V3        V4
1 -0.6264538 1.5952808 0.4874291 -0.3053884
2 0.1836433 0.3295078 0.7383247 1.5117812
3 -0.8356286 -0.8204684 0.5757814 0.3898432
```

当 CSV 文件比较大，无法一次读入，或不需要全部写入时，可以使用参数 nrow 指定写

入若干行,如:

```
>read.csv('data.csv',row.names=1,nrow=2)          # 只读取两行数据
V1          V2          V3          V4
1 - 0.6264538 1.5952808 0.4874291 - 0.3053884
2 0.1836433 0.3295078 0.7383247 1.5117812
```

也可使用参数 skip 指定略过前面若干行再开始读取。但在读取时,该命令会将前一行自动作为列名读进来,因此一般情况下应使用参数 col. names 指定列名,如:

```
>read.csv('data.csv',skip=1)     # 未指定列名,将前一行数据自动作为列名
X1 a TRUE.
1   2 b FALSE
2   3 c  TRUE
>read.csv('data.csv',col.names=letters[1:3],skip=1,nrow=1)   # 可以和参数 nrow
联用
a b    c
1 2 b FALSE
```

如上所示,参数 skip 在计算略过的行数时,不包括列名所在的第一行。此外,和参数 nrow 联用可以实现读取文件中指定范围内的数据。

需要注意的是,read.csv()函数仅是将文件里的数据写进来,但并不会自动将其放入变量中,因此在前述几个例子中,数据写进来之后就被丢弃了。若需要对数据继续进行后续分析,则必须在写进来的同时将其赋值于某个变量,如:

```
>x=read.csv('data.csv',row.names=1)   # 将 CSV 文件中的数据写进来,并赋值于变量 x
>x                                     # 显示 x 的内容
V1          V2          V3          V4
1 - 0.6264538 1.5952808 0.4874291 - 0.3053884
2 0.1836433 0.3295078 0.7383247 1.5117812
3 - 0.8356286 - 0.8204684 0.5757814 0.3898432
>str(x)                                # 显示 x 的结构摘要
'data.frame':3 obs.of  4 variables:
$ V1: num  - 0.626 0.184 - 0.836
$ V2: num  1.6 0.33 - 0.82
$ V3: num  0.487 0.738 0.576
$ V4: num  - 0.305 1.512 0.39
```

如上所示,CSV 文件里的数据是以数据框的格式被读取的。read. csv()函数可以根据各列的数据自动识别其数据类型。当数据框中包含字符向量时,该命令在读取数据时会将该字符向量自动识别为因子向量,此时可以使用参数 stringsAsFactors 限定其不转换为因子向量,如:

```
# 构建一个数据框,并保存为 CSV 文件
>x=data.frame(x1=1:3,x2=letters[1:3],x3=c(T,F,T),stringsAsFactors=F)
>str(x)
'data.frame':3 obs.of  3 variables:
$ x1: int  1 2 3
$ x2: chr  "a" "b" "c"
```

```
$  x3: logi   TRUE FALSE TRUE
>write.csv(x,'data.csv',row.names= F)

# 写进数据时,自动识别各列的数据类型
>x=read.csv('data.csv')
>str(x)
'data.frame':3 obs.of  3 variables:
$  x1: int   1 2 3
$  x2: Factor w/ 3 levels "a","b","c": 1 2 3
$  x3: logi TRUE FALSE TRUE

# 指定字符向量不转换为因子向量
>x= read.csv('data.csv',stringsAsFactors= F)
>str(x)
'data.frame':3 obs.of  3 variables:
$  x1: int   1 2 3
$  x2: chr   "a" "b" "c"
$  x3: logi   TRUE FALSE TRUE
```

3) 修改分隔符

CSV 文件使用逗号分隔不同的值,若需采用其他的分隔符,可使用 write. table()函数和 read. table()函数来保存和读取数据,如:

```
>set.seed(1)
>x=matrix(sample(200,12),3)
>write.table(x,'data.txt')
```

为区别 write. csv()函数生成的 CSV 文件,该命令中文件名的后缀为. txt。所保存的文件内容如下:

```
"V1" "V2" "V3" "V4"
"1" 54 179 184 12
"2" 75 40 128 196
"3" 114 176 121 34
```

如上所示,write. table()函数在保存数据时,默认情况下采用空格分隔不同的值。若需修改为使用其他的分隔符,可利用参数 sep 进行修改,如:

```
>write.table(x,'data.txt',sep=',')
```

文件内容如下:

```
"V1","V2","V3","V4"
"1",54,179,184,12
"2",75,40,128,196
"3",114,176,121,34
```

如上所示,当分隔符改为",”时,其格式和 write. csv()函数生成的文件格式很像,但有一个细节不同,在这个文件的第一行最左侧并没有给行号空出位置,因此第一行只有四个值,而其余行都有五个值。不过这并不妨碍 read. csv()函数读取这个文件,而且在读取时可以不用参数 row. names 指定第一列为行号,如:

```
>read.csv('data.txt')
  V1  V2  V3  V4
1  54 179 184  12
2  75  40 128 196
3 114 176 121  34
```

和 write.table()函数一样,read.table()函数在读取文件时,默认情况下也是将空格作为分隔符进行读取的,也可以利用参数 sep 指定分隔符。注意,read.table()函数采用的分隔符必须和数据文件使用的分隔符一致,否则无法读取正确的数据。

4) 行列名的识别

如前所示,write.table()函数生成的文件中,会自动生成行名和列名。而且第一行并没有给列名空出位置,因此在该文件中,第一行元素的数目比其他行元素的数目少一个。根据这个特点,read.table()函数可用于判断文件中是否包含行名,而且默认行名存在的话,列名也应该存在。反之,若没有行名,则默认列名也不存在,但若文件中存在列名,可以使用参数header 指明文件中存在表头,即列名,如:

```
>set.seed(1)
>x=matrix(sample(200,12),3)
>write.table(x,'data.txt')        # 保存数据时默认添加一列行名
>read.table('data.txt')           # 读取时自动识别行名和列名
  V1  V2  V3  V4
1  54 179 184  12
2  75  40 128 196
3 114 176 121  34

>write.table(x,'data.txt',row.names=F)   # 保存数据时不添加行名
>read.table('data.txt')           # 没有行名,列名无法自动识别
  V1  V2  V3  V4
1  V1  V2  V3  V4
2  54 179 184  12
3  75  40 128 196
4 114 176 121  34
>read.table('data.txt',header=T)  # 参数 header 指定第一行为列名
  V1  V2  V3  V4
1  54 179 184  12
2  75  40 128 196
3 114 176 121  34
```

read.csv()函数也可以和 read.table()函数一样,根据第一行中值的数目较少,自动判断文件中存在行名。但对于 write.csv()函数生成的 CSV 文件,由于该文件在第一行给自动生成的行名添加了一个空字符串作为列名,因此 read.csv()函数无法自动识别行名的存在,必须由参数 row.names 指定行名所在的那一列。不过和 read.table()函数不一样的是,read.csv()函数的参数 header 默认为 TRUE,因此在这种情况下也能识别文件中的列名。

5）末尾添加数据

在程序运行过程中，有时需要将一些中间结果保存于同一份文件中，此时可以利用 write. table()函数的参数 append 实现在文件末尾直接添加新数据，如：

```
>x=data.frame(x1=1:3,x2=letters[1:3],x3=c(T,F,T),stringsAsFactors=F)
>write.csv(x,'data.csv')
>y=data.frame(x1=4:6,x2=letters[4:6],x3=c(T,F,T),stringsAsFactors=F)
>write.table(y,'data.csv',sep=',',append=T,col.names=F)
```

如上所示，首先利用 write. csv()函数生成一个 CSV 文件，由于该函数不能使用参数 append，因此无法添加数据，只能利用 write. table()函数进行添加。添加时，使用参数 sep 指明分隔符为"，"，并使用参数 append 指明在文件后进行添加，而不是覆写。此外，在这个例子中，变量 y 和变量 x 具有相同的列名，因此在添加时，变量 y 的列名使用参数 col. names 限定不进行输出。最终文件内容如下：

```
"","x1","x2","x3"
"1",1,"a",TRUE
"2",2,"b",FALSE
"3",3,"c",TRUE
"1",4,"d",TRUE
"2",5,"e",FALSE
"3",6,"f",TRUE
```

如上所示，后添加的数据的行名也是从 1 开始的数字，而不和前面的数据连续。此外，虽然在上面这个例子中，两次添加的数据的结构相同，但并不是结构相同的数据才能添加，如：

```
>x=matrix(1:6,2)
>write.table(x,'data.txt')      # 将变量 x 保存于文件"data.txt"中
>cat('\r 这是另一个数据\r',file='data.txt',append=T)      # 文件中添加一行说明
>y=matrix(7:12,2)
>write.table(y,'data.txt',row.names=F,col.names=F,append=T)   # 将变量 y 添加进
文件中
```

如上所示，cat()函数也可以使用参数 append 添加数据，本例中使用该函数添加一个说明。文件内容如下：

```
"V1" "V2" "V3"
"1" 1 3 5
"2" 2 4 6

这是另一个数据
7 9 11
8 10 12
```

6）读取数据表文件的注意事项

虽然文本格式的数据表文件的通用性强，容易交换，但其格式比较自由，因此其规范性不太好。在读取文本格式的数据表时，需要注意以下情况。

（1）文件后缀名和读取函数无关，后缀只是为了方便标识文件。不论后缀名如何，任何

文本格式的文件理论上都可以被各种文本编辑器打开并编辑。

　　（2）文件中的分隔符对于数据的正确读取非常重要，因此应该预先对文件所使用的分隔符进行检查。

　　（3）行列名的设置对于数据的正确读取也很重要，也应预先对其进行检查。此外，在文件末尾添加数据时，也经常需要检查一下文件中是否有行名，并核查各列的名称。

　　（4）read.csv()函数和 read.table()函数在读取数据后，必须赋值于变量才能进行后续分析。

　　2. 向量

　　1）向量的输出

　　对于一个向量，无法使用行列表的形式进行输出，而只能将其元素逐个输出到文件中。R 语言可以使用 write()函数将一个向量输出到文件中。此外，cat()函数也可以利用参数 file 输出向量，如：

```
>a=1:8
>write(x,'data.txt')              # 将一个数值向量保存到文件"data.txt"中
>b=rep(c(T,F),each=4)
>write(y,'data.txt',append=T)   # 在文件末尾添加一个逻辑向量
>c=letters[1:3]
>write(z,'data.txt',append=T)    # 在文件末尾再添加一个字符向量
>d=as.factor(rep(c('a','b'),4))
>cat('因子向量包括两个类别:a、b\r',file='data.txt',append=T)
>write(d,'data.txt',append=T)    # 在文件末尾再添加一个因子向量
```

　　如上所示，write()函数也可以使用参数 append 将数据添加到文件末尾。四个不同类型的向量依次输出到同一个文件，内容如下：

```
1 2 3 4 5
6 7 8
TRUE TRUE TRUE TRUE FALSE
FALSE FALSE FALSE
a
b
c
因子向量包括两个类别:a、b
1 2 1 2 1
2 1 2
```

　　数值向量、逻辑向量和因子向量都按一行 5 个进行输出，且默认采用空格作为分隔符，而字符向量则按一行 1 个进行输出。注意，因子向量在保存时是以数字形式进行输出的，而丢掉了所包含的类别名，此时可以通过 cat()函数在文件中添加一些注释。

　　此外，write()函数也可以利用参数 sep 和 ncol 对分隔符和每行输出的个数进行修改，如：

```
>x=1:9
>write(x,'data.txt',sep=',',ncol=10)          # 每行最多输出 10 个值,以","分隔
>y=letters[1:10]
>write(y,'data.txt',sep=':',ncol=7,append=T)  # 每行最多输出 7 个值,以":"分隔
```

文件内容如下:

```
1,2,3,4,5,6,7,8,9
a:b:c:d:e:f:g
h:i:j
```

2) 向量的输入

第 2 章介绍了 scan()函数可以用于直接键盘录入,以构建一个向量,该函数也可以利用参数 file 直接读取文件中的向量,如:

```
>x=1:8
>write(x,'data.txt')          # 将一个数值向量保存在文件"data.txt"中
>scan('data.txt')             # 利用 scan()函数将这个数值向量写进来
Read 8 items
[1] 1 2 3 4 5 6 7 8
```

如上所示,scan()函数默认的分隔符也是空格。此外,如前所示,write()函数默认按一行 5 个值保存数值向量,而 scan()函数在正确识别分隔符的情况下可以忽略换行符,直接连续读取整个向量。注意,scan()函数和前面介绍的 read. csv()函数和 read. table()函数一样,在读取数据后,也必须赋值于变量才能进行后续分析。

scan()函数在读取数据时,默认是读取数值向量,如果需要读取其他类型的向量,需要使用参数 what 设定读取类型。若类型设置错误,则命令会出错,如:

```
>x=letters[1:8]
>write(x,'data.txt',sep=',',ncol=5)  # 将一个字符向量保存在文件"data.txt"中,用
逗号分隔,一行 5 个
>scan('data.txt')                    # 默认读取数值,但文件为字符,因此命令出错
Error in scan("data.txt") : scan() expected 'a real', got 'a,b,c,d,e'
>scan('data.txt',what='chr')         # 指定读取字符向量,以默认分隔符(即空格)进
行读取
Read 2 items
[1] "a,b,c,d,e" "f,g,h"
>scan('data.txt',what='chr',sep=',') # 正确设置分隔符
Read 8 items
[1] "a" "b" "c" "d" "e" "f" "g" "h"
```

如上所示,若分隔符设置不正确,scan()函数在一行中找不到分隔符时,会将一整行作为一个字符串写进来。在正确设置分隔符后,即可连续写进所有字符向量。但如果需要整行进行读取,也可使用 readLines()函数。该函数无需设置分隔符,直接将一行作为一个字符串写进来,如:

```
>x=c(1234567890,'QWERT ! @ # $ %^')
>write(x,'data.txt')          # 将字符向量保存至文件"data.txt"中
>readLines('data.txt')        # 每行作为一个字符串写进来
```

```
[1] "1234567890"  "QWERT ! @ # $ %^"
>readLines('data.txt',n=1)          # 可以使用参数 n 指定写入前几行
[1] "1234567890"
```

当不需要读取文件中的全部数据时，scan() 函数也可利用参数 skip 和 nlines 读取指定位置的数据，如：

```
>write(1:20,'data.txt')                 # 保存一个数值向量到文件"data.txt"中
>scan('data.txt',nlines=3)              # 读取文件中的前 3 行
Read 15  items
[1] 1 2 3 4 5 6 7 8 9 10 11 12 13 14 15
>scan('data.txt',skip=2,nlines=2)     # 跳过文件中的前 2 行，读取 2 行数据，即读取文件的第 3、4 行
Read 10  items
[1] 11 12 13 14 15 16 17 18 19 20
```

4.1.4　二进制格式的输入输出

如前所述，考虑到数据文件的通用性，向量、矩阵和数据框经常保存为文本格式，用于数据交换。但对于列表来说，由于其结构比较复杂，并不能直接保存为文本格式，也不适合保存为文本格式。此外，对于一些体积较大的数据，文本格式的文件比较占地方。例如，对于一个包含一百万个整数的向量来说，若将其保存为文本格式，大小约为 6.8 MB，而若将其保存为 R 语言特有的二进制格式（RData 格式），其大小仅为 2 MB。因此，在这些情况下，RData 格式可能是一个较好的选择。

save() 函数用于将数据保存为 RData 格式。在保存数据时，该命令对于变量的类型没有要求，可以保存任意类型的数据，如：

```
>a=1:10                               # 构建一个向量
>b=matrix(1:6,2)                      # 构建一个矩阵
>c=data.frame(x1=1:3,x2=letters[1:3]) # 构建一个数据框
>d=list(a,b,c)                        # 构建一个列表
>save(a,b,c,d,file='sample.rdata')    # 将以上变量保存到文件"sample.rdata"中
```

如上所示，由于 save() 函数保存的变量数目并不是固定的，因此参数 file 的位置也不固定，所以其名称不可省。此外，由于 RData 格式是一种二进制格式，因此无法用文本编辑器查看内容。

读取 RData 文件可以使用 load() 函数。需要注意的是，由于借助 RData 格式保存数据时，同时保存了变量名，因此读取数据时需避免和当前工作环境下的变量重名，如：

```
>rm(list=ls())          # 删除当前工作环境中的变量
>a=1:5                  # 创建一个数值向量，包含 5 个整数
>load('sample.rdata')   # 写入前面保存的 RData 文件
>ls()                   # 显示当前工作环境中的变量
[1] "a" "b" "c" "d"
>a                      # 显示变量 a 的内容
[1] 1 2 3 4 5 6 7 8 9 10
```

如上所示，RData 格式的输入输出操作虽然简单，但由于保留了变量名，有可能会在读入时覆盖原有变量。因此操作时要谨慎。

4.2　与其他软件的数据交换

在进行数据分析时,经常涉及和其他软件进行数据交换的内容。虽然文本格式的数据的通用性较强,但大多数软件默认情况下不会将数据保存为文本格式,而是各自保存为专用格式。为了读取这些格式的数据,可以从 CRAN 上在线安装相应的包(package)。本小节重点对 xlsx 格式的数据的输入输出进行介绍,并简单介绍一下对 SPSS 数据文件和网页数据的读取方法。

4.2.1　xlsx 格式的数据

电子表格是最常用的数据文件,xls 和 xlsx 是其中最常见的文件格式。当前 xlsx 格式的文件越来越常见,而且绝大多数电子表格软件都可以将以上两种格式的文件进行相互转换。R 语言常用于读/写这些格式的包有 openxlsx、xlsx、XLConnect 等,此外,还有一些专用于读取或输出的包。本小节以包 openxlsx 为例,对 xlsx 格式文件的读取进行讲解。在使用这个包之前,首先要用 install.packages()函数安装这个包,命令如下:

```
>install.packages("openxlsx")
```

执行这个命令后,R 语言会自动从 CRAN 下载相应的安装文件,并会自动下载这个包所依赖的其他 R 包,全部下载成功后进行自动安装。安装成功后即可使用函数 library()加载这个包,命令如下:

```
>library("openxlsx")
```

在包成功加载后,即可调用其所包含的函数。当需要保存数据时,可以使用 write.xlsx()函数将数据保存为 xlsx 格式,如:

```
>x=data.frame(x1=1:3,x2=letters[1:3],x3=c(T,F,T),stringsAsFactors=F)
>write.xlsx(x,'data.xlsx')
```

如上所示,该函数将一个数据框变量保存为 xlsx 格式文件,并默认保存在工作目录下。这个文件只包含一个名称为"Sheet1"的表,内容如表 4-1 所示。

表 4-1　将数据框变量保存为 xlsx 文件

x1	x2	x3
1	a	TRUE
2	b	FALSE
3	c	TRUE

从表 4-1 可见,该函数将列名保存在第一行,且没有自动生成一个行名。

由于一个 xlsx 格式文件可以包含多个表,因此可以将多个不同结构的数据保存在同一个文件的不同表中,如:

```
>a=data.frame(x1=1:3,x2=letters[1:3],x3=c(T,F,T),stringsAsFactors=F)
>b=matrix(1:6,2)
>c=1:3
>d=list(a,b,c)
>write.xlsx(d,'data.xlsx',sheetName=letters[1:3])
```

如上所示,多个不同结构的数据需要用列表的形式进行参数传递。当变量 d 不是程序必需的一个变量时,上面最后一条命令也可以为如下输入:

```
>write.xlsx(list(a,b,c),'data.xlsx',sheetName=letters[1:3])
```

如上所示,列表数据在保存为 xlsx 格式文件时,是作为多个变量进行保存的。此外,在函数中还可以利用参数 sheetName 指定文件中各表的名称。如未指定,则如前例所示,会自动生成表名,如"Sheet1"、"Sheet2"等。在本例中,各表内容如表 4-2 所示。

表 4-2　将多个不同结构的数据保存在同一个文件的不同表中

x1	x2	x3
1	a	TRUE
2	b	FALSE
3	c	TRUE

(a)

V1	V2	V3
1	3	5
2	4	6

(b)

1
2
3

(c)

如上所示,数据框和矩阵的保存格式一样,只是当矩阵没有列名时,该命令会自动生成列名。对于向量,则不保存变量名称,并将向量中的所有元素排成一列。

可以使用 read.xlsx()函数读取 xlsx 格式文件。如对前例所保存的 xlsx 格式文件进行读取:

```
>read.xlsx('data.xlsx')
x1 x2    x3
1 1  a  TRUE
2 2  b FALSE
3 3  c  TRU
```

如上所示,read.xlsx()函数默认情况下读取文件中的第一个表,且读取进来的数据格式为数据框。若需读取其他表的数据,可以使用参数 sheet,如:

```
>read.xlsx('data.xlsx',sheet=2)              # 读取第二个表
  V1 V2 V3
1  1  3  5
2  2  4  6
>getSheetNames('data.xlsx')                  # 显示 xlsx 文件中各表的名称
[1] "a" "b" "c"
>read.xlsx('data.xlsx',sheet='c')            # 读取名称为"c"的表
  1
1 2
2 3
>read.xlsx('data.xlsx',sheet='c',colNames=F)  # 读取数据时不以第一行为列名
```

```
X1
1 1
2 2
3 3
```

如上所示,使用参数 sheet 时,既可以指定表的序号,也可以利用表的名称进行读取。当表的名称较为复杂时,可以先利用 getSheetNames()函数获取各表的名称,以避免输入错误。注意,保存向量时虽然默认没有保存变量名,但读取向量时仍然是默认将第一行作为变量名进行读取,此时,可以利用参数 colNames 指定第一行为数据,而不是列名。最后,虽然 write. xlsx()函数可以一次输出多个变量,但 read. xlsx()函数只能一次读入一个表。

4.2.2　SPSS 数据文件

SPSS 软件是一个很常用的统计软件,在和其他软件进行数据交换时,SPSS 软件可以将数据保存为 xlsx 格式文件或 CSV 格式文件,以便其他软件读取。但当 SPSS 数据文件里包含变量标签或值标签时,这种转换就无法保存这些信息。此时,可以利用包 foreign 直接读取 SPSS 软件特有的数据文件格式(sav 格式)。

在使用这个包之前,需先对其进行安装和加载,命令如下:

```
>install.packages("foreign")    # 安装
>library("foreign")             # 加载
```

随后,可以利用 read. spss()函数对 sav 文件进行读取。该命令的一般用法如下:

read. spss(file, to. data. frame＝FALSE)

使用该命令时,如果不使用参数 to. data. frame,即默认其值为 FALSE,则数据写进来的格式为列表。原 sav 文件中的每一列数据将转换为列表中的一个子集,带有值标签的数据将转换为因子变量。而 sav 文件中的变量标签和值标签,以数据属性的形式写进来,可以利用 attributes()函数进行查看。若想以数据框的格式写进来,可以在读取时设定参数 to. data. frame＝TRUE 即可。

另外,包 foreign 不仅可以用于读取 SPSS 数据文件,实际上其还支持 SAS,Stata,Epi Info,Minitab,S,Systat,Weka 等软件的数据读取。

4.2.3　网页数据

网页数据是数据分析中的一个重要数据来源。在 R 语言中,用于获取网页数据的包很多,在这一部分只简单涉及两个包的使用,即 RCurl 包和 XML 包的使用。此外,由于网页数据的格式比较自由,因此在实际读取时需要解决很多问题,这一部分仅根据一个实例简单介绍一下获取网页数据的基本过程。

在这个实例中,需要安装三个包:RCurl、XML 和 openxlsx。这些包可以使用 install. packages()函数进行安装,也可以在 RStudio 窗口中利用对话框进行安装。在这里,假设已经安装好了这些包。然后,可使用 library()函数加载这些包以供后续使用。

```
# 加载包
library("RCurl")       # 用于获取网页内容
library("XML")         # 用于网页数据格式化,并提取指定信息
library("openxlsx")    # 用于保存数据
```

StatSci. org 是一个关于统计学的门户网站，该网站收集了一些公共数据信息（http://www. statsci. org/datasets. html）。其中包含了各个公共数据的链接、数据名称，以及对数据的一些说明。在本例中，计划将这些数据的链接及名称下载下来并保存为 xlsx 格式文件。整个操作过程如下：

```
# 获取网页数据
web='http://www.statsci.org/datasets.html'    # 设定要读取的网址
web=getURL(web)                                # 将网页内容下载下来
web=htmlTreeParse(web,useInternalNodes=T)      # 将下载下来的内容进行格式转换，
以供后续分析

# 提取指定信息
wang.zhi=getNodeSet(web,"//ul/li/a/@ href")    # 获取数据链接信息
ming.cheng=getNodeSet(web,"//ul/li/a")         # 获取数据名称信息
ming.cheng=sapply(ming.cheng,xmlValue)         # 格式转换

# 保存提取结果
x=data.frame('网址'=unlist(wang.zhi),'名称'=ming.cheng)
write.xlsx(x,file='公开数据.xlsx')
```

如上所示，整个数据读取过程主要包括两步，获取整个网页数据，以及提取指定信息。在获取整个网页数据时，首先是将网页以字符串的形式进行读取，然后将数据进行格式转换以便进行后续分析。在提取指定信息时，关键是要定位所需信息的位置。该位置一般可以在网页浏览器上通过"查看网页源代码"或"查看元素"等功能获取。然后可编写相应的位置规则，利用 getNodeSet() 函数批量提取信息，很多情况下还需要使用 xmlValue() 函数对获取的信息进行格式转换，以便进行后续处理。实例中的 sapply() 函数是对列表中的各元素循环应用 xmlValue() 函数进行转换的。

最后，将所得数据保存在"公开数据.xlsx"中，文件内容见表 4-3。

表 4-3 "公开数据.xlsx"文件内容

网址	名称
http://www.kaggle.com	Kaggle
data/index.html	OzDASL
http://lib.stat.cmu.edu/DASL/	Dataand Story Library
...	...

如上所示，数据"OzDASL"对应的网址并不完整，这是因为该数据就保存于网站 StatSci. org 中，因此网页代码中没有在前面添加"http://www. statsci. org/"。此时，可用"http://www. statsci. org/data/index. html"打开该网址。

本章小结及习题

第5章 基本图形

本章学习目标

■ 掌握 R 语言绘图的一般原理

■ 掌握散点图的绘制

■ 掌握曲线图的绘制

■ 掌握颜色、坐标轴、文本标注、绘图区边界的设置方法

■ 掌握直方图、条形图、饼图和箱线图的绘制方法

前面章节对 R 语言中数据的基本操作方法进行了较为全面的讲解。在数据分析过程中,一般在应用各种算法之前,还需对变量的分布特征以及变量之间的关系进行一些简单探索,以便为后续分析提供一些思路。虽然有很多指标可以对这些特征进行量化描述,但在实际分析时,选择一个合适的图形可能会有"一图抵千言"的效果。本章将对 R 语言绘图的一般原理、常见图形,以及常用图形参数进行介绍。

5.1 散 点 图

在所有图形中,点是最基本的构件,因此本章首先对散点图进行介绍。在 R 语言中,可以使用 plot() 函数绘制散点图,如:

```
set.seed(1)
x=rnorm(100)
plot(x)          # 单变量绘制散点图
y=x+rnorm(100)
plot(x,y)        # 双变量绘制散点图
```

绘制出的图形如图 5-1 所示。对于单变量来说,横坐标是点的序号,纵坐标是点的取值。对于双变量,plot() 函数的前两个参数分别代表横坐标和纵坐标。如果想对更多的变量做散点图矩阵,需要将这些变量合并到一个数据框里,如:

```
set.seed(1)
x=rnorm(100); y=x+rnorm(100); z=x^2+rnorm(100)
data=data.frame(x,y,z)
plot(data)
```

绘制图形如图 5-2 所示,生成的散点图矩阵在对角线两侧对称排列,但两侧的横纵轴是相反的。如第一行的两个图中,x 是纵轴,而在左侧第一列的两个图中,x 是横轴。

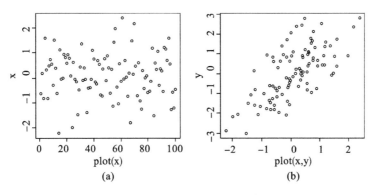

图 5-1　单变量和双变量的散点图

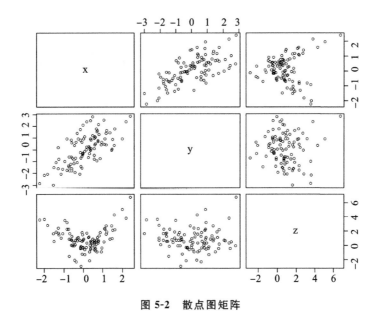

图 5-2　散点图矩阵

plot()函数属于基础图形函数,即该函数不能用于修改其他图形,只能用于从头构建一幅图。如果需要在绘制好的图上添加点,可以使用 points()函数。在绘制散点图时,无论是使用 plot()函数,还是使用 points()函数,点的形状默认为空心圆点,但也可以使用参数 pch 将点设置为其他形状。此外,还可以使用参数 cex 和 col 分别设置点的大小和颜色,如:

```
plot(1:4,1:4,cex=2)                # 斜向上四个大小相同的空心圆点
# 在用 plot()函数绘制的图形上添加点
points(4:1,1:4,cex=1:4,pch=2)      # 斜向下四个大小不同的空心三角
```

```
points(1:4,rep(2.5,4),cex=2,pch=c('5','a','bcd','@ '),col='blue')   # 横向的
四个使用符号表示的蓝色点
points(rep(2.5,4),1:4,cex=2,pch=16:19,col=rep(c('red','blue'),2))   # 纵向的四
个彩色的点
```

所绘图形如图 5-3(a)所示,使用 plot()函数绘制图形之后,即可使用 points()函数根据需要不断添加点。注意,points()函数不能用于直接从头绘制图形。点的形状、大小和颜色可以分别使用参数 pch、cex、col 进行设置。在设置这些参数时,可以使用单一值规定所用点采用同样的形状、大小或颜色。也可以采用向量规定每一个点的形状、大小和颜色。注意,向量的长度必须和点的个数一致。

参数 cex 可设置点的大小为默认设置的倍数,因此取值为正数即可,大于 1 为放大,小于 1 为缩小。参数 col 用于设置点的颜色,可以借助颜色的名称进行设置。参数 pch 用于设置点的形状,可以使用整数进行设置,也可使用符号进行设置。设置点的形状的常用数字如图 5-3(b)所示。注意,数字 21 到 25 代表的点为空心填色点,其边缘和中间空心部分可以采用不同的颜色,边缘的颜色由参数 col 指定,空心部分的颜色由参数 bg 指定。在使用符号对参数 pch 进行设置时,字符向量中的每个元素都应该是单个符号,如果参数是长度大于 1 的字符串,则只取第一个符号。

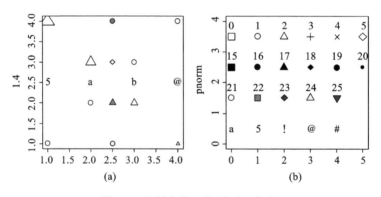

图 5-3　设置点的形状、大小和颜色

5.2　曲　线　图

在各种图形中,线也是其中的一个基础构件。和散点图类似,绘制曲线的函数既有从头构建的基础函数,也有用于后续添加的函数,同时也有一些参数用于调整线的线型、粗细和颜色。

5.2.1　plot()函数

plot()函数既可以用于绘制散点图,也可以用于绘制曲线图,其绘制曲线图的方法有两类。一类是利用参数 type 根据点的坐标绘制特定的曲线图。参数 type 的取值默认为"p",即绘制散点图。其他常用参数值有"n"、"l"、"s"。其中,"n"代表不绘制,常用于绘制空白

图。"l"代表绘制折线图,"s"代表绘制梯形折线图。另一类是根据曲线函数名直接绘制曲线。函数名可以是 R 语言自带的数学函数,也可以是自定义的数学函数。示例如下:

```
set.seed(1)
x=rnorm(5)
plot(x,type='l')        # 折线图
plot(x,type='s')        # 梯形折线图
plot(log)               # 绘制对数曲线,默认为自然对数曲线
f=function(x) x^2       # 自定义一个函数
plot(f)                 # 绘制自定义函数曲线,和 plot(function(x) x^2)作用相同
```

绘制结果如图 5-4 所示。当参数 type="l"时,将点直接连接,若需同时标记点的位置,可设置 type="o"。参数 type="s"时,梯形折线图为先横线后纵线,若需先纵线后横线,可设置 type="S"。根据曲线函数绘制曲线图时,plot()函数在默认情况下只绘制定义域在[0,1]的部分。

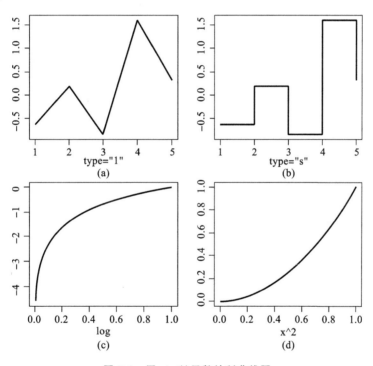

图 5-4　用 plot()函数绘制曲线图

5.2.2　curve()函数

curve()函数也可用于从头绘制曲线,而且和 plot()函数一样,默认情况下也只绘制定义域在[0,1]的部分。但和 plot()函数不同的是,curve()函数是根据 x 的表达式作图,而不是如 plot()函数那样使用点的坐标或使用函数名来作图。此外,curve()函数还可以用于添加曲线,如:

```
# 图 5-5(a)
curve(log(x))           # 从头绘制曲线 log(x),注意和 plot(log)比较
```

```
curve(1/x,add=T)              # 添加曲线 1/x,不在作图区域内,无法显示
curve(-1/x,add=T)             # 添加曲线-1/x


# 图 5-5(b)
curve(log(x),from=0,to=10)    # 从头绘制曲线 log(x),扩大作图范围
curve(1/x,add=T)              # 添加曲线 1/x
curve(-1/x,add=T)             # 添加曲线-1/x
```

绘制结果如图 5-5 所示。在图 5-5(a)中,由于默认只绘制定义域在[0,1]的曲线部分,因此在从头绘制时,作图区域没有包含 y>0 的区域,导致添加曲线 1/x 时无法添加。此时,可以使用参数 from 和 to 来设置图形的定义域区间,从而增加值域区间,即可展现曲线 1/x 的添加效果,如图 5-5(b)所示。当 curve()函数用于添加曲线时,默认会在原图定义域区间内添加,但也可以使用参数 from 和 to 来限制一个较小的区间。

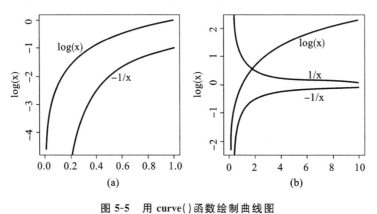

图 5-5   用 curve()函数绘制曲线图

5.2.3   其他添加线的函数

1.辅助线

在 R 语言中,abline()函数可以用于添加一些辅助线,其用法如下:

```
# 图 5-6(a)
curve(log2(x),0,10)           # 绘制一条以 2 为底的对数曲线
abline(h=0:3,v=seq(0,8,2))    # 添加四条横线和五条竖线


# 图 5-6(b)
set.seed(1)
x=rnorm(100); y=x+rnorm(100)
plot(x,y)                     # 绘制散点图
abline(a=0,b=-1)             # 添加一条截距为 0,斜率为-1 的直线
abline(lm(y~x))              # 添加一条回归线
```

如上所示,abline()函数有三种添加直线的方式。如图 5-6(a)所示,abline()函数可以使用参数 h 和 v 分别添加横线和竖线,而且两个参数都可以使用数值向量实现一次添加多条辅助线。当只需要添加横线或竖线时,可以单独使用参数 h 或 v。如图 5-6(b)所示,abline()函数也可以使用参数 a 和 b 指定所添加直线的截距和斜率。但参数 a 和 b 的值只

能为单一数值,即一次只能添加一条直线。除以上两种方式外,abline()函数还可以通过回归模型绘制样本点的回归线。

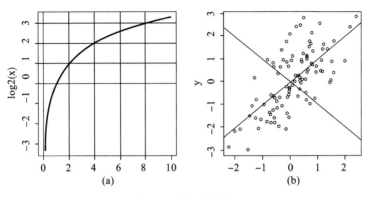

图 5-6　添加辅助线

2. 折线、线段和箭头

如前所示,abline()函数只能用于添加直线。但是,可以分别使用 lines()函数添加折线、使用 segments()函数添加线段、使用 arrows()函数添加箭头,用法如下:

```
# 图 5-7(a):添加折线
curve(x/pi-1,0,7)                 # 绘制一条直线,扩大作图区域,以便后续添加其他线
x=seq(0,2* pi,length=5); y=sin(x)     # 选取正弦曲线上的 5 个点
lines(x,y)              # 根据给定坐标,用折线连接这些点
x=seq(0,2* pi,length=10); y=sin(x)      # 选取正弦曲线上的 10 个点
lines(x,y)              # 根据给定坐标,用折线连接这些点
x=seq(0,2* pi,length=100); y=cos(x)    # 选取余弦曲线上的 100 个点
lines(x,y)              # 根据给定坐标,用折线连接这些点


# 图 5-7(b):添加线段和箭头
curve(sin(x),0,13)            # 绘制一条正弦曲线,扩大作图区域
abline(h=0,v=pi)             # 加一条横线和一条竖线
segments(x0=pi/2,y0=0,x1=pi/2,y1=1) # 加一条线段
arrows(x0=2.5* pi,y0=1,x1=2.5* pi,y1=0)  # 加一条带箭头的线段
arrows(x0=1.5* pi,y0=-1,x1=3.5* pi,y1=-1,code=3,angle=90,length=0.1)  # 加一
条带双向箭头的线段
```

如图 5-7(a)对应的代码所示,lines()函数可以根据给定的坐标顺序连接这些点。当这些点排列得足够紧密时,即可连接为一条近似平滑的曲线。点越密,曲线越平滑。实际上 curve()函数就相当于一个简化的 lines()函数。在 curve()函数中有一个参数 n,默认取值为 101,即在 x 的给定范围内均匀取 101 点,计算相应的函数值,再将所得坐标用折线连接。因此,参数 n 越大,curve()函数绘制的曲线越平滑。

如图 5-7(b)对应的代码所示,segments()函数和 arrows()函数的用法相似,都需要四个参数 x0、y0、x1、y1,四个参数分别代表起点的横、纵坐标和终点的横、纵坐标。这些坐标值都可以通过数值向量的形式实现一次绘制多个线段或箭头。由于 arrows()函数可用于绘制箭头,因此还可以设置三个参数 code、angle 和 length,分别描述箭头的位置、箭头和线段的

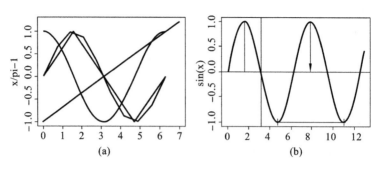

图 5-7　添加折线、线段和箭头

夹角，以及箭头的长度。参数 code 的默认值为 2，即在终点绘制箭头。code 也可以取值为 1 和 3，前者代表在起点绘制箭头，后者代表在起点和终点都绘制箭头。参数 angle 的默认值 为 30，代表箭头和线段的夹角为 30°。参数 length 的默认值为 0.25 in(1 in=2.54 cm)。前 述命令的绘制效果如图 5-7(b)所示。注意，当 arrows()函数的参数设置为 code=3 及 angle=90时，效果等同于在线段两端各绘制一条标线。

5.2.4　设置线的线型、粗细和颜色

在前述几个函数中，当需要改变线的线型、粗细和颜色时，可分别使用参数 lty、lwd 和 col 来进行设置。示例如下：

```
plot(tan,lty=2)
abline(h=0.5,lty=2,lwd=3)
curve(0.5/x,lty=4,lwd=2,col='red',add=T)
x=seq(0,1,0.2); y=sin(x* 2)
lines(x,y,lty=2,lwd=2,col='purple')
segments(x0=0.2,y0=0.5,x1=0.2,y1=1.5,lty=3,lwd=2,col='red')
arrows(x0=0.8,y0=0,x1=0.8,y1=1,lty=3,lwd=3,col='blue')
```

绘制效果如图 5-8(a)所示。在使用这 3 个参数时，可以根据需要只用其中一个或两个 参数。在这些函数中，abline()函数、segments()函数和 arrows()函数可以一次绘制多条线。 在使用这 3 个参数进行设置时，既可以使用单一值设定所有线都相同，也可以使用数值变量 的形式同时对多条线进行不同设置。

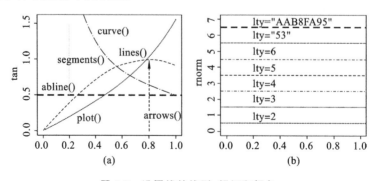

图 5-8　设置线的线型、粗细和颜色

在使用参数 lty 设置线型时，可以使用 0～6 的整数进行设置。0 代表不显示，常用于绘

制空白图。1 为默认值,即黑实线。2~6 所代表的线型如图 5-8(b)所示。此外,参数 lty 的设置也可以采用由 2 个、4 个、6 个或 8 个十六进制数字组成的字符串来表示。一个字符串规定一个由实线和空白组成的循环模式。如 lty="53"代表 5 个单位实线和 3 个单位空白进行循环。而 lty="AAB8FA95"代表由 10 个单位实线、10 个单位空白、11 个单位实线、8 个单位空白、15 个单位实线、10 个单位空白、9 个单位实线、5 个单位空白组成一个循环,并按此循环模式绘制整条线。

5.2.5　可填充的多边形

在绘制折线图时,若折线的起点和终点重合,则可绘制一个多边形。根据这个原理,lines()函数和 segments()函数都可用于绘制多边形,但不能给多边形内部涂色。此时,可利用rect()函数或 polygon()函数绘制可填充的多边形。示例如下:

```
# 图 5-9(a)
curve(x+0,0,10,lty=0)              # 利用 curve()函数创建一个作图区域
rect(0,0,3,2)                      # 绘制一个矩形
rect(0,6,3,8,col='red')            # 绘制一个矩形,使用红色填充
rect(0,9,3,10,col='red',border='green',lwd=2)  # 绘制一个矩形,使用红色填充,边
框为绿色,粗细为 2 个单位
rect(0,3,3,5,density=5)            # 绘制一个矩形,使用斜线填充
polygon(c(7,5,7,9),c(1,6,10,3),density=10,   # 绘制一个多边形,使用斜线填充,斜
线密度为每英寸 10 条线
angle=135,                         # 设置斜线角度为 135°
lty=2,lwd=2,col='blue')            # 设置斜线的线型、粗细和颜色


# 图 5-9(b)
set.seed(1)
curve(x+0,-3,3,lty=0)              # 利用 curve()函数创建一个作图区域
polygon(rnorm(10),rnorm(10),col='red',border=F)   # 绘制一个多边形,使用红色填
充,不显示边框
```

如上所示,rect()函数和 polygon()函数不能从头绘制图形,只能用于后续添加。用rect()函数绘制矩形时,需要用前四个参数分别指定左下角的横纵坐标和右上角的横纵坐标。而 polygon()函数需使用前两个参数分别设置顺序连接各点的横纵坐标。两个函数的其他参数的设置方法相同,当不使用其他参数时,默认为不进行填充。

当需要对多边形进行填充时,可以选择颜色填充或斜线填充。当选择颜色填充时,可使用参数 col 设置填充颜色。多边形边框默认为黑色,也可使用参数 border 设置边框为其他颜色,或使用 border=F 设置不显示边框。当选择斜线填充时,需使用参数 density 设置斜线密度。斜线的倾斜角度默认为 45°,也可使用参数 angle 改变斜线倾斜角度。

如前述几个函数一样,这两个函数也可以使用参数 lty、lwd 和 col 设置线的线型、粗细和颜色。只不过在采用颜色填充和斜线填充时的效果不一样。颜色填充时,由于参数 col 已用于设置填充颜色,因此边框颜色只能由参数 border 设置,不过参数 lty 和 lwd 仍可用于设置边框的线型和粗细。斜线填充时,参数 lty、lwd 和 col 用于设置斜线的线型、粗细和颜色。边框默认和斜线一样,但可以使用参数 border 改变边框的颜色。

前述命令绘制效果如图 5-9 所示。注意,如图 5-9(b)所示,polygon()函数绘制的多边形不一定是凸多边形,其形状和各点的连接顺序有关。

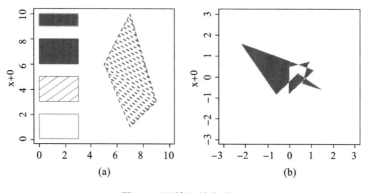

图 5-9　可填充的多边形

5.3　图形的更多修饰

前面两节介绍了用于绘制散点图和曲线图的一些函数,并对点和线的设置进行了一些讲解。本节将介绍更多的图形细节设置。

5.3.1　颜色

如前两节所述,点和线的颜色,都是利用参数 col 进行设置的,并且都是直接使用颜色的名称。R 语言可使用的颜色名称有很多,具体名称可使用 colors()函数进行查看,如:

```
>length(colors())     # 查看有多少可用的颜色名称
[1] 657
>head(colors())       # 显示前六个颜色的名称
[1] "white"        "aliceblue"    "antiquewhite"
[4] "antiquewhite1" "antiquewhite2" "antiquewhite3"
```

除了直接使用颜色名称外,还可以利用数字对颜色进行更精细的设置。对于黑白图,gray()函数可以利用参数 level 设定灰度等级,取值范围为[0,1],0 代表黑色,1 代表白色。对于彩图,R 语言有多种方法可以对颜色进行精细设置,常用函数有 rgb()函数和 hsv()函数。rgb()函数通过 r、g、b 三个参数来设定红、绿、蓝三种颜色的比例,从而表示各种颜色。hsv()函数通过 h、s、v 三个参数分别设定颜色的色调、饱和度和亮度。这些参数的取值范围也为[0,1]。若需获取某个颜色的名称所对应的 rgb 值和 hsv 值,可使用 col2rgb()函数和 rgb2hsv()函数来获取,示例如下:

```
>gray(0.5)              # 将数字转换为十六进制数
[1] "# 808080"
>x=col2rgb('purple')    # 将颜色名称"purple"转换成 rgb 值,取值范围为 0 到 255
>x
```

```
       [,1]
red     160
green   32
blue    240
>x=x/255                          # 将生成的 rgb 值转换为 0 到 1 之间的数字
>rgb(x[1],x[2],x[3])              # 根据 rgb 值生产一个十六进制数
[1] "# A020F0"
>x=rgb2hsv(col2rgb('purple'))     # 将颜色名称"purple"转换成 hsv 值
>x
       [,1]
h 0.7692308
s 0.8666667
v 0.9411765
>hsv(x[1],x[2],x[3])             # 根据 hsv 值生成一个十六进制数
[1] "# A020F0"
```

如上所示,gray()函数、rgb()函数和 hsv()函数都是根据给定的数值生成十六进制数来表示颜色的。这些十六进制数就像"red"等颜色名称一样,可以用于对 col、bg、border 等参数的设置。由于这些颜色可以精细地反应数值的变化,因此它们经常用于生成一些渐变色来反映个体之间的差异,如:

```
set.seed(1)
x1=rnorm(100);x2=rnorm(100);x3=x1+x2       # 用 x3 表示点 (x1,x2)接近右上角的程度
x3=x3-min(x3); x3=x3/max(x3)                # 转换为区间[0,1]内的数值
plot(x1,x2,pch=19,col=hsv(h=0.65,s=x3,v=1)) # 绘制散点图,越接近右上角颜色越深
```

如上所示,当需要使用渐变色表示某种属性时,需对这个属性量化并将其转换为区间[0,1]内的数字,接下来便可利用相应的函数转换出所需的颜色。上述命令的绘制结果如图 5-10(a)所示。用 gray()函数、rgb()函数和 hsv()函数生成渐变色的参数设置方法如图 5-10(b)所示。gray()函数只需一个参数,其用法比较简单,而 rgb()函数和 hsv()函数涉及对多个参数的组合,用法较为复杂。

对于 rgb()函数,若三个参数都取值为 1,则为白色,若都取值为 0,则为黑色。当其中一个参数波动于[0,1]区间内,其他两个参数为 1 时,则可产生单色渐变效果。注意,对于图 5-10(b)中的第 2 条渐变色,随着 r 的取值逐渐减小,表示颜色的红色成分越来越少,因此颜色表现为红色的补色,而不是红色。由于 r、g、b 三个参数本身只代表三种颜色,若需产生其他颜色的单色渐变,如第 3、4 条渐变色一样,需多个参数同时变化,而且当一个参数取值为 1 时,其他两个参数也必须取值为 1,才能表现为白色。若至少一个参数不为 1,如第 5 条渐变色,则会产生颜色渐变的效果。不过这种渐变色是红、绿、蓝混合比例渐变的效果,因此中间会有其他颜色。

对于 hsv()函数,参数 h 代表颜色色调,因此如第 6 条渐变色所示,参数 h 波动于区间[0,1]时,可产生一个色谱。当使用该函数生成单色渐变时,如第 7、8 条渐变色所示,需指定色调并设定参数 v=1,即可通过改变参数 s 的值生成一个渐变色。如第 9 条渐变色所示,若需生成一个中间为白色的渐变色,则首先需要在数据中寻找一个界值,以判断两种颜色应分别用于界值哪一边的数据。然后对界值两边的数据分别进行变换,各生成一个单色渐变效

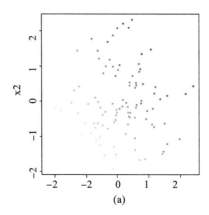

(a)

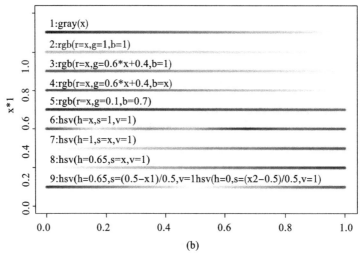

(b)

图 5-10 设置渐变色

果。根据这个原理,rgb()函数和 hsv()函数都可以达到这种效果。

5.3.2 边框和坐标轴

1. 图形边框

如前所示,R 语言在作图时,默认在作图区域周围有一个边框。若不需显示边框,可使用参数 bty 进行修改。该参数默认取值为"o",即四周有边框。当取值为"l"时,不显示右上两条边框。当取值为"n"时,去除所有边框。如:

```
set.seed(1)
plot(rnorm(5),bty='l')    # 不显示右上两条边框
plot(rnorm(5),bty='n')    # 去除所有边框
```

以上代码绘制结果如图 5-11 所示。注意,在使用参数 bty="n"之后,虽然不显示图形边框,但两条坐标轴仍在。在 R 语言中,虽然坐标轴和边框重合在一起,但二者并不相同。修改坐标轴需使用其他参数或函数。

2. 使用参数修改坐标轴的显示方式

在使用 plot()函数和 curve()函数从头构建一幅图形时,横纵轴的标签可使用参数 xlab

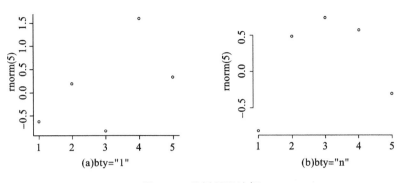

图 5-11　设置图形边框

和 ylab 进行设置,横纵轴的取值范围可使用参数 xlim 和 ylim 进行设置,横纵轴刻度的显示范围及间距可使用参数 xaxp 和 yaxp 进行设置,还可以使用参数 log 指定横纵轴是否为对数刻度。此外,可使用参数 xaxt 和 yaxt 设置是否显示横纵轴。示例如下:

```
# 图 5-12(a)
plot(log,xlab='x(对数刻度)',ylab='y',      # 分别设置横纵轴的标签
     xlim=c(0.1,100),ylim=c(-5,5),         # 分别设置横纵轴的取值范围
     log='x',                              # 设 x 轴为对数刻度
     yaxp=c(-3,3,6))                        # 设置 y 轴刻度的显示范围及间距
abline(h=0)                                # 添加一条辅助线用于对比

# 图 5-12(b)
curve(log(x),xaxt='n',yaxt='n',            # 设置不显示坐标轴
      xlab='x(对数刻度)',ylab='y',
      xlim=c(0.1,100),ylim=c(-5,5),
      log='x',
      yaxp=c(-3,3,6))
abline(h=0)
```

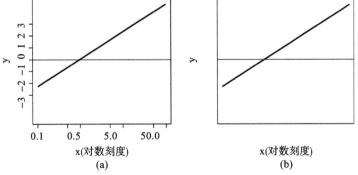

图 5-12　使用参数设置坐标轴

如上所示,参数 xlab 和 ylab 可以利用字符串根据需要设置坐标轴标签。使用空字符串,即为不显示坐标轴标签。在用参数 xlim 和 ylim 修改坐标轴取值范围时,需使用一个包含 2 个数值的向量进行设置,第一个数值表示起点,第二个数值表示终点。

参数 log 用于设置某个坐标轴为对数刻度,其可取值为 x、y、xy,分别代表 x 轴为对数刻度、y 轴为对数刻度,以及两个轴都为对数刻度。需注意的是,当绘制曲线时,由于 plot()函数和 curve()函数在绘制图形时默认 x 轴的区间包含零点,因此直接指定 x 轴为对数刻度会出错,此时可以通过 xlim 设置一个大于 0 的起点。若指定 y 轴为对数刻度,同样要求在指定定义域内,值域不会包含负数,或者用 ylim 指定 y 轴刻度范围。当值域包含负数时,会给出警告信息。当绘制散点图时,若指定对数刻度,则会忽略相应坐标为负数的点,同时给出警告信息。

参数 xaxp 和 yaxp 用于设置坐标轴刻度的显示范围及间距,因此需使用一个包含 3 个数值的向量进行设置,分别表示起点、终点和分段的数目。注意,参数 xlim 和 ylim 用于设置坐标轴的取值范围,即作图区域的大小,而参数 xaxp 和 yaxp 用于设置显示范围,显示范围可以小于取值范围。注意,当参数 xaxp、yaxp 和参数 log 用于修改同一个坐标轴时,参数 xaxp 和 yaxp 的含义会有变化,具体可以查看帮助"? par"。

前述命令的绘制结果如图 5-12 所示。注意,如图 5-12(b)所示,虽然该图在绘制时用参数 xaxt 和 yaxt 设置不显示坐标轴,但并不影响图中其他部分的显示。因此坐标轴本身只是一个参照物,而图中各点的坐标,无论有没有坐标轴,都已在从头构建时确定了。另外,虽然在 xlim 中设置了横轴范围,但默认会在两端延长一小段以方便显示。若需严格按照设置范围显示,可设置参数 xaxs 和 yaxs 的值为"i"。

3. mtext()函数和 axis()函数

当需要对坐标轴进行修饰时,也可以在从头构建时设置不显示坐标轴,然后利用 axis()函数进行后续修改。此外,还可以利用 mtext()函数在坐标轴上添加一些文本标志,如:

```r
# 图 5-13(a)
plot(1:3,type='h',bty='n',            # 构建一个作图区域,不显示边框
        xlim=c(0,4),ylim=c(0,4),      # 设置作图区域的大小
        xlab='',ylab='',              # 不显示坐标轴的标签
        xaxt='n',yaxt='n')            # 不显示坐标轴
axis(side=1,at=1:3,labels=letters[1:3],tick=F)  # 在下方添加坐标轴
axis(side=2,at=1:3,labels=letters[4:6])         # 在左侧添加坐标轴
axis(side=3,at=1:3,labels=c('abc','123','甲乙丙'),las=2)  # 在上方添加坐标轴
axis(side=4,at=0:4,labels=6:10,lty=2,lwd=3,col='red')     # 在右侧添加坐标轴

abline(h=2.5,col='red')               # 添加一条横线
mtext(text='h=2.5',side=2,at=2.5,las=1)  # 在左侧坐标轴添加一个标识
abline(v=1.5,col='blue')              # 添加一条竖线
mtext(text='v=1.5',side=3,at=1.5)     # 在上方坐标轴添加一个标识

# 图 5-13(b)
curve(x+0,xlim=c(-1,1),bty='n',lty=0,xaxt='n',yaxt='n')
axis(side=1,pos=0)                    # 在 y=0 处绘制横轴
axis(side=2,pos=0)                    # 在 x=0 处绘制纵轴
curve(sin(x),add=T)
```

以上代码绘制结果如图 5-13 所示。在用 axis()函数绘制坐标轴时,需首先利用参数

side 设置坐标轴绘制的位置,side 可以取值为 1、2、3、4,分别代表在图形下方、左侧、上方和右侧绘制坐标轴。如无其他设定,则会根据默认刻度绘制坐标轴。也可以使用参数 at 设置坐标轴刻度的位置,以及用参数 labels 设置坐标轴刻度的标识。如图 5-13 所示,这些标识不一定是数字。

除了这三个参数外,还可使用其他参数进行一些修饰。参数 tick 用于设置是否显示坐标轴的线。参数 las 用于设置坐标轴刻度标识的显示方向,las 可以取值为 0、1、2、3,分别代表平行于坐标轴、始终保持水平方向、垂直于坐标轴和始终保持垂直方向。此外,对于坐标轴的线,还可以通过参数 lty、lwd 和 col 分别设置线型、粗细和颜色。此外,如图 5-13(b)所示,参数 pos 可用于设置坐标轴绘制的位置。

mtext()函数有三个基本参数:text、side、at。参数 text 用于设置需添加的文本,而参数 side 和 at 分别用于设置进行添加的坐标轴和位置。此外,该函数也可以使用参数 las 设置所添加文本的显示方向。

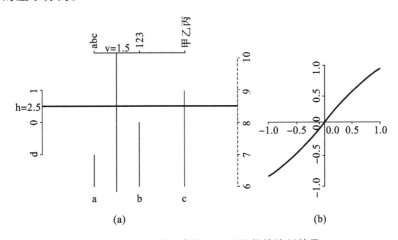

图 5-13 mtext()函数和 axis()函数的绘制效果

需要注意的是,axis()函数可以用于设置坐标轴刻度显示的标识,如图 5-13(a)右侧的坐标轴所示,图中的数值只是用于为相关数据作参照,而不能反映图中各点的真实坐标。因此,当利用 axis()函数绘制双坐标图时,需将两组数据变换到同一个位置进行作图,而添加的坐标轴仅作为数据的参照,如:

```
set.seed(1)
x=rnorm(5); y=x+1000+runif(5)          # 生成两组数据,一组在 0 附近波动,另一组在
1000 附近波动
plot(x,type='l',ylim=c(-1,2),bty='n')  # 先根据一组数据绘制一条折线
lines(1:5,y-1000,lty=2)                # 将另一组数据变换之后绘制到同一个区域内
axis(side=4,at=seq(-1,2,0.5),labels=seq(-1,2,0.5)+1000,lty=2)    # 添加新坐标
轴用于参照
```

以上代码绘制结果如图 5-14 所示。由于两组数据的数量级相差较大,不经变换难以将两组数据绘制到一张图中。对第二组数据减去 1000 后,即可消除数量级差异,从而可以使两组数据在同一张图中进行比较。同时可以在图中右侧添加一个坐标轴作为第二组数据的参照。两组数据和对应的坐标轴可以使用不同的线型加以区别。

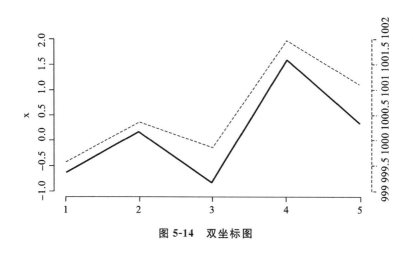

图 5-14　双坐标图

5.3.3　添加文本、标题和图例

在作图时,为使人更好地理解图形内容,经常需要添加一些文本标识、标题和图例。

1. 文本和标题

R 语言中,图形区域内的各种文本可使用 text()函数添加,图形标题可以使用 title()函数进行添加,如:

```
plot(sqrt)
text(0.2,0.6,labels='开平方',col='red')                # 指定位置添加文本
text(0.2,0.3,expression(sqrt(x)),cex=3,col='blue')     # 添加一个表达式
text(0.8,seq(0.2,0.8,0.2),letters[1:4],cex=1:4)        # 一次添加多个文本
text(locator(3),c('位置1','位置2','位置3'))            # 鼠标选择要添加的位置
points(0.5,0.5,pch=3,cex=2)                            # 添加一个点用于参照
text(0.5,0.5,'中心',pos=4,offset=1)                    # 指定位置右侧偏离1个字符的距离

title(main='标题1',sub='标题2',                        # 添加标题
      cex.main=2,cex.sub=0.8,                          # 设置标题的大小
      col.main='red',col.sub='blue')                   # 设置标题的颜色
```

以上代码绘制结果如图 5-15 所示。text()函数一般需要三个参数,前两个参数用于设置文本添加位置的横纵坐标,第三个参数 labels 用于设置添加的文本内容。注意,labels 设置为一个表达式时,该函数可以对其进行一定的转换,使其在形式上更接近公式。这三个参数都可以采用向量的形式实现一次添加多个文本,此时前两个参数也可以合并为一个列表,以一个参数的形式设置坐标。当对坐标要求不精确时,可以使用 locator()函数来获取鼠标单击位置的坐标。locator(n)即代表获取鼠标单击 n 次的坐标,并以列表的形式返回。当 locator()函数作为 text()函数的参数时,即可实现在鼠标单击的位置添加指定文本。

text()函数还可利用参数 pos 和 offset 设置文本添加于指定坐标的哪一侧,以及偏离多少个字符宽度。参数 pos 可取值为 1、2、3、4,分别代表指定坐标的下、左、上、右四个方向。此外,text()函数还可以分别利用参数 col 和 cex 指定文本的颜色和放大倍数。

title()函数可以使用参数 main 和 sub 添加标题,前者位于图形上方,后者则位于图形下

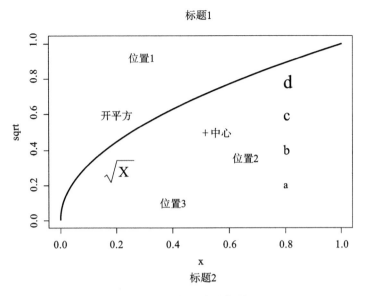

图 5-15　添加文本和标题

方。两个标题可分别使用参数 cex. main 和 cex. sub 设定大小，也可分别使用参数 col. main 和 col. sub 设置颜色。

2. 图例

当图中元素种类较多时，常需要使用 legend() 函数绘制图例，以便于理解图形含义，示例如下：

```
# 图 5-16(a)
curve(x^1,lty=0,0,7)
abline(v=0:5,lty=1:3,col=rep(c('red','blue','black'),each=2))
legend('right',legend=1:6,lty=1:3,col=rep(c('red','blue','black'),each=2))


# 图 5-16(b)
set.seed(1)
curve(x+0,lty=0)
points(runif(5),runif(5),pch=19,col='red')
points(runif(5),runif(5),pch=19,col='blue')
legend(0.8,0.2,legend=c('a','b'),fill=c('red','blue'))
```

以上代码绘制结果如图 5-16 所示。在用 legend() 函数绘制图例时，首先需要设置图例绘制的位置。这个位置可以使用特定关键词进行设置。这些词包括 topleft、top、topright、left、center、right、bottomleft、bottom、bottomright 等。也可以用两个数值设置图例左上角的坐标。在设置位置之后，即可用参数 legend 设置需要使用图例说明的各元素的名称，这个需根据实际情况进行设定。最后需要设置各元素在图中的表示方法，如线的线型、粗细、颜色，点的形状、大小、颜色，斜线填充的密度、倾斜角度、颜色等。注意，参数 col 在这里需结合参数 lty、pch 等共同使用。若图中只用了不同的颜色，则如图 5-16(b) 所示，需用参数 fill 设置图例所需的颜色。

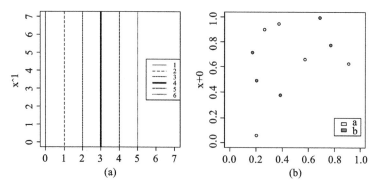

图 5-16　添加图例

5.3.4　工作区与绘图区的边界

当使用 R 语言作图时,设备上显示图形的窗口为一个工作区,而图形边框包围的区域为绘图区。在作图时,有时需要将多个图放到一起用于比较。为达到这个目的,可以将一个工作区分为多个格子,每个格子可以视为一个小工作区。有两种方法常用来实现工作区的切割。

1. par() 函数

par() 函数有很多参数,通常用于对 R 语言的作图进行全局设定。参数 mfrow 和 mfcol 都可以将一个工作区分为若干相同的格子,用法如下:

```
par(mfrow=c(2,3))    # 将工作区分为 2 行 3 列,并按行逐个作图
for (i in 1:6) {
        curve(x^i); title(main=paste('x^',i,sep=''))
}
```

以上代码绘制结果如图 5-17 所示。参数 mfrow 和 mfcol 的用法相同,都是用由两个数值组成的向量指定将工作区分为行×列形式的若干格子,每个格子大小相等。二者的差异在于,作图时对格子的使用顺序不同。参数 mfrow 限定按行逐个格子绘图,而参数 mfcol 限定按列逐个格子绘图。

注意,par() 函数对工作区的设置属于全局设定,如后续不做更改,则都会延续这个设定。

2. layout() 函数

layout() 函数也可用于切割工作区,不过它的用法更灵活。示例如下:

```
x=matrix(c(1,1,1,2,0,3),2,byrow=T)
layout(x)            # 根据矩阵 x 分割工作区
for (i in 1:3) {
        curve(x^i); title(main=paste('x^',i,sep=''))
}
```

以上代码绘制结果如图 5-18(a) 所示。layout() 函数使用矩阵表示工作区的切割。用上述命令构建的矩阵 x 为:

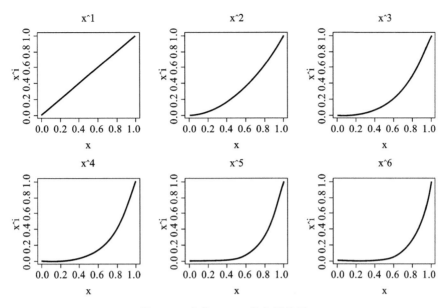

图 5-17　参数 mfrow 的分割结果

```
>x
     [,1][,2][,3]
[1,]  1   1   1
[2,]  2   0   3
```

当用 layout() 函数分割工作区时,首先根据 x 的行列数将整个工作区分为 2 行 3 列,共 6 个格子。然后将相同数字所在的格子合并为一个。作图时按数字大小顺序作图。因此第一个图就占了第一行 3 个格子,第二个图占了第二行最左侧的格子,第三个图占了第二行最右侧的格子。而 x 中第二行中间的数字为 0,表示不作图,因此分割区域中对应的格子就为空白。

注意,当矩阵中相同的数字不相连,或这些数字所占据的位置不是一个矩形时,layout() 函数会将所有相同数字包在一个最小的矩形内,因此可以出现图形重叠的情况。此外,layout() 函数还可以使用参数 widths 和 heights 分别设置每列的宽度和每行的高度,如:

```
x=matrix(c(2,1,3,4,1,5),2)
layout(x,widths=1:3,heights=1:2)
for (i in 1:5) {
        curve(x^i); text(0.5,0.7,paste('x^',i,sep=''),cex=2)
}
```

用上述命令构建的矩阵 x 为:

```
>x
     [,1][,2][,3]
[1,]  2   3   1
[2,]  1   4   5
```

以上代码绘制结果如图 5-18(b)所示。由于在矩阵 x 中,数字 1 占据了左下和右上两个位置,因此 layout() 函数将整个工作区用于绘制第一张图,然后第二、三、四、五张图分别在相应的格子里进行绘制,因此和第一张图发生了重合。在作图过程中,参数 widths 还将各列宽度的比例设置为 $1:2:3$,参数 heights 将各行高度的比例设置为 $1:2$。

最后,需注意的是,layout()函数和 par()函数一样,其设置都为全局设定。

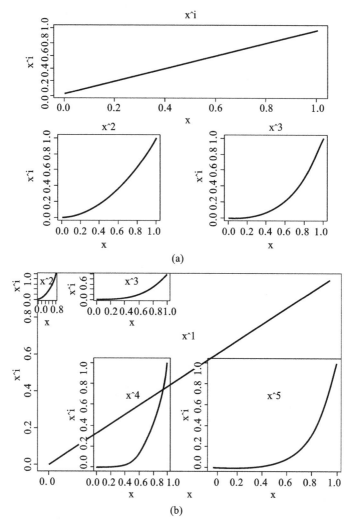

(a)

(b)

图 5-18   layout()函数的分割结果

3.绘图边界

如前所示,工作区和绘图区之间有一定的间隔,该间隔用于绘制坐标轴、标题等。当对工作区进行切割时,每一个格子都成为一个独立的小工作区。由于小工作区面积变小了,经常导致小工作区和对应绘图区之间的间隔显得过大。此时,可以利用 par()函数的参数 mar 进行设定。该参数使用由四个数值组成的向量,其默认值为 $c(5,4,4,2)+0.1$,表示绘图区周围下、左、上、右四个间隔的宽度分别为 5.1 行、4.1 行、4.1 行和 2.1 行。

例如,对图 5-18(b)所示的绘图区边界进行调整,命令如下:

```
par(mar=rep(2,4))          # 设置绘图区周围的间隔都为 2 行
x=matrix(c(2,1,3,4,1,5),2)
layout(x,widths=1:3,heights=1:2)
for (i in 1:5) {
```

```
curve(x^i); text(0.5,0.7,paste('x^',i,sep=''),cex=2)
    }
```

以上代码绘制结果如图 5-19 所示。在减少绘图区周围间隔之后，图形紧凑了很多，每个绘图区的面积都有所增加。

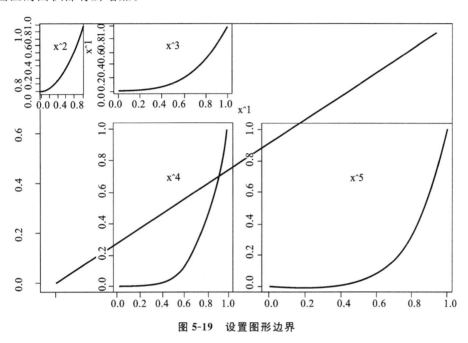

图 5-19　设置图形边界

绘图区和工作区之间的间隔一般用于绘制坐标轴、标题等图形元素。但也可以利用参数 xpd 在这个间隔中绘制更多的东西，如：

```
par(mfrow=c(1,2))
curve(log(x))
abline(h=-3,xpd=T)
curve(x+0,ylab='')
abline(h=0.8,xpd=NA)
y=seq(0,1,length=200)
points(rep(-0.3,length(y)),y,pch=20,col=gray(y),xpd=T)
```

以上代码绘制结果如图 5-20 所示。参数 xpd 可以用于多个绘图函数中，当其取值为 TRUE 时，即可突破绘图区的边界，在绘图区和工作区之间绘图。但当整体工作区被切割成若干格子时，并不能突破格子之间的边界。当 xpd 取值为 NA 时，即可突破格子之间的边界，从而在整个工作区绘图。注意，当在整个工作区作图时，使用的坐标刻度是最后一次从头构建的绘图区所使用的坐标刻度。

从前述例子可以看到，无论在不在绘图区，整个工作区的刻度在从头构建图形时即确定。当整个工作区被分为若干格子时，每个格子绘图都会将整个工作区的刻度重新修改，但不影响已绘制的图形。虽然整个工作区都有刻度，但为方便操作，R 语言会根据函数设定的坐标轴范围自动设置一个绘图区范围，以避免将图画到坐标轴外。这个自动生成的绘图区范围保存在 par() 函数的参数 usr 中。根据需要，也可以通过 clip() 函数重新设置一个绘图区，如：

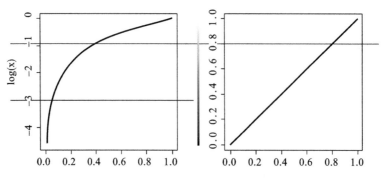

图 5-20　利用参数 xpd 突破绘图边界

```
curve(x+0,lty=0)                    # 构建一个绘图区
clip(x1=0.5,x2=1,y1=0.5,y2=1)       # 重新设置绘图区
points(0.5,0.5,cex=20)              # 在指定位置画一个点,放大 20 倍
abline(h=0.8)                       # 添加一条横线

x=par('usr')                        # 提取默认绘图区边界
clip(x[1],x[2],x[3],x[4])           # 将绘图区边界恢复默认值
points(0.8,0.5,cex=20)              # 在指定位置画一个点,放大 20 倍
abline(v=0.8)                       # 添加一条竖线
```

　　以上代码绘制结果如图 5-21 所示。利用 clip() 函数可以设置一个矩形的绘图区,该区域由左下和右上两点的横纵坐标确定。参数 x1 和 y1 为左下点的坐标,x2 和 y2 为右上点的坐标。若省略参数名,一定要注意四个参数的排列顺序。如上所示,clip() 函数将原绘图区的右上 1/4 部分设置为新的绘图区。因此,当在(0.5,0.5)的位置添加一个点时,由于绘图区的限制,只能显示右上 1/4 的弧,在添加横线时也只能显示绘图区内的部分。

　　当需要恢复默认绘图区边界时,如上所示,可以利用函数 par("usr")保存的默认值重新设置。

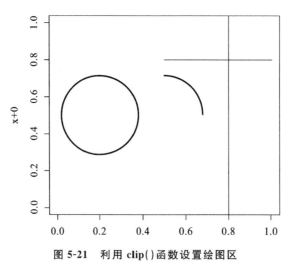

图 5-21　利用 clip() 函数设置绘图区

5.3.5　图形的保存

在作图完成之后,如果需要将图形保存,可以使用 jpeg()函数将其保存为.jpeg 格式的文件。示例如下:

```
jpeg('R语言作图示例.jpeg')    # 以.jpeg格式打开图形输出设备,设置文件名
plot(exp)                     # 绘制图形
dev.off()                     # 关闭图形设备,根据已设置的文件名保存图形
```

如上所示,保存图形的操作实际上是打开一个文件操作的句柄。然后根据需要绘制所需图形,但这时图形并不显示在显示器上。在绘制完成后,使用 dev.off()函数关闭文件句柄,则把已绘制的图形保存到文件里。此时可以使用图片查看工具,查看图形绘制效果。

除了 jpeg()函数外,还可以使用 bmp()函数、png()函数、tiff()函数设置图片保存为相应格式文件。在使用这些函数时,可以使用参数 width 和 height 分别设置图片的宽度和高度,还可以使用参数 res 设置图片的分辨率。若需将图形保存为.pdf 格式的文件,可使用pdf()函数进行保存。

5.4　常　用　图　形

前面几节讲解了很多图形设置的方法。利用这些设置方法,几乎可以完成任意类型的图形制作。当需要重复制作某些特殊类型的图时,可以根据需要编制一些自定义函数以方便操作。R 语言提供了很多函数用于实现一些常见的图形。

5.4.1　直方图

直方图经常用于展现数值变量的分布情况,根据需要,也经常叠加核密度曲线,示例如下:

```
set.seed(1)
x=rnorm(1000)
# 直方图:图 5-22(a)
hist(x)                  # 默认纵轴为频数
# 叠加核密度曲线:图 5-22(b)
hist(x,freq=F)           # 设置纵轴为比例,即频率
k=density(x)             # 计算核密度
lines(k)                 # 根据核密度添加折线
# 只显示核密度曲线:图 5-22(c)
plot(k)
```

以上代码绘制结果如图 5-22 所示。绘制直方图的函数为 hist()函数。该函数将数值变量自动分组,再统计各组的频数。作图时,参数 freq 默认为 TRUE,即以频数为纵轴作图,如图 5-22(a)所示。但若要添加核密度曲线,需修改参数 freq 为 FALSE,即以频率为纵轴。如图 5-22(b)所示,修改参数 freq 后,图形不变,仅纵轴刻度发生变化。在添加核密度曲线时,

需先利用 density()函数计算数值变量的核密度值,然后使用 lines()函数将计算结果连接成一条核密度曲线。若只想展现核密度曲线,则可在计算核密度值之后,直接使用 plot()函数进行绘制,如图 5-22(c)所示。

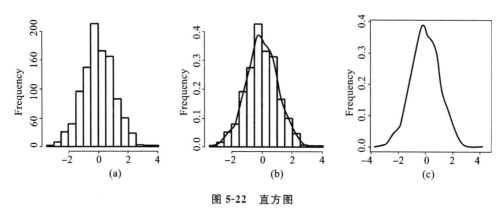

图 5-22　直方图

5.4.2　条形图

条形图常用于展示列联表中各类别的比例,也可用于展示不同类别下统计量的差异。此外,棘状图也可视为条形图的一种特殊形式。

1.堆砌条形图和并列条形图

对于由两分类变量构成的列联表,可以利用 barplot()函数绘制堆砌条形图或并列条形图,示例如下:

```
# 构建一个矩阵
set.seed(1)
a=matrix(sample(1:20,12,replace=T),4)
colnames(a)=c('x1','x2','x3')
rownames(a)=c('y1','y2','y3','y4')
# 堆砌条形图,如图 5-23(a)所示
barplot(a)
# 并列条形图,如图 5-23(b)所示
barplot(a,beside=T,legend.text=rownames(a))
```

以上代码绘制结果如图 5-23 所示。barplot()函数在对列联表绘制条形图时,其数据格式必须为矩阵的格式,并默认绘制堆砌条形图。若需绘制并列条形图,则需设置参数 beside=T(TRUE)。此外,可以使用参数 legend.text 设置图例的说明文字。

2.均值条形图

当 barplot()函数使用一个向量作图时,会将每一个元素作为图中条的高度。均值条形图经常用于比较各组之间某变量的均数差异。但在实际作图时,经常需要在条上添加误差线,而该函数并没有提供这个功能。为实现这个功能,可以自编一个作图函数,如:

```
bar.err=function(group,x) {  # 构建一个自定义函数
    # 先计算所需数据:各组均数、标准差
    x=data.frame(group,x)
    stat=aggregate(x~group,data=x,function(x) c(mean(x),sd(x)))
```

```
stat=cbind(stat[,1],as.data.frame(stat[,2]))
names(stat)=c('group','mean','sd')
# 绘制条形图,注意,纵轴范围需根据标准差扩大
barplot(stat$ mean,names.arg=stat$ group,
        ylim=c(0,max(stat$ mean+stat$ sd)))
# 利用 arrows()函数添加误差线
n=length(unique(group))
arrows(x0=0.5+0:(n-1)+0.2* 1:n,y0=stat$ mean-stat$ sd,
        x1=0.5+0:(n-1)+0.2* 1:n,y1=stat$ mean+stat$ sd,
        code=3,angle=90)
}
# 构建一个数据框,包含一个分组变量和一个数值变量,并利用自定义函数绘制带误差线的条形图
set.seed(1)
b=data.frame(x1=rep(letters[1:4],each=20),
        x2=c(rnorm(20,50,10),rnorm(20,80,10),rnorm(20,60,10),rnorm(20,90,20)))
bar.err(group=b$ x1,x=b$ x2)
```

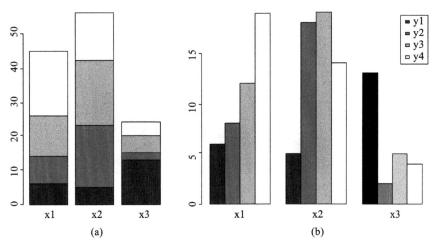

(a)　　　　　　　　　　　　(b)

图 5-23　堆砌条形图和并列条形图

以上代码绘制结果如图 5-24 所示。在利用分组统计函数计算出各组的均数和标准差之后,即可利用 barplot()函数绘制均值条形图,而误差线可以利用 arrows()函数进行添加。如上所示,通过自定义函数可以将这些步骤进行整合,从而可以在重复绘图时简化操作。

3. 棘状图

棘状图可以视为一种特殊的堆砌条形图。在堆砌条形图中,各条的高度代表该分类下样本含量的多少。而在棘状图中,使用各条的宽度代表该分类下样本含量的多少。因此,在棘状图中各条的高度相同,而其中各块的面积占比即可表示相应数值在列联表中的比例。在 R 语言中,spineplot()函数可用于棘状图的绘制。例如,对于绘制图 5-23 时使用的矩阵 a,绘制棘状图的命令如下:

```
spineplot(a)
```

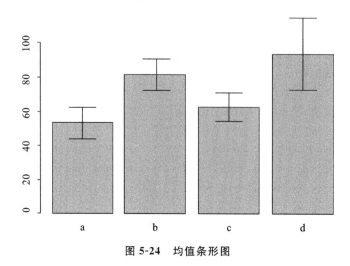

图 5-24　均值条形图

该代码绘制结果如图 5-25 所示。其中每一列代表矩阵的一行,列宽代表行合计的相对大小。每一个格子的大小代表相应数字在列联表中的比例。

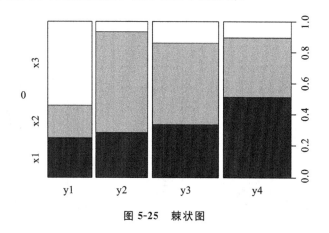

图 5-25　棘状图

5.4.3　饼图

对于一个分类变量,其中各类别所占的比例,可以使用饼图进行表示。绘制饼图可以借助 pie()函数来实现。示例如下:

```
set.seed(1)
x=sample(letters[1:5],100,replace=T,prob=1:5)
pie(table(x),clockwise=T)
```

以上代码绘制结果如图 5-26 所示。

如上所示,pie()函数经常和 table()函数联用来显示分类变量中各分类的比例。参数clockwise 默认为 FALSE,即绘制饼图时从右侧水平轴开始逆时针旋转。当设置为 TRUE时,即可从上方垂直轴开始顺时针旋转。注意,pie()函数一次只能绘制一张饼图。若需对多个分组下各类别的比例进行比较,可以使用分组统计函数进行计算,然后逐一绘制饼图。

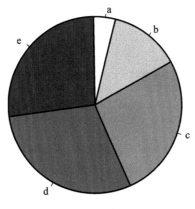

图 5-26　饼图

5.4.4　箱线图

箱线图经常用于查看数值变量的分布情况。绘制箱线图可使用 boxplot()函数来完成，示例如下：

```
# 图 5-27(a)
set.seed(1)
x=data.frame(x1=rnorm(100),x2=runif(100))   # 两个等长的数值向量构成一个数据框
boxplot(x,range=3,notch=T,col=c('red','blue'))         # 对这个数据框绘制箱线图

# 图 5-27(b)
x=data.frame(x=rnorm(1000),
group=sample(letters[1:3],1000,replace=T,prob=1:3))   # 数据框包含一个分组变量，
一个数值变量
box=boxplot(x~group,data=x,varwidth=T)                # 以公式的形式确定分组依据
data.frame(box$ group,box$ out)                        # 提取离群点信息
```

以上代码绘制结果如图 5-27 所示。在箱线图中，箱子中间的横线代表中位数，箱子的下界和上界分别代表四分位数中的第一个和第三个。最下方和最上方两条横线分别代表去除离群点后的最小值和最大值。

绘制箱线图时，barplot()函数既可如图 5-27(a)所示，对多个数值变量的分布进行比较，也可如图 5-27(b)所示，对某个数值变量在不同类别下的分布进行比较。两种情况所使用的数据格式和参数形式都不一样，在使用时须注意。此外，barplot()函数还有一些参数经常用于对箱线图进行进一步修饰。

如图 5-27(a)所示，要绘制带凹槽的箱线图，设置参数 notch＝T(TRUE)即可实现。当两组的凹槽不重合时，可以认为两组中位数有明显差异。箱子的颜色可使用参数 col 进行颜色填充。如图 5-27(b)所示，可使用参数 varwidth 设置箱线图的宽度与样本含量的平方根成正比。

此外，离群点的判定标准可通过参数 range 进行设定。默认为 1.5 倍的四分位数间距。如前述命令所示，用 barplot()函数作图时还会返回一些作图时使用的数据，其中就包括图中离群点的值及其所在的分组。

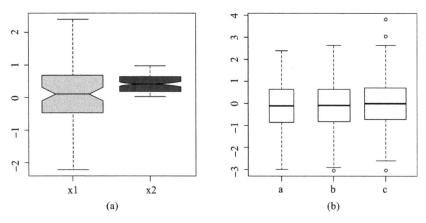

图 5-27　箱线图

本章小结及习题

第6章 数据预处理

- 掌握 R 语言中字符串的处理
- 掌握 R 语言中日期和时间的处理
- 学会对内置数据集中的数据做初步清洗

通过学习前面章节，相信读者已经对 R 语言知识有了一个全面的了解，并可以使用 R 语言处理一些具体项目。本章节学习内容是在正式进行数据分析之前，使用 R 语言对已经收集到的原始数据做预处理。本章首先介绍 R 语言对字符串的处理，对日期的处理等在数据预处理过程中会使用到的知识，然后通过对 R 语言内置数据集中的实例做数据预处理，带领读者学会清洗、整理原始数据。

6.1 字符串的处理

虽然 R 语言是一门以数值向量和数值矩阵为核心的统计语言，但字符串通常也会在数据分析中占到相当大的比重。R 语言是一个擅长处理数据的语言，但是也不可避免地需要它来处理一些字符串。如何高效地处理字符数据，将看似杂乱无章的字符数据整理成可以进行统计分析的规则数据，是数据分析必备的一项重要技能。

在其他编程语言里，字符串处理绝对是一大热门，作为数据统计分析方向最热门的 R 语言，虽然它的处理方法没有其他的编程语言丰富，但其处理字符串的能力是非常实用的。特别是在文本数据挖掘日趋重要的背景下，要求相关人员在数据预处理阶段熟练地操作字符串对象去处理文本数据。

6.1.1 字符串分割

第一个要介绍的字符串操作是分割字符串。

分割字符串在 R 语言中使用 strsplit() 函数来实现，该函数可以使用正则表达式来对字符串进行匹配拆分。它的语法结构是：

strsplit(x,split,fixed=FALSE,perl=FALSE,useBytes=FALSE)

参数 x:需要函数来处理的字符串格式的向量。

参数 split:拆分位置的字符串向量,即在哪个字符串处开始拆分,该参数默认是正则表达式匹配的拆分方式。

参数 fixed:若设置 fixed=TRUE,则用普通文本匹配或者是正则表达式精确匹配。

参数 perl:当设置 perl=TRUE 时,表示可以使用 perl 语言里面的正则表达式。

参数 useBytes:表示是否逐字节进行匹配,默认为 FALSE,表示是按字符匹配而不是按字节匹配。

strsplit()函数中的必要参数是 x 和 split,其他参数不是必要参数。下面通过一个例子来看一下 strsplit()函数的效果。

【例 6-1】　拆分字符串"Create a comma-separated String from the above list of pairs.",拆分的位置为空格。

第一种拆分方式的代码如下:

```
>x<-"Create a comma- separated String from the above list of pairs."
>y<-strsplit(x," ")   # 用空格拆分
>y
[[1]]
[1] "Create"          "a"               "comma-separated"
[4] "String"          "from"            "the"
[7] "above"           "list"            "of"
[10] "pairs."
```

第二种拆分方式的代码如下:

```
# 用 NULL 串拆分
>y<-strsplit(x,"")
>y
[[1]]
[1] "C" "r" "e" "a" "t" "e" " " "a" " " "c" "o" "m" "m" "a" "- " "s"
[17] "e" "p" "a" "r" "a" "t" "e" "d" " " "S" "t" "r" "i" "n" "g" " "
[33] "f" "r" "o" "m" " " "t" "h" "e" " " "a" "b" "o" "v" "e" " " "l"
[49] "i" "s" "t" " " "o" "f" " " "p" "a" "i" "r" "s" "."
```

第三种拆分方式的代码如下:

```
>y<-strsplit(x,"\\s+")   # 用正则表达式拆分
>y
[[1]]
[1] "Create"          "a"               "comma- separated"
[4] "String"          "from"            "the"
[7] "above"           "list"            "of"
[10] "pairs."
```

例 6-1 使用了三种方式来拆分字符串,其中第一种方式和第三种方式完成了项目需求,第二种方式没有完成项目需求。

三种方式的区别在于 strsplit()函数中的 split 参数设置了不一样的值,第一个是一个空

格,第二个是一个空字符,第三个是符号"\\s+"。第一个参数空格和第三个参数"\\s+"得到了相同的效果,都是把字符串 x 按照空格进行分割。为什么"\\s+"可以和空格达到一样的效果呢? 相信对正则表达式有一点了解的读者一定会知道,"\\s+"表示匹配一个或一个以上的空白字符,包括空格、制表符和换行符等。这里的第一个"\"是用来转义第二个"\"符号的。第二种拆分方式相当于设置了"split＝"""",当 split 参数被设置为空字符的时候,strsplit()函数会把字符串按照一个个字符进行分割。所以编写拆分的时候需要注意,如果希望按照空格来拆分字符串,则 split 参数的值不能设定为空字符串。

参数表中的参数 fixed 的默认值是 FALSE,如果将它的值设置成 TRUE,那么 strsplit()函数是不可以按照正则表达式拆分的,如:

```
>y<-strsplit(x,"\\s+",fixed=TRUE)
>y
[[1]]
[1] "Create a comma-separated String from the above list of pairs."
```

需要注意的是,使用 strsplit()函数后得到的结果是一个列表,如果希望得到一个字符向量,则需要使用 unlist()函数进行转换,如:

```
>class(y)    # 查询向量类型
[1] "list"
>z<-unlist(y)
>class(z)
[1] "character"
```

6.1.2　字符串拼接

上一小节介绍了如何把字符串拆成单词,本节讲解如何再将单词拼接为字符串。

拼接字符串在 R 语言中使用 paste()函数来实现。它的语法结构是:

paste (...,sep=" ",collapse=NULL)

其中,参数 sep 用于设置两个字符串间的拼接内容,参数 collapse 用于设置一组字符串是否是在内部拼接。

下面通过实例来看一下 paste()函数用于拼接字符串的效果。

【例 6-2】　将 c("a","b","c","d","e")和 c("A","B","C","D","E")拼接,拼接方式为①直接拼接;②用空格拼接;③用"-"拼接。代码如下:

```
>x <-c("a","b","c","d","e")
>y <-c("A","B","C","D","E")
# 拼接方式 1
>paste(x,y)           # 将两个字符串向量拼接,sep 取默认值
[1] "a A" "b B" "c C" "d D" "e E"
# 拼接方式 2
>paste(x,y,sep="")    # 将两个字符串向量用 NULL 串拼接
[1] "aA" "bB" "cC" "dD" "eE"
# 拼接方式 3
>paste(x,y,sep="-")   # 将两个字符串向量用"-"串拼接
[1] "a-A" "b-B" "c-C" "d-D" "e-E"
```

从运行结果来看,如果参数 sep 使用默认值,则两个字符向量会用空格的方式拼接,如果想让两个字符向量直接拼接,则要把 sep 参数设置为"",如果想让两个字符向量用"-"拼接,则要将 sep 参数设置为"-"。

要把例 6-1 拆分后的结果拼回去需要什么操作呢? 这就是要解决将向量中的多个字符拼成一个字符串的问题,这个时候就要对参数 collapse 进行设置,这个参数用于对向量内部进行拼接,参数 collapse 默认是 NULL,这时函数不在内部做拼接,一旦为参数 collapse 设定值,paste() 函数就会在向量内部做拼接。下面代码把例 6-1 的拆分结果拼接了回去:

```
>y<-unlist(y)
>z<-paste(y,collapse=" ")
>z
[1] "Create a comma- separated String from the above list of pairs."
```

需要注意的是,例 6-1 的结果是 list 类型的,如果想拼接回原来的字符串,则要将其转换成 character 类型的字符向量,转型之后需要设置参数 collapse,本例中将 collapse 设置为空格。

一个字符串向量可以拼成一个字符串,两个字符串向量也可以拼成一个字符串,下面的例子是将例 6-2 中的两个字符串向量拼接成一个字符串的实现代码:

```
>x <-c("a","b","c","d","e")
>y <-c("A","B","C","D","E")
>paste(x,y,sep="* ",collapse="-")
[1] "a* A-b* B-c* C-d* D-e* E"
```

6.1.3 字符串长度计算

计算字符串长度可以用 nchar() 函数来实现。需要注意的是,length() 函数与 nchar() 函数不同,length() 函数是取向量的长度,nchar() 函数用于计算字符串 x 中的字符数量。nchar() 函数的语法结构是:

nchar(x,type="chars" ,keepNA=TRUE)

语法中的参数 x 是目标字符串,参数 type 用于判断长度的类型,参数 keepNA 用于设置 NA 值是否参与计算。

nzchar() 函数用于判断一个变量的长度是否为 0,其语法结构为:

nzchar(x,keepNA=FALSE)

下面用实例来说明如何计算字符串长度。

【例 6-3】 判断 c("ackieci","bcgice. r", "c-year-ic",NA," ","d[dd. ff]") 中每个字符串的长度。代码如下:

```
>x<-c("ackieci","bcgice.r","c-year-ic",NA","","d[dd.ff]")
>nchar(x)
[1] 7  8  9 NA  0  8
>nzchar(x)
[1] TRUE  TRUE  TRUE  TRUE  FALSE  TRUE
```

以上代码运行的结果是在两个函数都使用默认值的情况下得出的。也就是说,如果参数 type 是 chars,参数 keepNA 是 TRUE,nchar() 函数将对每一个字符计数 1 次来计算字符

串的长度,NA 值不参与计算,而直接返回。nzchar()函数用于判定字符串的长度是否大于
0,如果大于 0,返回 TRUE,如果等于 0,返回 FALSE。

参数 type 还常取 bytes,这个属性一般在处理中文时出现,如果参数 type 设置为 bytes,
则每一个中文字符按照 2 个字符计算,如:

```
>nchar("中文",type="chars")
[1] 2
>nchar("中文",type="bytes")
[1] 4
```

参数 keepNA 主要用于设置 NA 值是否参与计算。在 nchar()函数中,若参数 keepNA
设为 FALSE,则 NA 值计算为 2,此时若再将 nzchar()函数中的参数 keepNA 设为 TRUE,
则 NA 不参与判断,而直接显示 NA 值。代码如下:

```
>nchar(x,keepNA=FALSE)
[1] 7  8  9  2  0  8
>nzchar(x,keepNA=TRUE)
[1] TRUE  TRUE  TRUE    NA FALSE  TRUE
```

6.1.4　字符串截取

截取字符串通常使用 substr()函数和 substring()函数,两个函数的功能几乎是一样的,
只是参数设置不同。两个函数的语法结构是:

substr(x,start,stop)

substring(text,first,last=1000000L)

substr(x,start,stop) <- value

substring(text,first,last=1000000L) <- value

substr()函数:必须设置参数 start 和 stop,如果缺少一个,都将出错。

substring()函数:可以只设置参数 first,若不设置参数 last,则 last 默认为 1000000L,它
是指字符串的最大长度。

下面用实例来说明 substr()函数和 substring()函数的用法。

【例 6-4】　取字符串中的一个子串。代码如下:

```
>substr("abcdefg",3,6)
[1] "cdef"
>substring("abcdefg",3,6)
[1] "cdef"
```

这里需要注意,R 语言的起始索引值是 1,并不是其他语言的 0,本例中取第 3 到第 6 个
字符形成的子串,两个函数在实现起来没有区别,但如果要取到最后一个字符,substring()
函数可以省略对参数 last 的设置,但是 substr()函数不可以省略对参数 stop 的设置。代码
如下:

```
>substr("abcdefg",3)
Error in substr("abcdefg",3) :
  argument "stop" is missing,with no default
>substring("abcdefg",3)
[1] "cdefg"
```

一个字符串的子串已经可以取到了,但有个问题存在,如果起始值大于字符串的长度会出现什么情况呢? 例如:

```
>substr("abcdefg",8,10)
[1] ""
>substring("abcdefg",8)
[1] ""
```

从结果可以看出,如果起始值大于字符串的长度,则返回结果为空。

对提取出的子串还可以进行替换操作,下面用实例说明。

【例 6-5】 定义一个对象 x,将一个字符串"abcdefg"存入对象 x 中,将其中的"cde"转换成"ing"。代码如下:

```
>x<-"abcdefg"
>substr(x,3,5)<-"ing"
>x
[1] "abingfg"
>substring(x,3)<-"ing"
>x
[1] "abingfg"
```

这里通过对 substr()函数和 substring()函数进行赋值的方式实现用指定字符串替换截取出来的串,但是有一个问题,如果用于替换的串要比截取出来的串长或者比截取出来的串短会出现什么情况呢? 代码如下:

```
>substr(x,3,5)<-"ingmy"
>x
[1] "abingfg"
>substr(x,3,5)<-"in"
>x
[1] "abinefg"
```

从运行结果来看,对于 substr()函数,如果用于替换的串比截取的串长,超过的部分会默认不去替换,如果比截取的串短,有多少则替换多少。substring()函数和 substr()函数的结果一样,读者可以自行实验。

上面的例子和其他的程序语言在截取字符串时都是截取一定范围的子串,但是 R 语言擅长处理向量,那么是不是可以对 substring()函数和 substr()函数的起始值和终止值使用向量截取呢? 看下面的例子:

```
>substr(x,1:6,6)
[1] "abcdef"
>substr(x,1,1:6)
[1] "a"
>substring(x,1:6,6)
[1] "abcdef" "bcdef"  "cdef"   "def"    "ef"     "f"
>substring(x,1,1:6)
[1] "a"      "ab"     "abc"    "abcd"   "abcde"  "abcdef"
>substring(x,1:6,1:6)
[1] "a" "b" "c" "d" "e" "f"
```

从运行结果来看,substr()函数对起始值中的向量和终止值中的向量都没有处理,substring()函数对起始值中的向量和终止值中的向量都做出了处理。是否可以对起始值中的向量和终止值中的向量做处理是 substring()函数和 substr()函数的主要区别。同时,substring(x,1:6,1:6)也可以看作一种另类的字符串切割方式。

6.1.5　字符串替换

上一小节介绍了如何对截取出来的字符串做替换,但是 substring()函数和 substr()函数毕竟不是专门用来做替换操作的函数,一般情况下使用 chartr()函数、sub()函数和 gsub()函数来实现字符串替换。这三个函数的语法结构是:

　　　　chartr(old,new,x)

　　　　sub(pattern,replacement,x,ignore.case=FALSE,perl=FALSE,fixed=FALSE,useBytes=FALSE)

　　　　　gsub(pattern, replacement, x, ignore. case = FALSE, perl = FALSE, fixed = FALSE,useBytes=FALSE)

这三个函数中,chartr()函数的用法比较简单,下面举一个实例来说明:

```
>x<-"abcdefg"
>chartr("a","A",x)
[1] "Abcdefg"
>chartr("acf","ACF",x)
[1] "AbCdeFg"
```

chartr()函数中的第三个参数是替换的目标字符串,第一个参数用于设定对目标字符串中的哪些字符做替换,第二个参数用于设置替换的字符串是什么。需要注意的是,如果第二个参数中的字符数量多于第一个参数中的字符数量,多出的部分会被舍去;如果第二个参数中的字符数量少于第一个参数中的字符数量,则会报错。

sub()函数和 gsub()函数的参数比较多,这里首先介绍各个参数的作用。

参数 pattern:需要搜索出来的被替换的字符串,注意这里是可以接收正则表达式的。

参数 replacement:替换 pattern 参数的内容的字符串。

参数 x:目标对象。

参数 ignore.case:设置匹配时是否区分大小写,默认是 FALSE,即匹配的时候区分大小写。

参数 perl:是否使用和 perl 语言兼容的正则表达式。

参数 fixed:若设置 fixed=TRUE,则用普通文本匹配或者是正则表达式的精确匹配。

参数 useBytes:是否逐字节进行匹配,默认为 FALSE,表示是按字符匹配而不是按字节匹配。

sub()函数和 gsub()函数的必要参数是 pattern,replacement,x 三个参数,其他参数不是必要参数。下面通过例子来看一下这两个函数的效果。

【例 6-6】　定义一个对象 x,将字符串"Hello Word"存入对象 x,针对 x 做以下替换操作:①操作 1,将"W"替换成"R";②操作 2,将"Word"替换成"世界";③操作 3,在字符串的最后增加"空格+R",即输出"Hello Word R";④操作 4,将所有的字母"o"替换成字母"A"。代码如下：

```
# 操作 1
>x<-"Hello Word"
>sub("W","R",x)
[1] "Hello Rord"
# 操作 2
>sub("Word","世界",x)
[1] "Hello 世界"
# 操作 3
>sub("+$ "," R",x)
[1] "Hello Word R"
# 操作 4
>sub("o","A",x)
[1] "HellA Word"
>gsub("o","A",x)
[1] "HellA WArd"
```

需要注意的是，操作 3 的要求比较特别，需要在字符串最后加一个空格和一个 R，由于没有发生替换操作，所以这里的参数 pattern 需要使用正则表达式来实现，在正则表达式中，"$"表示匹配字符串的尾行。操作 4 使用 sub()函数没有实现需求，但是用 gsub()函数达到了目标，这个例子说明了 sub()函数和 gsub()函数的区别。它们的区别是，sub()函数只能替换搜索到的第一个目标，而 gsub()函数可以替换搜索到的所有目标。

6.1.6　字符串大小写转换

运用前面所介绍的知识已经可以将大写字母转换成小写字母。小写字母也可以转换成大写字母，但是这种转换比较麻烦，R 语言提供了几个函数可以直接对字母的大小写进行转换。例如：toupper()函数，将字符串统一转换为大写；tolower()函数，将字符串统一转换为小写；casefold()函数，根据参数转换大小写。由于这几个函数用法比较简单，下面仅举例说明，不再具体介绍。代码如下：

```
# 将字符串转换为大写字母
>toupper("abcdef")
[1] "ABCDEF"
# 将字符串转换为小写字母
>tolower("ABCDEF")
[1] "abcdef"
# casefold()函数的参数 upper 的默认值是 FALSE，即把字符串转换为小写，将其设定为
TRUE，即可把字符串转换为大写
>casefold("ABCDEF")
[1] "abcdef"
>casefold("abcdef",upper=TRUE)
[1] "ABCDEF"
```

6.1.7　字符串匹配

字符串匹配在字符串操作中是一个使用频率较高的操作,它主要的目的是,查找目标数据对象中包含的特定字符串的数据信息。字符串匹配在 R 语言中使用 grep()函数和 grepl()函数来实现。它们的语法结构是:

grep(pattern,x,ignore. case＝FALSE,perl＝FALSE,value＝FALSE,fixed＝FALSE,useBytes＝FALSE,invert＝FALSE)

grepl(pattern, x, ignore. case ＝ FALSE, perl ＝ FALSE, fixed ＝ FALSE, useBytes ＝ FALSE)

grep()函数和 grepl()函数中的部分参数和 sub()函数中的部分参数相同。重复的参数就不再重复介绍了,这里只介绍必要参数和特别参数。参数 pattern 和参数 x 是必要参数,参数 pattern 是要匹配的内容,参数 x 是匹配的目标数据对象,参数 value 用于设置匹配类型,参数 invert 的值为 FALSE 时返回匹配值,为 TRUE 时返回非匹配值。这两个函数的区别在于,grep()函数返回的结果是什么,要参考参数 value 的值,如果参数 value 是 FALSE,则返回匹配到的索引值,如果参数 value 是 TRUE,则返回匹配的值。grepl()函数返回是否匹配到值,返回值是逻辑值,匹配到值则返回 TRUE,没有匹配到值则返回 FALSE。下面通过例子来看一下这两个函数的效果。

【例 6-7】　定义一个对象 x,存入一个字符向量 c("library","being","compiled","with","Unicode","property"),针对 x 做以下替换操作:①操作 1,查找所有包含"b"字母的字符串的下标;②操作 2,查找所有包含"b"字母的字符串;③操作 3,查找所有包含"co"子串的字符串的下标;④操作 4,查找所有包含"co"子串的字符串;⑤操作 5,查找所有不包含"co"子串的字符串的下标;⑥操作 6,查找所有不包含"co"子串的字符串;⑦操作 7,查询对象 x 中所有的字符串是否包含子串"co"。代码如下:

```
# 操作 1
>x<-c("library","being","compiled","with","Unicode","property")
>grep("b",x)
[1] 1 2
# 操作 2
>grep("b",x,value=T)
[1] "library" "being"
# 操作 3
>grep("co",x)
[1] 3 5
# 操作 4
>grep("co",x,value=T)
[1] "compiled" "Unicode"
# 操作 5
>grep("co",x,invert=T)
[1] 1 2 4 6
# 操作 6
>grep("co",x,value=T,invert=T)
```

```
[1] "library" "being"  "with" "property"
# 操作 7
>grepl("co",x)
[1] FALSE FALSE  TRUE FALSE  TRUE FALSE
```

通过上面的例子，相信读者已经掌握 grep() 函数和 grepl() 函数的用法，并可以匹配到自己想要的信息了。

6.1.8　字符串格式化输出

通过前面的学习，相信读者已经可以对字符串做相应的处理了。下一步需要将处理的结果输出，本节就来讲解如何格式化输出字符串。

格式化输出字符串使用的是 sprintf() 函数，前面章节简单介绍过 sprintf() 函数，本节继续详细介绍 sprintf() 函数，sprintf() 函数的语法结构比较简单：

    sprintf(fmt,...)

参数 fmt 存放的是要输出的格式化字符向量。

参数...代表替换字符。

参数 fmt 一般由两部分组成，一部分是直接输出的字符串，另一部分是占位符，而参数...中的字符串在输出的时候替换占位符输出。具体操作参考如下代码：

```
>sprintf("Hello : %s","Word")
[1] "Hello : Word"
```

这段代码中"Hello :"是要输出的字符串中的固定部分，需要变化的是"Hello :"之后的字符串，这里由于要输出的是字符串，所以用占位符"%s"表示，打印的时候用参数...中的第一个参数替换占位符"%s"。这里参数...是可以传向量的，例如，把例 6-7 的对象 x 传入的效果如下面代码所示：

```
>sprintf("Hello : %s",x)
[1] "Hello : library"  "Hello : being"    "Hello : compiled"
[4] "Hello : with"     "Hello : Unicode"  "Hello : property"
```

上面的说明已提到，由于要输出的是字符串，所以用占位符"%s"表示，如果要输出的是其他类型的数据，如整数或者浮点数，则要用什么占位符表示呢？

整数使用"%nd"表示，其中 n 表示替换后整数的位数，如果 n 小于整数的位数，则打印整数真实的位数，如果 n 大于整数的位数，不足的部分用空格或 0 在整数前补位，如果 n 是负数，则表示不足的部分用空格在整数后补位。具体操作参考如下代码：

```
>sprintf("Hello : %6d",200)  # 用空格补位
[1] "Hello :    200"
>sprintf("Hello : %06d",200)  # 用 0 补位
[1] "Hello : 000200"
>sprintf("Hello : %0-6d",200)
[1] "Hello : 200   "
```

对于浮点数，由于需要确定小数点后保留多少位，所以比较麻烦，需要用"%n.mf"表示。其中 n 表示替换后浮点数的总长度，如果 n 大于浮点数的总长度，则不足的部分用空格或 0 在浮点数前补位，如果 n 是负数，则不足的部分用空格在浮点数后补位；m 为保留多少位小

数。代码如下：

```
>sprintf("%f",pi)   # n和m没有设置,则默认取 6 位输出
[1] "3.141593"
>sprintf("%.3f",pi)
[1] "3.142"
>sprintf("%1.0f",pi)
[1] "3"
>sprintf("%5.1f",pi)
[1] "  3.1"
>sprintf("%05.1f",pi)
[1] "003.1"
>sprintf("%+f",pi)
[1] "+3.141593"
>sprintf("%f",pi)
[1] " 3.141593"
>sprintf("%-10f",pi)
[1] "3.141593  "
```

6.2　日期和时间的处理

在 R 语言的实际项目分析中,时间是一个重要的数据,在很多数据分析项目中时间序列是重要的分析指标,本节讲述 R 语言是如何处理日期和时间的。R 语言针对日期和时间的操作有很丰富的内置函数。这些函数分别处理与日期和时间有关的各种操作。需要注意的是,在 R 语言中虽然日期类型是"Date"型,但是事实上它在内部存储的是一个整数,这个整数是操作的日期距离 1970 年 1 月 1 日的天数。

6.2.1　取系统日期和时间

程序员在编程中遇到的第一个与时间相关的问题大多是如何取系统时间,R 语言取系统时间常使用的函数是 date()函数、Sys. Date()函数和 Sys. time()函数。

```
>date()
[1] "Mon Jun 04 17:19:05 2018"
>class(date())
[1] "character"
```

以上是 date()函数运行的结果,date()函数可以取得系统时间,但请注意这个函数并不友好,首先它得到的结果并不利于对时间的后续处理,其次,查询 date()函数的类型会发现,它的类型是 character 类型,并不是 R 语言专门的时间类型(Date),而后面要讲到的针对日期进行计算的函数大多数不允许传递 character 类型的数据。所以请读者慎用 date()函数。

比较友好的取得系统日期和时间的函数是 Sys. Date()函数和 Sys. time()函数,如:

```
>Sys.Date()
[1] "2018-06-04"
>class(Sys.Date())
[1] "Date"
>Sys.time()
[1] "2018-06-04 17:28:46 CST"
>class(Sys.time())
[1] "POSIXct" "POSIXt"
```

Sys.Date()函数和 Sys.time()函数提供的结果比较友好,并且利于用处理时间的函数对结果做出处理,R 语言中时间的类型是 POSIXct 类型和 POSIXlt 型。POSIXct 类型存储的是整数,POSIXlt 类型存储的是列表,其中包含年、月、日等信息。下面代码可以将 POSIXct 类型与 POSIXlt 类型互相转换:

```
>x<-Sys.time()
>y<-as.POSIXlt(x)  # 使用 as.POSIXlt()函数转换类型
>y
[1] "2018-06-04  08:40:40  CST"
>class(y)
[1] "POSIXlt" "POSIXt"
>z<-as.POSIXct(y)
>z
[1] "2018-07-06  13:38:31  CST"
>class(z)
[1] "POSIXct" "POSIXt"
```

6.2.2　把字符串解析成日期和时间

在实际的数据分析项目中,日期和时间通常是用字符串(文本)的形式存储的,要在 R 语言中处理日期和时间就需要把这些信息转换为 Date 类型的信息。在 R 语言中,将文本转换成日期和时间通常使用 as.Date()函数、as.POSIXct()函数、as.POSIXlt()函数、strptime()函数。下面是这几个函数的语法结构:

as.Date(x,format)

as.POSIXct(x,format,tz="",…)

as.POSIXlt(x,format,tz="",…)

strptime(x,format,tz="")

这几个函数的使用比较简单,就是把文本形式的数据转换为日期或时间格式的数据,如下面代码所示:

```
>x<-as.Date(c('2018-05-01','2018-06-01'),'%Y-%m-%d')
>x
[1] "2018-05-01" "2018-06-01"
>class(x)
[1] "Date"
>as.POSIXct(Sys.time())
```

```
[1] "2018-06-04 14:56:15 CST"
>as.POSIXlt(Sys.time())
[1] "2018-06-04 14:56:21 CST"
>y<-strptime("2018-06-04 12:06:59",'%Y-%m-%d %H:%M:%S')
>class(y)
[1] "POSIXlt" "POSIXt"
```

参数 x 代表要处理成日期或时间的字符串,参数 format 表示要转变的日期格式,参数 tz 表示时区(默认是系统时区),需要注意的是,参数 format 需要和对象 x 中的字符串一一对应,参数 x 中的年、月、日、时间等信息用占位符进行替换。下面是参数 format 常用到的占位符的意义。

%y:用两位数字表示的年份(00~99),例如,数值是 18,符号%y 表示 2018 年。

%Y:用四位数字表示的年份(0000~9999)。

%m:用两位数字表示的月份,取值范围是 01~12。

%d:月份中的天,取值范围是 01~31。

%b:缩写的月份。

%B:月份全名。

%a:缩写的星期名。

%A:星期全名。

%H:小时(24 小时制)。

%I:小时(12 小时制)。

%p:对于 12 小时制,指定上午(AM)或下午(PM)。

%M:分钟。

%S:秒。

6.2.3　把日期和时间解析成字符串

字符串类型的数据可以转换成时间类型的,当然时间类型的数据也可以转化为字符串类型的,常用的函数有 format()函数和 strftime()函数,它们的语法格式如下:

format(x,format,tz="")

strftime(x,format,tz="")

函数中的参数的含义和用于将字符串转换为日期和时间的函数的参数的含义相同,并且占位符的用法也相同,具体请参考上一节内容。参考代码如下:

```
>today<-Sys.Date()
>chrday<-format(today,formate='%Y-%m-%d')
>chrday
[1] "2018-06-04"
>class(chrday)
[1] "character"
>chrday1<-strftime(today,formate='%Y-%m-%d')
>chrday1
[1] "2018-07-05"
```

```
>class(chrday1)
[1] "character"
```

6.2.4 对日期中相关信息的提取与比较

在数据分析项目中需要加入的时间轴数据大多只是时间数据中的部分数据,例如分析美国大选投票情况需要以年为单位,分析树木成长和日照温度的关系需要以月为单位,分析股市信息要以天为单位等。所以实际项目中是有在日期数据中提取部分时间数据的需求的。R 语言提供的用于取得日期数据中的部分内容的函数如下。

weekdays()函数:返回这个时间是星期几。

quarters()函数:返回这个时间中的季度。

months()函数:返回这个时间中的月份。

julian()函数:返回这个时间距离 1970 年 1 月 1 日多少天。

下面通过实例了解这些函数的用法。

【例 6-8】 定义一个对象 mydate,存入一个字符向量 c("2018-01-01","2018-02-02","2018-03-03","2018-04-04","2018-05-05","2018-06-06"),完成以下操作:①操作 1,将 mydate 转换成 Date 类型;②操作 2,查询每个日期是星期几;③操作 3,查询每个日期所在的季度;④操作 4,查询每个日期所在的月份;⑤操作 5,查询每个日期距离 2018 年 7 月 7 日的天数。代码如下:

```
# 操作 1
>mydate<-c("2018-01-01","2018-02-02","2018-03-03","2018-04-04","2018-05-
05","2018-06-06")
>class(mydate)
[1] "character"
# 操作 1
>mydate_date<-as.Date(mydate)
>class(mydate_date)
[1] "Date"
# 操作 2
>weekdays(mydate_date)
[1] "星期一" "星期五" "星期六" "星期三" "星期六" "星期三"
# 操作 3
>quarters(mydate_date)
[1] "Q1" "Q1" "Q1" "Q2" "Q2" "Q2"
# 操作 4
>months(mydate_date)
[1] "一月" "二月" "三月" "四月" "五月" "六月"
# 操作 5
>mydate_dif<-julian(mydate_date)-julian(as.Date("2018-07-07"))
>mydate_dif
[1] -187 -155 -126 -94 -63 -31
attr(,"origin")
[1] "1970-01-01"
```

上面的代码完成了部分对日期的操作。但是如果读者需要更简单、规范、灵活的函数来处理与时间有关的问题，可以加载 lubridate 包，它包含更多对时间处理的函数，但它不是 R 语言默认的包，想使用它需要先加载，有兴趣的读者可以查找 R 语言的帮助文档查询其用法，其用法和上面函数的用法相似。

上面例子中，操作 5 解决了向量中的时间和一个固定的时间的时间差的问题，从结果来看，Date 类型的数据是可以进行计算的。R 语言项目通常是针对 Date 类型和 POSIXct 类型的对象来进行计算的。由于对于 POSIXct 类型数据，是以秒为单位来计算时间的，对于 Date 类型数据，是以天为单位来计算日期的，这意味着可以在日期值和时间值上执行比较运算和算术运算两种计算方式。

1. 算数运算

算数运算是对时间做增量或减量的运算，对于 POSIXct 类型数据，运算的内容是增加或减少相应的秒数，对于 Date 类型数据，运算的内容是增加或减少相应的天数。具体操作参考以下代码：

```
# 时间以秒为单位
>mytime<-Sys.time()
>print(mytime)
[1] "2018-06-05 17:51:24 CST"
>print(mytime+60* 60)
[1] "2018-06-05 18:51:24 CST"
# 日期以天为单位
>mydate<-Sys.Date()
>mydate
[1] "2018-06-05"
>print(mydate+3)
[1] "2018-06-08"
```

2. 比较运算

日期和时间的比较运算就是直接对两个日期进行比较，并返回一个逻辑值，如：

```
>mydate1<-as.Date("2018-01-01")
>mydate2<-as.Date("2018-02-02")
>if(mydate1>mydate2)print("mydate1")else print("mydate2")
[1] "mydate2"
```

6.3　数　据　清　洗

数据清洗是对数据进行重新审查和校验的过程，目的在于删除重复信息、纠正存在的错误，并提供数据一致性。数据清洗是一个严谨复杂的数据处理过程，数据分析的起点就是清洗过的有效数据。这一节将带领读者利用 R 语言的内置数据集来做简单的数据清洗工作。

6.3.1　内置数据集

初次接触数据清洗的程序员都有一个很苦恼的问题——无法将知识应用。程序员学习了很多与数据处理相关的知识，当想要实践一下自己学到的知识时，却找不到一个适合给自己练手用的源数据。为了解决这类问题，R 语言免费为大家提供了很多内置数据集，这些数据集都是真实的经典案例中的部分真实数据，因此有很强的可操作性。

R 语言的内置数据集放置在 datasets 包中，读者可以单击 Packages 窗口找到 datasets 包，并单击查看所有的内置数据集。这些数据集包含 R 语言能处理的各种类型的数据集合，下面为读者分类型简单介绍其中部分数据集。

1）向量

landmasses	#48 个陆地的面积，对每个陆地都有命名
state. area	#美国 50 个州的面积

2）因子

state. division	#美国 50 个州的分类
state. region	#美国 50 个州的地理分类

3）矩阵、数组

freeny. x	#对每个季度影响收入的四个因素的记录
Titanic	#泰坦尼克号乘员统计

4）类矩阵

eurodist	#欧洲 12 个城市的距离矩阵，只有下三角部分
Harman74. cor	#145 个儿童的 24 个心理指标的相关系数矩阵

5）数据框

airquality	#纽约 1973 年 5—9 月每日的空气质量
iris	#3 种鸢尾花的形态数据
InsectSprays	#使用不同杀虫剂时的昆虫数目

6）列表

state. center	#美国 50 个州中心的经度和纬度

7）时间序列数据

AirPassengers	#Box & Jenkins 航空公司 1949—1960 年每月国际航线乘客数
presidents	#1945—1974 年每季度美国总统支持率

对于其他数据集的内容，有兴趣的读者可以自行在帮助文档中查看。在初步了解了 R 语言的内置数据集后，下一步可利用这些数据集做一下简单的数据清洗。由于 datasets 包是 R 语言的扩展包，所以需要加载该扩展包：

```
>library(datasets)
```

加载过扩展包后，就可以用数据集的名字来查看数据集中的数据了（数据集的加载只需要运行一次）。代码如下：

```
# 查询美国 50 个州的犯罪率
>USArrests
        Murder Assault UrbanPop Rape
Alabama   13.2    236      58 21.2
```

```
Alaska          10.0    263      48 44.5
Arizona          8.1    294      80 31.0
Arkansas         8.8    190      50 19.5
California       9.0    276      91 40.6
Colorado         7.9    204      78 38.7
Connecticut      3.3    110      77 11.1
Delaware         5.9    238      72 15.8
Florida         15.4    335      80 31.9
......
```

若觉得数据太多,只想看前 6 行数据,可以进行如下操作:

```
>head(USArrests)
           Murder Assault UrbanPop Rape
Alabama     13.2    236      58 21.2
Alaska      10.0    263      48 44.5
Arizona      8.1    294      80 31.0
Arkansas     8.8    190      50 19.5
California    9.0    276      91 40.6
Colorado     7.9    204      78 38.7
```

通过这种方式可以查找自己想处理的数据集,并可通过数据集反复练习数据分析技术。

6.3.2　清洗重复数据

在数据分析中有些需求会需要数据集中的数据只出现一次,如果该数据重复出现就需要处理它或忽略它。这种对重复值的处理需要在数据预处理过程中完成。下面以 InsectSprays 数据集为例来做对重复数据的清洗工作。

1.查找是否有重复值

对目标数据做去除重复值的清洗工作的第一个步骤是确定该目标数据中是否存在重复值。R 语言中可以使用 duplicated()函数来查询是否存在重复值。duplicated()函数会在数值第一次出现的时候返回 FALSE,在数值重复出现的时候返回 TRUE。代码如下:

```
>x<-duplicated(InsectSprays$ spray)
>x
[1] FALSE  TRUE  TRUE  TRUE  TRUE  TRUE  TRUE  TRUE  TRUE  TRUE  TRUE  TRUE
[13] FALSE  TRUE  TRUE  TRUE  TRUE  TRUE  TRUE  TRUE  TRUE  TRUE  TRUE  TRUE
[25] FALSE  TRUE  TRUE  TRUE  TRUE  TRUE  TRUE  TRUE  TRUE  TRUE  TRUE  TRUE
[37] FALSE  TRUE  TRUE  TRUE  TRUE  TRUE  TRUE  TRUE  TRUE  TRUE  TRUE  TRUE
[49] FALSE  TRUE  TRUE  TRUE  TRUE  TRUE  TRUE  TRUE  TRUE  TRUE  TRUE  TRUE
[61] FALSE  TRUE  TRUE  TRUE  TRUE  TRUE  TRUE  TRUE  TRUE  TRUE  TRUE  TRUE
```

经过查询,InsectSprays 数据集中包含重复值。

2.查找重复值的索引值

去除重复值的第二个步骤是查找重复值的索引值,该操作使用 which()函数来完成。代码如下:

```
>y<-duplicated(InsectSprays$ spray)
>which(y)
[1]   2  3  4  5  6  7  8  9 10 11 12 14 15 16 17 18 19 20 21 22 23 24 26 27 28
[26] 29 30 31 32 33 34 35 36 38 39 40 41 42 43 44 45 46 47 48 50 51 52 53 54 55
[51] 56 57 58 59 60 62 63 64 65 66 67 68 69 70 71 72
```

3. 去除重复值

去除重复值的主要思想就是把上面找到的索引值以外的数据从目标数据中取出并放到一个新的对象中。在本节介绍两种去重方法。

第一种方法是使用负值搜索，搜索到所有不属于上面索引的索引号，把这些内容存放在一个新的对象中。这里需要注意的是，对内置数据集中的数据操作以后，所得的结果需要自己建立一个对象来存储，不要把结果再存储到内置数据集中，那样会破坏掉内置数据集中的数据，不利于下次实验。代码如下：

```
>x<-which(duplicated(InsectSprays$ spray))
>my_ins<-InsectSprays[-x,]
>my_ins
    count spray
1     10    A
13    11    B
25     0    C
37     3    D
49     3    E
61    11    F
>duplicated(my_ins)
[1] FALSE FALSE FALSE FALSE FALSE FALSE
```

从结果来看，已经没有重复的值存在了。

第二种方法是直接使用 duplicated() 函数的逻辑"非"运算。这种办法相当于把 duplicated() 函数中逻辑值是 FALSE 的值全部取出来。代码如下：

```
>my_ins1<-InsectSprays [! duplicated(InsectSprays$spray),]
>my_ins1
    count spray
1     10    A
13    11    B
25     0    C
37     3    D
49     3    E
61    11    F
>duplicated(my_ins1)
[1] FALSE FALSE FALSE FALSE FALSE FALSE
```

第二种方法和第一种方法得到了同样的结果，得到的新对象 my_ins 和 my_ins1 都是不包含重复值的数据框。

6.3.3　清洗 NA 值

在实际项目中,在对原始数据进行收集的过程中,可能会由于各种原因没有办法收集到部分数据,R 语言对这种没有收集到的数据用 NA 表示。在数据预处理阶段需要根据项目需求来确定是否要将 NA 值去掉。

清洗 NA 值的方法在前面的章节已经介绍过,本节将带领大家针对内置数据集 airquality 的数据做实际操作。

在清洗 NA 值之前,先看一下 airquality 数据集的内容和结构。

airquality 数据集是纽约 1973 年 5—9 月每日的空气质量。首先来查看它的数据,查看是否包含 NA 值,代码如下:

```
>head(airquality)
  Ozone Solar.R Wind Temp Month Day
1    41     190  7.4   67     5   1
2    36     118  8.0   72     5   2
3    12     149 12.6   74     5   3
4    18     313 11.5   62     5   4
5    NA      NA 14.3   56     5   5
6    28      NA 14.9   66     5   6
```

在这里查看了前 6 行数据,发现部分数据存在 NA 值。当然 R 语言中如果需要确定一组目标数据是否包含 NA 值,一般不会采用将所有数据都打印出来,然后用肉眼查看的办法。R 语言提供了 is.na()函数、complete.cases()函数等,这些函数可以用来查询数据集中是否存在 NA 值,如果值是 NA 值则返回 TRUE,如果不是 NA 值则返回 FALSE。下面用函数来查询 airquality 数据集是否存在 NA 值。代码如下:

```
# 使用 is.na()函数
>head(is.na(airquality))
     Ozone Solar.R  Wind  Temp Month   Day
[1,] FALSE   FALSE FALSE FALSE FALSE FALSE
[2,] FALSE   FALSE FALSE FALSE FALSE FALSE
[3,] FALSE   FALSE FALSE FALSE FALSE FALSE
[4,] FALSE   FALSE FALSE FALSE FALSE FALSE
[5,]  TRUE    TRUE FALSE FALSE FALSE FALSE
[6,] FALSE    TRUE FALSE FALSE FALSE FALSE
# 使用 complete.cases()函数
>complete.cases(airquality)
 [1]  TRUE  TRUE  TRUE  TRUE FALSE FALSE  TRUE  TRUE  TRUE FALSE FALSE
[12]  TRUE  TRUE  TRUE  TRUE  TRUE  TRUE  TRUE  TRUE  TRUE  TRUE  TRUE
[23]  TRUE  TRUE FALSE FALSE FALSE  TRUE  TRUE  TRUE  TRUE FALSE FALSE
[34] FALSE FALSE FALSE FALSE  TRUE FALSE  TRUE  TRUE FALSE FALSE  TRUE
[45] FALSE FALSE  TRUE  TRUE  TRUE  TRUE  TRUE FALSE FALSE FALSE FALSE
[56] FALSE FALSE FALSE FALSE FALSE FALSE  TRUE  TRUE  TRUE FALSE  TRUE
```

这样已经可以查询到所有的值是否是 NA 值,如果想去除其中的 NA 值,操作思路和去

重的操作思路相似,只要将所有返回值是 TRUE 的值取出来存放到重新构建的一个新的数据对象中即可。代码如下:

```
# 使用 is.na() 函数处理
>my_air1<-airquality[! is.na(airquality),]
>head(my_air1)
  Ozone Solar.R Wind Temp Month Day
1    41    190  7.4  67     5   1
2    36    118  8.0  72     5   2
3    12    149 12.6  74     5   3
4    18    313 11.5  62     5   4
6    28     NA 14.9  66     5   6
7    23    299  8.6  65     5   7
# 使用 complete.cases() 函数处理
>my_air2<-airquality[complete.cases(airquality),]
>head(my_air2)
  Ozone Solar.R Wind Temp Month Day
1    41    190  7.4  67     5   1
2    36    118  8.0  72     5   2
3    12    149 12.6  74     5   3
4    18    313 11.5  62     5   4
7    23    299  8.6  65     5   7
8    19     99 13.8  59     5   8
```

通过结果可以看到,经 is.na() 函数处理后得到的新数据集中,包含 NA 值的第 5 行消失了,但是第 6 行依然存在。这是因为 is.na() 函数只处理了第一列(Ozone 列)中的 NA 值,而经 complete.cases() 函数处理后得到的新数据集的第 5 行和第 6 行都消失了,这就是这两个函数的区别。如果项目需要将数据集的所有 NA 值都去掉,可以使用 complete.cases() 函数进行处理,如果只需要去掉某一列的 NA 值,可以使用 is.na() 函数进行处理。下面例子是只处理 Solar.R 列 NA 值的代码:

```
>my_air1<-airquality[! is.na(airquality$Solar.R),]
>head(my_air1)
  Ozone Solar.R Wind Temp Month Day
1    41    190  7.4  67     5   1
2    36    118  8.0  72     5   2
3    12    149 12.6  74     5   3
4    18    313 11.5  62     5   4
7    23    299  8.6  65     5   7
8    19     99 13.8  59     5   8
```

以上的这种先用某些函数得到数据集的逻辑值,再通过建立子集的方式仅将逻辑值为真或逻辑值为假的数据保留下来的方式是 R 语言中一种处理原始数据的常规方式。就处理 NA 值来说,除了这种常规方式以外,R 语言还提供了专门用于处理 NA 值的函数来去除数据中的所有 NA 值,如 na.omit() 函数和 na.exclude() 函数,这两个函数在实现方法上有区别,但所得到的结果相同。代码如下:

```
# 使用 na.omit() 函数处理 NA 值
>my_air3<-na.omit(airquality)
>head(my_air3)
  Ozone Solar.R Wind Temp Month Day
1   41    190   7.4  67    5   1
2   36    118   8.0  72    5   2
3   12    149  12.6  74    5   3
4   18    313  11.5  62    5   4
7   23    299   8.6  65    5   7
8   19     99  13.8  59    5   8
# 使用 na.exclude () 函数处理 NA 值
>my_air4<-na.exclude(airquality)
>head(my_air4)
  Ozone Solar.R Wind Temp Month Day
1   41    190   7.4  67    5   1
2   36    118   8.0  72    5   2
3   12    149  12.6  74    5   3
4   18    313  11.5  62    5   4
7   23    299   8.6  65    5   7
8   19     99  13.8  59    5   8
```

在具体项目中使用哪种方式来处理 NA 值请读者按照自己的项目需要来自行确定。

本章小结及习题

第 7 章　数据处理与描述性统计

本章学习目标

- 掌握 apply( )函数族的应用
- 掌握如何对清理过的数据进行处理
- 学会利用 R 语言对数据做描述性统计

　　通过学习前面章节,相信读者已经掌握了使用 R 语言对数据进行清洗的手段。在对清洗过的目标数据做数据分析之前,还需要根据项目的需要对数据做出整理。本章的学习目标是对清洗过的目标数据进行有目的的数据处理工作。首先要学习数据处理中最常用的 apply( )函数族中的常用函数,然后学习如何对数据进行分组、合并、排序等操作,使得目标数据最终变成可分析的数据并满足项目需求,最终用经处理得到的可分析数据做简单的数据分析——描述性统计。

7.1　apply( )函数族

　　在数据处理阶段,需要对清洗过的目标数据做符合项目需求的数据处理。由于 R 语言擅长处理的是向量数据,并且后续使用 R 语言做数据分析时需要的目标数据都是向量数据,所以数据处理阶段需要对向量数据做各种各样符合项目需求的处理。由于需要处理的数据都是向量,所以经常会用到循环功能。前面第 3 章已经介绍过 for 循环和 while 循环,虽然这两种循环可以达到处理向量数据的目的,但是在真实的项目中使用这两种循环来处理向量数据的情况并不常见,同时笔者也不建议大家使用 for 循环和 while 循环来处理向量。其中一个原因是,用 for 循环和 while 循环来处理向量数据的程序编写起来很麻烦;更重要的原因是,R 语言的这两种循环操作都是基于 R 语言本身来实现的,R 语言的底层又是基于 C 语言来实现的,所以这两种循环在实现时需要先解析成 C 语言,然后再由 C 语言来实现。这就要经过两次编译,所以效率不高。在实际的数据分析项目中,目标数据往往都是拥有庞大数据量的数据集。在这种情况下,for 循环和 while 循环的效率就低得可怕了。最好的解决办法就是直接使用 C 语言函数来处理向量。那么,在 R 语言中如何使用 C 的函数来实现向量计算呢？答案是借助 apply() 函数族,它包括 apply() 函数,lapply() 函数,sapply() 函数,vapply() 函数和 mapply() 函数等。

apply() 函数族是 R 语言负责数据处理的一组核心函数。它们可以实现对数据的循环、分组、过滤、类型控制等操作。apply() 函数本身就是用来解决与数据循环处理相关的问题的,为了让函数面向不同的数据类型、不同的返回值,apply() 函数组成了一个函数族,共包括 8 个功能类似的函数。下面分别介绍其中常用的 7 个函数。

7.1.1　apply() 函数

apply() 函数是 apply() 函数族中的核心函数,R 语言通常会使用 apply() 函数代替 for 循环。apply() 函数可以对矩阵、数据框、数组按行或列进行循环计算;可以对子元素进行迭代;可以把子元素以参数的形式传到自定义的函数中;可以返回自定义函数的计算结果。

1) 函数语法格式

apply() 函数的格式为:

apply(X, MARGIN, FUN, …)

2) 参数列表

X:数组、矩阵、数据框等目标数据。

MARGIN:按行计算或按列计算,1 表示按行,2 表示按列。

FUN:自定义函数。

…:更多参数。

首先举一个简单循环的例子,对一个矩阵的每一行求和。具体参看下面代码:

```
>x<-matrix(1:12,ncol=3)
>apply(x,1,sum)
[1] 15 18 21 24
```

上面的例子比较简单,但是可以看出 apply() 函数的作用。下面举一个稍微复杂点的例子,先创建一个数据框,并将其存放到对象 x 中,然后按行循环,让数据框的 x1 列加 1,并计算出 x1 列、x2 列的均值。具体参看下面代码:

```
# 创建 data.frame
>x <-cbind(x1=5, x2=c(1:6))
>x<-as.data.frame(x)
>x
  x1 x2
1  5  1
2  5  2
3  5  3
4  5  4
5  5  5
6  5  6
#
# myR_7_1.R
# 自定义函数 my_fun() 对 x1 列加 1 并计算均值,第一个参数 x 为数据,第二、三个参数为自定义参数
```

```
my_fun<-function(x, c1, c2) {
c(sum(x[c1],1), mean(x[c2]))
  }
```

把数据框按行做循环,每行分别传递给 my_fun()函数,设置"..."参数,c1,c2 对应 my_fun()
函数的第二、三个参数

```
>apply(x,1, my_fun,c1='x1',c2=c('x1','x2'))
    [,1][,2][,3][,4][,5][,6]
[1,]  6 6.0  6  6.0    6  6.0
[2,]  3 3.5  4  4.5    5  5.5
```

可见,上面的这个自定义函数 my_fun()可实现一个常用的循环计算。

再来看一下使用 for 循环来实现这个操作的情况,代码如下:

```
# 定义一个结果的数据框
>df<-data.frame()
# 定义 for 循环
>for(i in 1:nrow(x)){
    row<-x[i,]                            # 每行的值
    df<-rbind(df,rbind(c(sum(row[1],1), mean(row))))  # 计算,并将结果赋值到数
据框中
  }
# 打印结果数据框
>df
  V1 V2
1  6 3.0
2  6 3.5
3  6 4.0
4  6 4.5
5  6 5.0
6  6 5.5
```

for 循环也可以实现 my_fun()函数的计算过程,但是这里的代码就比较麻烦,要构建循环体、定义结果数据集、将每次循环的结果存放到结果数据集中,这些操作都需要自己来编写。

对于上面的需求,还有第三种实现方法,即利用 R 语言的特性,通过向量计算来完成,如:

```
>data.frame(x1=x[,1]+1,x2=rowMeans(x))
  x1  x2
1  6 3.0
2  6 3.5
3  6 4.0
4  6 4.5
5  6 5.0
6  6 5.5
```

这时,借助一行代码就可以完成整个计算过程。看起来第三种方法似乎更简单,但是需

要注意的是,并不是所有的问题都可以使用 R 语言的特有数据类型的特性来解决。接下来再想办法比较三种方法的耗时情况。首先清空环境变量中的数据框中的内容,然后将三种方法分别封装,最后计算三种方法的耗时。代码如下:

```
# 清空环境变量
>rm(list=ls())
# 封装 apply()函数
my_fun1<-function(x){
  my_fun<-function(x,c1,c2){
      c(sum(x[c1],1), mean(x[c2]))
    }
  apply(x,1, my_fun,c1='x1',c2=c('x1','x2'))
}
# 封装 for 循环
my_fun2<-function(x){
  df<-data.frame()
  for(i in 1:nrow(x)){
    row<-x[i,]
    df<-rbind(df,rbind(c(sum(row[1],1), mean(row))))
  }
}
# 封装 R 的向量化计算
my_fun3<-function(x){
  data.frame(x1=x[,1]+1,x2=rowMeans(x))
}
# 生成数据集,为了计算时间,需要一个数据比较多的数据集
>x <-cbind(x1=5, x2=c(1:10000))
# 计算 3 种方法的 CPU 耗时
>system.time(my_fun1(x))
用户 系统 流逝
0.13 0.00 0.13
>system.time(my_fun2(x))
用户 系统 流逝
3.34 0.03 3.38
>system.time(my_fun3(x))
用户 系统 流逝
0.02 0.00 0.01
```

从 CPU 的耗时来看,用 for 循环实现的计算是耗时最长的,其次是用 apply()函数实现的循环的耗时,但是该耗时也相对很短,而直接使用 R 语言内置的向量计算方式的操作几乎不耗时。通过上面的测试可知,对于同一个计算来说,优先考虑采用 R 语言内置的向量计算方式,采用这种方式解决不了问题时可使用 apply()函数,应该尽量避免显示地使用 for 循环和 while 循环。

7.1.2　lapply()函数

lapply()函数用来对 list 类型、data. frame 类型的数据集进行循环,并返回和 X 长度同样的 list 结构数据作为结果数据集,它和 apply()函数表面上的区别是以字母"l"开头,而 lapply()函数和 apply()函数的主要区别在于返回结果数据集的类型不同。

1) 函数语法格式

lapply()函数的格式为:

　　lapply(X, FUN, ⋯)

2) 参数列表

X:list 类型、data. frame 类型的数据集合。

FUN:自定义函数。

⋯:更多参数。

下面举例说明 lapply()函数的作用。

【例 7-1】　计算 list 中的每个 key 对应的数据的分位数。代码如下:

```
# 构建一个 list 数据集 x,分别包括 a,b,c 三个 key 值。
>x <-list(a=1:10, b=rnorm(6,6,2), c=c(TRUE,FALSE,FALSE,TRUE,FALSE))
>x
$a
[1]  1  2  3  4  5  6  7  8  9  10

$b
[1]  4.685836  4.294409  6.631830  8.219388  10.430921  8.434207

$c
[1]  TRUE FALSE FALSE  TRUE FALSE
# 分别计算每个 key 对应的数据的分位数。
>lapply(x,quantile)
$a
  0%   25%   50%   75%  100%
3.25  5.50  7.75 10.00

$b
      0%        25%        50%        75%       100%
4.294409  5.172334  7.425609  8.380503  10.430921

$c
0%  25%  50%  75% 100%
0    0    0    1    1
```

从结果可以看出,lapply()函数可以很方便地对 list 数据集进行循环操作,lapply()函数还可以用于对 data. frame 数据集按列进行循环操作,但它不能像 apply()函数那样对向量或矩阵对象进行循环操作。

【例 7-2】 对数据框的列求和。代码如下：

```
>x <-cbind(x1=5, x2=c(1:6))
>lapply(data.frame(x), sum)
$x1
[1] 30


$x2
[1] 21
```

对数据框做循环操作的时候，lapply()函数会自动把数据框按列进行分组，再进行计算。

7.1.3　sapply()函数

sapply()函数与 lapply()函数的作用相似，sapply()函数只是在 lapply()函数的基础上增加了参数 simplify 和参数 USE. NAMES，主要就是优化了输出。在参数 simplify 和参数 USE. NAMES 都使用默认值的时候，sapply()函数的返回值为向量，这是它和 lapply()函数的最大区别。

1）函数语法格式

sapply()函数的格式为：

sapply(X, FUN, …, simplify＝TRUE, USE. NAMES＝TRUE)

2）参数列表

X：数组、矩阵、数据框。

FUN：自定义函数。

…：更多参数。

simplify：是否数组化，默认值是 TRUE，可以将其设置为 FALSE 来关闭数组化。比较特别的是，它还有一个值是"array"，如果将参数值设置为"array"，则输出结果按数组进行分组。

USE. NAMES：默认值是 TRUE，此时如果 X 的内容为字符串，那么如果数据没有名字，就用 X 中的字符串来命名，如果参数设置为 FALSE，则不去命名。

【例 7-3】 请使用 sapply()函数来完成对矩阵和数据框的计算。代码如下：

```
>x <-cbind(x1=5, x2=c(1:6))
# 对矩阵计算
>sapply(x, sum)
[1] 5 5 5 5 5 5 1 2 3 4 5 6
# 对数据框计算
>sapply(data.frame(x), sum)
x1 x2
30 21
# 检查结果类型,取定 sapply()函数的返回类型为向量,而 lapply()函数的返回类型为 list
>class(lapply(x, sum))
[1] "list"
>class(sapply(x, sum))
[1] "numeric"
```

如果 simplify＝FALSE 和 USE. NAMES＝FALSE，即参数 simplify 和参数 USE. NAMES
不使用默认值，那么 sapply() 函数就和 lapply() 函数一样了。代码如下：

```
>lapply(data.frame(x), sum)
$x1
[1] 30

$x2
[1] 21
>sapply(data.frame(x), sum, simplify=FALSE, USE.NAMES=FALSE)
$x1
[1] 30

$x2
[1] 21
>class(sapply(x, sum,simplify=FALSE,USE.NAMES=FALSE))
[1] "list"
```

当参数 simplify 设为 array 时，可以参考下面的例子，构建一个三维数组，其中第二个维
度为方阵。

```
>a<-1:2
# 参数 simplify 设为 array 时，按数组分组
>sapply(a,function(x) matrix(x,2,2),simplify="array")
, , 1

    [,1][,2]
[1,]  1   1
[2,]  1   1

, , 2

    [,1][,2]
[1,]  2   2
[2,]  2   2
# 参数 simplify 设为 TRUE 时，自动合并分组
>sapply(a,function(x) matrix(x,2,2))
    [,1][,2]
[1,]  1   2
[2,]  1   2
[3,]  1   2
[4,]  1   2
```

对于字符串向量，参数 USE. NAMES 可以自动为数据生成数据名。代码如下：

```
x<-c("a","b","c","d","e","f","g","h")
# USE.NAMES 使用默认值 TRUN,为结果数据设置名字
```

```
>sapply(x,paste)
a b c d e f g h
"a" "b" "c" "d" "e" "f" "g" "h"
# 参数 USE.NAMES 设为 FALSE,不为结果数据设置名字
sapply(x,paste,USE.NAMES=F)
[1] "a" "b" "c" "d" "e" "f" "g" "h"
```

7.1.4　vapply()函数

vapply()函数类似于 sapply()函数,而它的参数中多了一个 FUN. VALUE 参数,用来控制返回值的行名。

vapply()函数的格式为:

　　vapply(X, FUN, FUN. VALUE, …, USE. NAMES＝TRUE)

vapply()函数的参数大多与 sapply()函数的相同,在此就不再介绍,只介绍一下参数 FUN. VALUE,这个参数的主要作用就是为返回值的行命名。

【例 7-4】　通过 vapply()函数对数据框的数据进行累计求和,并对每一行设置行名。代码如下:

```
>x<-data.frame(cbind(x1=5, x2=c(1:6)))
# 通过设置参数 FUN.VALUE 来为行命名,行名分别为 a,b,c,d,e,f
>vapply(x,cumsum,FUN.VALUE=c("a"=0,"b"=0,"c"=0,"d"=0,"e"=0,"f"=0))
  x1  x2
a 5   1
b 10  3
c 15  6
d 20  10
e 25  15
f 30  21
```

7.1.5　mapply()函数

mapply()函数类似于 sapply()函数,只是它的参数定义有些变化,mapply()函数可以接收多个参数。

1) 函数语法格式

mapply()函数的格式为:

　　mapply(FUN, …, MoreArgs＝NULL, SIMPLIFY＝TRUE, USE. NAMES＝TRUE)

2) 参数列表

FUN:自定义函数。

…:接收多个数据。

MoreArgs:参数列表。

其他参数参考 sapply()函数。

【例 7-5】　使用 mapply()函数比较向量大小,按索引顺序取较大的值。代码如下:

```
# 设定随机函数种子值
>set.seed(1)
# 定义 3 个向量
>x<-1:10
>y<-5:-4
>z<-round(runif(10,-5,5))
# 按索引顺序取较大的值
>mapply(max,x,y,z)
 [1]  5  4  3  4  5  6  7  8  9 10
```

【例 7-6】 生成 4 个符合正态分布的数据集,与它们分别对应的均值和方差为 c(1,10, 100,1000)。代码如下:

```
# 设定随机函数种子值
>set.seed(1)
# 长度为 4
>n<-rep(4,4)
# m 为均值,v 为方差
>m<-v<-c(1,10,100,1000)
# 生成 4 组数据,按列分组
>mapply(rnorm,n,m,v)
          [,1]       [,2]        [,3]      [,4]
[1,] 0.1795316  6.946116 -121.46999 1943.836
[2,] 1.4874291 25.117812  212.49309 1821.221
[3,] 1.7383247 13.898432   95.50664 1593.901
[4,] 1.5757814  3.787594   98.38097 1918.977
```

由于 mapply() 函数是可以接收多个参数的,所以在做数据操作的时候,就不需要把数据先合并为数据框,直接通过一次操作就能计算出结果。

7.1.6 tapply()函数

tapply() 函数用于分组的循环计算,通过参数 INDEX 可以对数据集 X 进行分组。

1) 函数语法格式

tapply() 函数的格式为:

tapply(X, INDEX, FUN=NULL, …, simplify=TRUE)

2) 参数列表

INDEX:用于分组的索引。

其他参数请参考 apply() 函数的相关参数。

【例 7-7】 计算 InsectSprays 数据集中各种杀虫剂杀虫的平均值。代码如下:

```
# 通过 InsectSprays$spray 分组
>tapply(InsectSprays$count,InsectSprays$spray,mean)
        A         B         C         D         E         F
14.500000 15.333333  2.083333  4.916667  3.500000 16.666667
```

这个例子中,参数 X 中放置的是需要计算的数据,参数 INDEX 中放置的是分组参考数据。

7.1.7　rapply()函数

rapply()函数是一个递归版本的 lapply()函数,它只处理 list 类型的数据,对 list 的每个元素进行递归遍历,如果 list 包括子元素则继续遍历。

1) 函数语法格式

rapply()函数的格式为:

　　rapply(object, f, classes="ANY", deflt=NULL, how=c("unlist", "replace", "list"), …)

2) 参数列表

object:list 类型数据。

f:自定义函数。

classes:匹配类型,默认为 ANY,即匹配所有类型。

deflt:默认结果。

how:3 种操作方式,当为 replace 时,用调用 f 后的结果替换 list 中原来的元素;当为 list 时,新建一个 list,若原 list 中的数据类型匹配 classes 中的类型,则调用 f 函数,结果存入新的 list 中,若不匹配则赋值为 deflt;当为 unlist 时,执行一次 unlist(recursive=TRUE)操作。

…:更多参数。

【例 7-8】　利用 rapply()函数对一个 list 的数据进行过滤,把所有 numeric 类型的数据进行从小到大的排序。代码如下:

```
# 创建一个 list
>x=list(a=1:4,b=4:1,c=c("a","b"))
>y=pi
>z=data.frame(a=rnorm(10),b=1:10)
>my_list<-list(x=x,y=y,z=z)
# 排序并替换原 list 的值
>rapply(my_list,sort,classes="numeric",how="replace")
$x
$x$a
[1] 1 2 3 4

$x$b
[1] 4 3 2 1

$x$c
[1] "a" "b"

$y
[1] 3.141593

$z
```

```
          a        b
1  -1.37705956   1
2  -0.41499456   2
3  -0.39428995   3
4  -0.16452360   4
5  -0.10278773   5
6  -0.05931340   6
7  -0.05380504   7
8   0.38767161   8
9   0.76317575   9
10  1.10002537  10
```

【例 7-9】 利用 rapply() 函数对字符串类型的数据进行操作, 在所有的字符串类型的数据后面加一个字符串 "+rapply", 将非字符串类型的数据设置为 NA。代码如下:

```
>rapply(my_list,function(x) paste(x,"+ rapply"),classes="character",deflt=NA,
how="list")
$x
$x$a
[1] NA

$x$b
[1] NA

$x$c
[1] "a+rapply" "b+rapply"


$y
[1] NA


$z
$z$a
[1] NA


$z$b
[1] NA
```

本例中只有 xc 为字符串向量, 从结果来看, 它的内容都被 rapply() 函数处理后合并为了一个新字符串。有了 rapply() 函数就可以方便地对 list 类型的数据进行过滤了。

到这里已介绍了 apply() 函数族中的 7 个函数, 还有一个 eapply() 函数是进行环境空间的遍历时使用的函数, 有兴趣的读者可以参考说明文档自行学习。

7.2　数　据　处　理

经过上一节的学习,相信读者已经掌握了使用 apply()函数族来处理经过预处理的数据了。本小节讲解如何将预处理后的数据处理成可以用于数据分析的数据。

7.2.1　数据分组

在数据处理时,如果遇到的数据集过大怎么办? 上一节对 1 万条数据做了三种循环操作,其中 for 循环用时为 3 s 多,R 语言内置向量操作耗时最少,但也用时 0.02 s。而在现在的大数据的数据分析项目中,拥有上亿条数据的项目都是数据量较少的数据分析项目了。在大数据的数据处理中,无论使用任何技术,所用的时间都是比较长的,这个时候就需要将数据依据某种条件进行数据分割,然后再分别处理每一个部分。这种数据处理方式就是数据分组。

R 语言用于数据分割的函数是 cut()函数,利用它所得到的结果是一个因子。

1) 函数语法格式

cut()函数的格式为:

cut(x, breaks, labels=NULL,include. lowest=FALSE, right=TRUE, …)

2) 参数列表

x:目标数据

breaks:需要将目标数据切割成多少份。

labels:给分割的每一个部分命名,如果参数值为 FALSE,则 cut()函数的返回结果将是整数,而不再是因子。

include. lowest:若参数值为 TRUE,那么第一个区间包含左端点,最后一个区间包含右端点。

right:默认区间是左开右闭的,如果将参数设为 FALSE,则区间是左闭右开的。

…:更多参数。

【例 7-10】　利用 cut()函数对 USArrests 数据集中的 Assault 列做切割,将其切割成 4 份。代码如下:

```
>cut(USArrests$Assault,4)
 [1] (191,264]  (191,264]  (264,337]  (118,191]  (264,337]  (191,264]
 [7] (44.7,118] (191,264]  (264,337]  (191,264]  (44.7,118] (118,191]
[13] (191,264]  (44.7,118] (44.7,118] (44.7,118] (44.7,118] (191,264]
[19] (44.7,118] (264,337]  (118,191]  (191,264]  (44.7,118] (191,264]
[25] (118,191]  (44.7,118] (44.7,118] (191,264]  (44.7,118] (118,191]
[31] (264,337]  (191,264]  (264,337]  (44.7,118] (118,191]  (118,191]
[37] (118,191]  (44.7,118] (118,191]  (264,337]  (44.7,118] (118,191]
[43] (191,264]  (118,191]  (44.7,118] (118,191]  (118,191]  (44.7,118]
```

```
[49] (44.7,118] (118,191]
Levels: (44.7,118] (118,191] (191,264] (264,337]
```

USArrests 数据集的 Assault 列存放的是对美国各州发生的斗殴事件的数量的统计,具体原始数据请读者自行查看。这个例子中,cut()函数使用的都是默认值,所以这个函数的结果就是将斗殴事件数量的最大值减去最小值然后再均分成 4 等份,然后将每个数据落到相应的那一份中。

到这里读者似乎还是看不懂 cut()函数的作用,那么下面我们对例 7-10 再增加条件:将这 4 个等份分别命名为低度犯罪地区、中度犯罪地区、高度犯罪地区、重度犯罪地区。代码如下:

```
> cut(USArrests$Assault,4,labels=c("低度犯罪地区","中度犯罪地区","高度犯罪地区","重度犯罪地区"))
 [1] 高度犯罪地区 高度犯罪地区 重度犯罪地区 中度犯罪地区 重度犯罪地区
 [6] 高度犯罪地区 低度犯罪地区 高度犯罪地区 重度犯罪地区 高度犯罪地区
[11] 低度犯罪地区 中度犯罪地区 高度犯罪地区 低度犯罪地区 低度犯罪地区
[16] 低度犯罪地区 低度犯罪地区 高度犯罪地区 低度犯罪地区 重度犯罪地区
[21] 中度犯罪地区 高度犯罪地区 低度犯罪地区 高度犯罪地区 中度犯罪地区
[26] 低度犯罪地区 低度犯罪地区 高度犯罪地区 低度犯罪地区 中度犯罪地区
[31] 重度犯罪地区 高度犯罪地区 重度犯罪地区 低度犯罪地区 中度犯罪地区
[36] 中度犯罪地区 中度犯罪地区 低度犯罪地区 中度犯罪地区 重度犯罪地区
[41] 低度犯罪地区 中度犯罪地区 高度犯罪地区 中度犯罪地区 低度犯罪地区
[46] 中度犯罪地区 中度犯罪地区 低度犯罪地区 低度犯罪地区 中度犯罪地区
Levels: 低度犯罪地区 中度犯罪地区 高度犯罪地区 重度犯罪地区
```

此时已将 USArrests 数据集的 Assault 列的数据从数值数据变成了分组数据,此时可以使用第 7.1 节中处理分组数据的 tapply()函数来进行处理。例如,计算各个犯罪区域凶杀案数量的平均值。代码如下:

```
>x<-cut(USArrests$Assault,4,labels=c("低度犯罪地区","中度犯罪地区","高度犯罪地区","重度犯罪地区"))
>tapply(USArrests$Murder,x,mean)
低度犯罪地区 中度犯罪地区 高度犯罪地区 重度犯罪地区
  4.252941   6.435714   12.033333   11.800000
```

下面继续讨论例 7-10,现在,例 7-10 用来区分犯罪程度的依据是平均分割,这其实并不合理,其实,可以用分位数来区分犯罪程度。实现代码如下:

```
# 用分位数来分隔数据集
>cut(USArrests$Assault,fivenum(USArrests$Assault))
 [1] (159,249] (249,337] (249,337] (159,249] (249,337] (159,249]
 [7] (109,159] (159,249] (249,337] (159,249] (45,109]  (109,159]
[13] (159,249] (109,159] (45,109]  (109,159] (45,109]  (159,249]
[19] (45,109]  (249,337] (109,159] (249,337] (45,109]  (249,337]
[25] (159,249] (45,109]  (45,109]  (249,337] (45,109]  (109,159]
[31] (249,337] (249,337] (249,337] < NA>     (109,159] (109,159]
[37] (109,159] (45,109]  (159,249] (249,337] (45,109]  (159,249]
[43] (159,249] (109,159] (45,109]  (109,159] (109,159] (45,109]
```

```
[49] (45,109]    (159,249]
Levels: (45,109] (109,159] (159,249] (249,337]
# 为分组结果命名
>cut(USArrests$Assault,fivenum(USArrests$Assault),labels=c("低度犯罪地区","
中度犯罪地区","高度犯罪地区","重度犯罪地区"))
 [1] 高度犯罪地区 重度犯罪地区 重度犯罪地区 高度犯罪地区 重度犯罪地区
 [6] 高度犯罪地区 中度犯罪地区 高度犯罪地区 重度犯罪地区 高度犯罪地区
[11] 低度犯罪地区 中度犯罪地区 高度犯罪地区 中度犯罪地区 低度犯罪地区
[16] 中度犯罪地区 低度犯罪地区 高度犯罪地区 低度犯罪地区 重度犯罪地区
[21] 中度犯罪地区 重度犯罪地区 低度犯罪地区 重度犯罪地区 高度犯罪地区
[26] 低度犯罪地区 低度犯罪地区 重度犯罪地区 低度犯罪地区 中度犯罪地区
[31] 重度犯罪地区 重度犯罪地区 重度犯罪地区 < NA>         中度犯罪地区
[36] 中度犯罪地区 中度犯罪地区 低度犯罪地区 高度犯罪地区 重度犯罪地区
[41] 低度犯罪地区 高度犯罪地区 高度犯罪地区 中度犯罪地区 低度犯罪地区
[46] 中度犯罪地区 中度犯罪地区 低度犯罪地区 低度犯罪地区 高度犯罪地区
Levels: 低度犯罪地区 中度犯罪地区 高度犯罪地区 重度犯罪地区
```

这里出现了一个 NA 值,原因是参数 include.lowest 使用的是默认值 FALSE,所以没有包含左边第一个值和右边最后一个值,同时参数 right 使用的是默认值 TRUE,所以所有的分类是左开右闭的,在这两个参数的同时作用下,最大值被收纳了进来,最小值却被放到了分组外面。所以请注意,如果分组界限中有最大值或者最小值,请设置参数 include.lowest 为 TRUE,至于是否要设置参数 right,需参考项目实际情况。

除了使用分位数,也可以自己来定义分割区间。实现代码如下:

```
# 自定义分割区间,需要注意的是,n 个向量值分为 n-1 个分区
>cut(USArrests$Assault,c(45,160,190,299,337),include.lowest=TRUE,labels=
c("低度犯罪地区","中度犯罪地区","高度犯罪地区","重度犯罪地区"))
 [1] 高度犯罪地区 高度犯罪地区 高度犯罪地区 中度犯罪地区 高度犯罪地区
 [6] 高度犯罪地区 低度犯罪地区 高度犯罪地区 重度犯罪地区 高度犯罪地区
[11] 低度犯罪地区 低度犯罪地区 高度犯罪地区 低度犯罪地区 低度犯罪地区
[16] 低度犯罪地区 低度犯罪地区 高度犯罪地区 低度犯罪地区 重度犯罪地区
[21] 低度犯罪地区 高度犯罪地区 低度犯罪地区 高度犯罪地区 中度犯罪地区
[26] 低度犯罪地区 低度犯罪地区 高度犯罪地区 低度犯罪地区 低度犯罪地区
[31] 高度犯罪地区 高度犯罪地区 重度犯罪地区 低度犯罪地区 低度犯罪地区
[36] 低度犯罪地区 低度犯罪地区 低度犯罪地区 中度犯罪地区 高度犯罪地区
[41] 低度犯罪地区 中度犯罪地区 高度犯罪地区 低度犯罪地区 低度犯罪地区
[46] 低度犯罪地区 低度犯罪地区 低度犯罪地区 低度犯罪地区 中度犯罪地区
Levels: 低度犯罪地区 中度犯罪地区 高度犯罪地区 重度犯罪地区
```

7.2.2　数据合并

R 语言能处理数据合并的函数比较多,这里介绍列合并函数 cbind()函数、merge()函数,以及行合并函数 rbind()函数。

1)函数语法格式

三个函数的格式为:

cbind(⋯, deparse. level＝1)

rbind(⋯, deparse. level＝1)

merge(x, y, by＝intersect(names(x), names(y)), by. x＝by, by. y＝by, all＝ FALSE, all. x＝all, all. y＝all, sort＝TRUE, suffixes＝c(". x",". y"), incomparables＝ NULL, ⋯)

2) 参数列表

x,y:要合并的两个数据集。

by:用于连接两个数据集的列,intersect(a,b)指向量 a,b 的交集,names(x)指提取数据集 x 的列名,by＝intersect(names(x), names(y)) 是在获取数据集 x,y 的列名后,提取它们的公共列名,作为两个数据集的连接列,当有多个公共列时,需用下标指出公共列,如 names(x)[1],指定 x 数据集的第 1 列作为公共列,也可以直接写为 by＝"公共列名",前提是两个数据集中都有该列名,并且大小写完全一致。

by. x,by. y:指定依据哪些列合并数据框,默认值为相同列名的列。

all,all. x,all. y:指定 x 和 y 的行是否应该全在输出文件。

sort:by 指定的列(即公共列)是否要排序。

suffixes:指定除 by 外相同列名的后缀。

incomparables:指定 by 中哪些单元不进行合并。

cbind()函数和 rbind ()函数运用起来比较直观,它们直接把两个矩阵或者两个数据框合并在一起,不需要指定公共索引。cbind()函数用于横向列合并,rbind ()函数用于纵向行合并。具体用法参考下面实例代码:

```
# 利用 cbind()函数实现列合并
# 搭建两个数据框
>ID<-c(1,2,3,4)
>name<-c("A","B","C","D")
>score<-c(60,70,80,90)
>sex<-c("M","F","M","M")
>student1<-data.frame(ID,name)
>student2<-data.frame(score,sex)
# 数据框列和并
>my_stu<-cbind(student1,student2)
>my_stu
ID name score sex
1 1    A    60  M
2 2    B    70  F
3 3    C    80  M
4 4    D    90  M
# 利用 rbind()函数实现行合并
# 搭建两个数据框
>ID<-c(1,2,3,4)
>name<-c("A","B","C","D")
>student1<-data.frame(ID,name)
>ID<-c(5,6,7,8)
```

```
>name<-c("E","F","G","H")
>student2<-data.frame(ID,name)
# 数据框行和并
>my_stu1<-rbind(student1,student2)
>my_stu1
   ID name
1  1    A
2  2    B
3  3    C
4  4    D
5  5    E
6  6    F
7  7    G
8  8    H
```

merge()函数同样是处理列合并的函数,但它和 cbind()函数不同,它可以处理一些更麻烦的合并——交集合并,具体操作参考下面实例代码:

```
# 搭建两个数据框
>ID<-c(1,2,3,4)
>name<-c("A","B","C","D")
>score<-c(60,70,80,90)
>sex<-c("M","F","M","M")
>student1<-data.frame(ID,name,score,sex)
>ID<-c(1,2,3,4,5,6)
>name<-c("A","B","C","D","E","F")
>score<-c(50,60,70,80,90,100)
>English <-c(88,89,32,89,76,45)
>sex<-c("M","F","M","M","F","M")
>student2<-data.frame(ID,name,score,English,sex)
# 查看两个数据框的内容
>student1
   ID name score sex
1  1    A    60   M
2  2    B    70   F
3  3    C    80   M
4  4    D    90   M
>student2
   ID name score English sex
1  1    A    50      88   M
2  2    B    60      89   F
3  3    C    70      32   M
4  4    D    80      89   M
5  5    E    90      76   F
6  6    F   100      45   M
```

如果项目要将 student1 和 student2 合并,就比较麻烦,因为它们的行列数不相同,还有多组列名相同,利用 cbind() 函数实现不了这个合并,但使用 merge() 函数就可实现。下面是 merge() 函数的几种合并实例代码:

```
# 有多个公共列时,merge()函数需要指定使用哪一个列来合并,本例用第一个相同列来合并
>merge (student1, student2, by= intersect (names (student1)[1], names (student2)
[1]))
ID name.x score.x sex.x name.y score.y English sex.y
1 1       A       60     M     A       50      88      M
2 2       B       70     F     B       60      89      F
3 3       C       80     M     C       70      32      M
4 4       D       90     M     D       80      89      M
```

从结果来看,merge() 函数连接的是公共行 ID 中数据相同的行,其他的都舍弃了。如果两个数据集中某一列是相同的,但是名字不一样,可以用下面代码进行合并:

```
>merge(student1,student2,by.x= "name", by.y= "name")
  name ID.x score.x sex.x ID.y score.y English sex.y
1 A    1    60      M     1    50      88      M
2 B    2    70      F     2    60      89      F
3 C    3    80      M     3    70      32      M
4 D    4    90      M     4    80      89      M
```

由于在上面的例子中相同列的名字相同,所以其代码也可以写成下面的样子:

```
>merge(student1,student2,by= "name")
  name ID.x score.x sex.x ID.y score.y English sex.y
1 A    1    60      M     1    50      88      M
2 B    2    70      F     2    60      89      F
3 C    3    80      M     3    70      32      M
4 D    4    90      M     4    80      89      M
```

如果只想把两张表的内容拼接在一起,而不在乎是否有相同的项目名,则实现代码如下:

```
>merge(student1,student2,all=TRUE, sort=TRUE)
   ID name score sex English
1  1  A    50    M   88
2  1  A    60    M   NA
3  2  B    60    F   89
4  2  B    70    F   NA
5  3  C    70    M   32
6  3  C    80    M   NA
7  4  D    80    M   89
8  4  D    90    M   NA
9  5  E    90    F   76
10 6  F    100   M   45
```

在这中合并中,all 参数设置为 TRUE,那么不论行还是列都会合并到一起,这个时候没有值的项就会用 NA 值来填充。

7.2.3　数据排序

对数据进行排序的方法很多,本节介绍 sort()函数、order()函数。

sort()函数主要是对向量排序,其用法比较简单,这里举个实例来说明。

【例 7-11】　对数据集 USArrests 的斗殴案件数据的数量分别进行升序和降序排序。实现代码如下:

```
>sort(USArrests$Assault)
 [1]  45  46  48  53  56  57  72  81  83  86 102 106 109 109 110 113
[17] 115 120 120 120 145 149 151 156 159 159 161 174 178 188 190 201
[33] 204 211 236 238 249 249 252 254 255 259 263 276 279 285 294 300
[49] 335 337
>sort(USArrests$Assault,decreasing=TRUE)
[1] 337 335 300 294 285 279 276 263 259 255 254 252 249 249 238 236
[17] 211 204 201 190 188 178 174 161 159 159 156 151 149 145 120 120
[33] 120 115 113 110 109 109 106 102  86  83  81  72  57  56  53  48
[49]  46  45
```

sort()函数的参数 decreasing 的默认值是 FALSE,使用默认值的时候会对向量做由小到大的排序,将其设置成 TRUE 时会对向量做由大到小的排序。但是请注意,这里得到的结果是排好的数据,如果想要按照这个顺序得到新的数据集,还得需要其他函数来配合。

order()函数比 sort()函数更灵活些。

1) 函数语法格式

order()函数的格式为:

order(…, na. last = TRUE, decreasing = FALSE, method = c("auto", "shell", "radix"))

2) 参数列表

…:目标数据集。

na. last:是否把 NA 值排到最后面,如果设置为 FALSE,则为放到前面。

decreasing:默认值为 FALSA,此时为从小到大排序,将其设置为 TRUE 时,从大到小排序。

method:允许匹配的类型。

order()函数和 sort()函数的区别是,order()函数返回的是一个索引值,使用 order()函数完成例 7-11 的代码为:

```
>order(USArrests$Assault,decreasing=TRUE)
[1] 33  9 20  3 31 40  5  2 24 22 32 28 13 18  8  1 10  6 43  4 42 25
[23] 39 50 30 37 46 36 21 47 12 35 44 16 14  7 17 26 38 27 41 19 48 23
[45] 29 15 49 45 11 34
>order(USArrests$Assault)
[1] 34 11 45 49 15 29 23 48 19 41 27 38 17 26  7 14 16 12 35 44 47 21
[23] 36 46 30 37 50 39 25 42  4 43  6 10  1  8 13 18 28 32 22 24  2  5
[45] 40 31  3 20  9 33
```

对比可知,这里返回的都是索引值,那么此时对整个数据集进行排序就比较容易实现

了。排序代码如下:

```
>head(USArrests[order(USArrests$Assault,decreasing=TRUE),])
             Murder Assault UrbanPop Rape
North Carolina  13.0    337       45 16.1
Florida         15.4    335       80 31.9
Maryland        11.3    300       67 27.8
Arizona          8.1    294       80 31.0
New Mexico      11.4    285       70 32.1
South Carolina  14.4    279       48 22.5
>head(USArrests[order(USArrests$Assault),])
             Murder Assault UrbanPop Rape
North Dakota     0.8     45       44  7.3
Hawaii           5.3     46       83 20.2
Vermont          2.2     48       32 11.2
Wisconsin        2.6     53       66 10.8
Iowa             2.2     56       57 11.3
New Hampshire    2.1     57       56  9.5
```

有的时候会遇到这样的情况,需要按照两列(或更多的列)来排序,一列是主要键值,一列是次要键值,这种情况下,只需要在 order()函数中的参数…中再增加一个参数即可,第一个参数是主要键值,第二个参数是次要键值。例如:order(USArrests $ Assault,USArrests $ UrbanPop)。

7.3   描述性统计

处理好目标数据就可以开始进行数据分析了,数据分析的方法也有很多种,会在后面的章节中一一讲述。本节只做最基本的数据分析——描述性统计。

7.3.1   概括性统计

概括性统计就是对一组数据做基本的数据统计。概括性统计包含这组数据的平均值、值域、方差、标准差、四分位数等指标,完成这些指标就达到目的了。

下面用 apply()函数对 airquality 数据集做概括性统计。

1) 求 airquality 数据集的平均值

代码如下:

```
>apply(airquality,2,mean,na.rm= T)
   Ozone    Solar.R     Wind      Temp     Month       Day
42.129310 185.931507 9.957516 77.882353 6.993464 15.803922
```

需要注意的是,apply()函数需要设置参数 na.rm,否则统计出的结果不会忽略掉 NA 值,如:

```
>apply(airquality,2,mean)
  Ozone  Solar.R    Wind     Temp    Month      Day
    NA       NA 9.957516 77.882353 6.993464 15.803922
```

2）求 airquality 数据集的值域

代码如下：

```
# 取最大值
>apply(airquality,2,max,na.rm=T)
 Ozone Solar.R    Wind    Temp  Month    Day
 168.0   334.0    20.7    97.0    9.0   31.0
# 取最小值
>apply(airquality,2,min,na.rm=T)
 Ozone Solar.R    Wind    Temp  Month    Day
   1.0     7.0     1.7    56.0    5.0    1.0
```

3）求 airquality 数据集的方差

代码如下：

```
>apply(airquality,2,var,na.rm=T)
   Ozone    Solar.R      Wind      Temp    Month       Day
1088.200525 8110.519414 12.411539 89.591331 2.006536 78.579721
```

4）求 airquality 数据集的标准差

代码如下：

```
>apply(airquality,2,sd,na.rm=T)
   Ozone  Solar.R     Wind     Temp    Month      Day
32.987885 90.058422 3.523001 9.465270 1.416522 8.864520
```

5）求 airquality 数据集的四分位数

代码如下：

```
>apply(airquality,2,quantile,na.rm=T)
      Ozone Solar.R Wind Temp Month Day
0%     1.00    7.00  1.7   56     5   1
25%   18.00  115.75  7.4   72     6   8
50%   31.50  205.00  9.7   79     7  16
75%   63.25  258.75 11.5   85     8  23
100% 168.00  334.00 20.7   97     9  31
```

7.3.2　相关系数与协方差

当处理超过一组以上的数据时，若想知道它们之间的关系，最直接、最简单的方法就是求它们的相关系数和协方差。

【例 7-12】　求 airquality 数据集中众温度 Temp 与月份之间的相互关系。

计算温度与月份之间的相关系数，代码如下：

```
>cor(airquality$Temp,airquality$Month)
[1] 0.4209473
```

相关性的强弱需要通过相关系数的绝对值来判断，绝对值为 0～0.09 为没有相关，为

0.1～0.3 为弱相关,为 0.3～0.5 为中等相关,为 0.5～1.0 为强相关。如果相关系数是正值,则呈正向关系,如果相关系数是负值,则呈反向关系。从相关性来看,温度和月份之间存在中等相关的正向关系。

计算温度与月份之间的协方差,代码如下:

```
>cov(airquality$Temp,airquality$Month)
[1] 5.643963
```

协方差表示的是两个变量的总体的误差。如果两个变量的变化趋势一致,也就是说如果其中一个大于自身的期望值,另外一个也大于自身的期望值,那么两个变量之间的协方差就是正值。如果两个变量的变化趋势相反,即其中一个大于自身的期望值,另外一个却小于自身的期望值,那么两个变量之间的协方差就是负值。从结果来看,温度与月份的协方差呈正相关。

7.3.3　t-检验

t-检验分为单总体检验和双总体检验。

单总体检验目的:比较样本均数所代表的未知总体均值 μ 和已知总体均值 μ_0 的检验。

适用条件:①已知一个总体均值;②可得到一个样本的均值及该样本的标准误;③样本来自正态分布或近似正态分布的总体。

根据单总体检验的条件,airquality 数据集的温度数据满足使用条件 2 和条件 3,所以只要再满足条件 1 就可以对其做单总体检验。那么现在设定总体均值 μ_0 的值是 24 ℃(该温度来源于写作当天的纽约天气预报,仅作为参考),将其换算成华氏温度大约为 75℉。

下面用 R 语言提供的 t.test()函数做单总体检验,代码如下:

```
>t.test(airquality$Temp,mu=75)


One Sample t-test


data:  airquality$Temp
t=3.7667, df=152, p-value=0.000236
alternative hypothesis: true mean is not equal to 75
95 percent confidence interval:
76.37051 79.39420
sample estimates:
mean of x
77.88235
```

运行结果直观地显示了 t-检验的步骤和结果,还显示了 t 统计量、自由度和 p 值。

其中,t 统计量是样本均值与假设均值的差与样本均值的标准差的比率,其表达式为:

$$t=\frac{(\bar{x}-\mu_0)}{S_{\bar{x}}/\sqrt{n}}$$

其中,$\bar{x}$ 为样本均值;μ_0 是假设均值;$\dfrac{S_{\bar{x}}}{\sqrt{n}}$ 是样本均值的标准差。

如果均值是正确的,那么预计的 t 统计量的值应该在两倍标准差之内,本例的 t 统计量的值是 3.7667,明显大于 2,所以断定假设均值不正确。

自由度 df 代表一个样本观测值的有效数据量,一般自由度为统计数据数量减去需要估计参数的数量。所以本例中 nrow(airquality)$-1=152$。

p 值是对统计量极端程度的测试度,若是太过极端就需要拒绝假设值。一般情况下 p 值小于 0.05 或者 0.01 就被认定为极端值。本例 p 值为 0.000236,所以根据结果拒绝原假设。

根据 t-检验结果,R 语言直接分析出平均值不是 75,并提供了均值变量 95% 的置信区间是 $76.37051\sim79.39420$,样本均值是 77.88235。

t.test()函数还可以用于做单侧 t-检验,即只给出一侧置信区间,这需要对 alternative 参数进行设置,它的默认值是"two.sided",做单侧 t-检验时可以将 alternative 设置为"greater"或"less"。

代码如下:

```
>t.test(airquality$Temp,alternative="greater",mu=75)


One Sample t-test


data:  airquality$Temp
t=3.7667, df=152, p-value=0.000118
alternative hypothesis: true mean is greater than 75
95 percent confidence interval:
76.61596      Inf
sample estimates:
mean of x
77.88235
```

双总体检验通常用于比较两个配对样本的差异。

例如,对 Formaldehyde 数据集用两种方法测定甲醛浓度的数据做双总体检验。

代码如下:

```
>t.test(Formaldehyde$carb,Formaldehyde$optden,paired=TRUE)


Paired t-test


data:  Formaldehyde$carb and Formaldehyde$optden
t=3.982, df=5, p-value=0.01051
alternative hypothesis: true difference in means is not equal to 0
95 percent confidence interval:
0.02085352 0.09681314
sample estimates:
mean of the differences
      0.05883333
```

这样就得到了双总体检验结果,从结果来看,两种检验结果的均值是存在差异的,但是均值差距并不是很大,说明通过两种检查甲醛浓度的方法检验出的值并不相等,且有一定差距,差距的均值是 0.05883333。

本章小结及习题

第 8 章　广义线性回归

本章学习目标

- 掌握回归分析的基本模型
- 掌握构建模型的基本方法
- 掌握回归分析结果可视化
- 掌握多元回归的检验
- 掌握回归模型的选择

　　回归分析是对相关的因素进行测定,确定它们之间的因果关系,并将该关系以数学模型的形式表现出来的统计分析方法。在 R 语言中,回归分析是进行数据分析的最基本方法,它有多种自变量函数模型,可得到自变量与因变量的关系,从而提取出有价值的分析信息。本章将介绍一些基本的回归分析模型,并结合 R 语言,将一些数据进行回归分析,并可视化展示出来。

8.1　回归的基本模型

8.1.1　回归的概念及常用函数

　　在分析工作中经常会碰到这样的情况,需要分析一些数据,在分析中要去理解一个变量是如何被其他变量所决定的。当遇到这样的问题时,首先考虑的肯定是建立一个分析模型。该模型对应一个公式,在公式中,一个因变量(dependent variable)(预测结果)会随着一个或多个数值型的自变量(independent variable)(预测变量)的变化而变化。线性模型是通过这些变量能够构建的最简单的模型之一,这里,可以假设因变量和自变量间存在线性关系。回归分析方法可用于预测数值型数据以及量化预测结果与其预测变量之间关系的大小及强度。本章将讲解如何将回归方法应用到数据中。

　　回归主要是要确定一个唯一的因变量和一个或多个数值型的自变量之间的关系。首先假设因变量和自变量之间的关系遵循一条直线,即呈线性关系。

在数学中用 $y=ax+b$ 来定义直线,其中,y 是因变量,x 是自变量。在这个公式中,斜率 a 表示每增加一个单位的 x,直接会上升的高度;变量 b 表示 $x=0$ 时 y 的值,它称为截距,因为它指定了直线穿过 y 轴时的位置。

回归方程也使用类似于斜截式的形式对数据建立模型。建立模型的目的就是确定 a 和 b 的值,从而使指定的直线最适合用来反映所提供的 x 值和 y 值之间的关系,这条直线可能不是完美的匹配,所以也需要用一些方法来量化误差范围,接下来的章节会讨论这个问题。

回归分析通常用来对数据元素之间的复杂关系建立模型,用来估计一种处理方法对结果的影响和推断未来。相关应用案例如下。

(1) 根据对种群和个体测得的特征,研究它们之间的差异性,这可应用于不同领域的科学研究,如经济学、社会学、心理学、物理学和生态学领域。

(2) 量化事件及其相应的因果关系,比如可应用于药物临床试验、工程安全检测、销售研究等。

(3) 给定已知的规则,确定可用来预测未来行为的模型,比如用来预测保险赔偿额、自然灾害的损失、选举的结果和犯罪率等。

回归方法也可用于假设检验,其中包括数据是否能够表明原假设更可能是真还是假。回归模型对关系强度和一致性的估计可用于评估结果是否是由于偶然性造成的。回归分析是大量方法的一个综合体,几乎可以应用于所有的机器学习任务。如果被限制只能选择单一的分析方法,那么回归方法将是一个不错的选择。

本章只关注最基本的回归模型,即直线回归的模型,也即线性回归(linear regression)模型。如果只涉及一个单一的自变量,那就是所谓的简单线性回归(simple linear regression),否则为多元回归(multiple regression),这两类模型都假定因变量是连续的。对其他类型的因变量,即使是分类任务,使用回归方法也是可能的。逻辑回归(logistic regression)可以用来对二元分类的结果建模;泊松分布(Poisson regression)可以用来对整型的计数数据建模。相同的基本原则适用于所有的回归方法,所以一旦理解了线性情况下的回归方法,就可以研究其他的回归方法。

本章主要使用到的 R 语言中的函数包括 lm()函数、summary()函数、str()函数等。下面主要讲解这些函数的定义及含义。

在 R 语言中,拟合线性模型最基本的函数就是 lm()函数。

lm(data,subset,weights):用于进行回归分析、方差的单层分析和协方差分析。

data:包含模型中变量的可选数据框、列表或环境。

subset:一个可选向量,指定要在拟合过程中使用的观察子集。

weights:一个可选的权重向量,用于拟合过程,其值可为 NULL 或数字向量,如果设置为非 NULL,则加权最小二乘法与权重一起使用(即,最小化和 $w*e^2$),否则使用普通的最小二乘法。

summary(object,digits):一个通用函数,用于生成各种模型的拟合函数结果的摘要,该函数的调用依赖于第一个参数的所属类型。

object:需要摘要的对象。

digits:整数,用于设置数字格式。

read.csv()和 read.csv2():用于读取逗号分隔值文件(.csv 或 read.csv2),在将逗号作

为小数点和将分号作为字段分隔符的国家/地区中使用的变体。

str()：紧凑地显示 R 语言对象的内部结构，对象的数据结构及内容，可以查看数据框中每个变量的属性，即对象里有什么。理想情况下，每个"基本"结构只显示一行，它特别适合紧凑地显示列表的内容。

cov(x,y＝NULL,method＝c("pearson","kendall","spearman"))：用于计算 x 的方差，以及 x 和 y 的协方差或相关性（如果 x 和 y 是向量），如果 x 和 y 是矩阵，则计算 x 的列与 y 的列之间的协方差（或相关性）。

x：数字向量、矩阵或数据帧。

y：NULL（默认值）或与 x 具有兼容尺寸的矢量、矩阵或数据框，取默认值时 $y＝x$。

method：字符串，表示要计算哪个相关系数（或协方差），其可取 pearson（默认值）、kendall 或 spearman。

8.1.2　简单线性回归

对于式 $y＝ax+b$，a 是斜率，b 是 y 轴截距。简单而言，线性回归就是通过一系列技术找出拟合一系列数据点的直线，也可以认为是根据数据反推出一个公式。本章会先介绍最基础的规则，之后慢慢增加数学复杂度。在此之前，先讨论 a 和 b 的值分别是多少。接下来通过一个例子进行说明，首先直观地显示年龄与身高之间的关系，画一张散点图，以年龄（age）为横坐标，以身高（height）为纵坐标，代码如下：

```
>age=18:29          # 年龄从 18 到 29 岁
>height=c(76.1,77,78.1,78.2,78.8,79.7,79.9,81.1,81.2,81.8,82.8,83.5)
>plot(age,height,main="身高与年龄散点图")
```

所得到的散点图如图 8-1 所示。

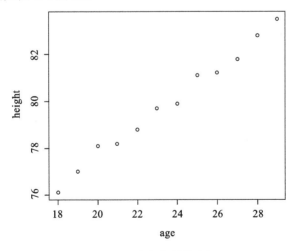

图 8-1　身高与年龄散点图

从图 8-1 中可以观察到，圆点基本在一条直线附近，可以认为年龄与身高具有线性关系，接下来建立回归模型，代码如下：

```
>lm.reg <- lm(height~age)         # 建立回归方程
>lm.reg
>abline(lm.reg)                   # 画出拟合的线性回归线
```

产生以下输出：

```
Call:
lm(formula=height~age)
cients:
(Intercept)          age
    64.928         0.635
```

拟合直线如图 8-2 所示,通过图 8-2 可以计算出两个数值,即"截距"和"斜率"。无论用什么软件来做线性回归,它都会用某种形式来报告这两个数值。

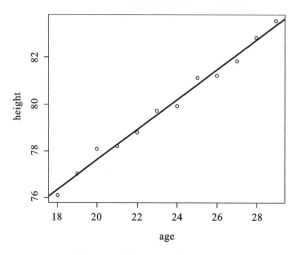

图 8-2　身高与年龄拟合直线

接下来要找出模型的参数(最佳拟合模型中的参数 a 和 b),这样,模型就可以"最佳"拟合数据了。

1) 用模型来做预测

然而,上面得到的最佳拟合直线不一定是对数据最确切的描述,因为很有可能并不是所有的数据都在这条直线上,数据点之间可能会有不同程度的误差。

对于某个给定的数值 x_1,若想得到它所对应的数值 y_1,可借助模型来预测,也就是说,实验中并没有用到数值 x_1,并且所给数据里也没有它,但是却想要知道 x_1 所对应的 y_1。有些人也许会想要能够说出:"误差会是某个数,所以相信 y_1 的实际值会在区间[y－误差,y＋误差]内"。在这样的情况下,把变量 x 叫作"预测变量",而 y_1 的值是基于 x_1 的值来预测的,所以变量 y 是"反应"。

2) 总误差

除非拟合的直线正好穿过某个点,否则,该点处的误差是非零的,该误差可能是正值,也可能是负值。取这个误差的平方,然后把每个点的误差相加,就可以得到直线和这个数据集的总误差。方差用同样的方式来处理正值的误差和负值的误差,所以方差总是正值的。这里使用方差作为误差的代表。统计软件用多变量微积分技术等来最小化误差,并且提供系数的估测值。回归方程的回归系数的检验,一般采用方差分析或 t-检验来实现,二者的检验结果是等价的。方差分析主要是针对整个模型的,而 t-检验是关于回归系数的。

对于上例中的回归方程,对模型进行检验时,进行方差分析的 R 代码如下：

```
# 模型方差分析
>anova(lm.reg)
# 产生以下输出
Analysis of Variance Table
Response: height
         Df Sum Sq Mean Sq F value     Pr(>F)
age       1 57.655  57.655  879.99 4.428e-11 ***
Residuals 10  0.655   0.066
---
Signif.codes:  0 '***' 0.001 '**' 0.01 '*' 0.05 '.' 0.1 ' ' 1
```

由于 $p<0.05$，于是在 $\alpha=0.05$ 水平下，本例的回归系数有统计学意义，即身高和年龄存在直线回归关系。

同理，对于上例中的回归方程，对模型进行回归系数的 t-检验，代码如下：

```
# 回归系数的 t-检验
>summary(lm.reg)
# 产生以下输出
Call:
lm(formula=height~age)
Residuals:
    Min     1Q  Median      3Q      Max
-0.27238 -0.24248 -0.02762  0.16014  0.47238
Coefficients:
          Estimate Std.Error t value Pr(>|t|)
(Intercept) 64.9283   0.5084  127.71  <2e-16 ***
age          0.6350   0.0214   29.66 4.43e-11 ***
Signif.codes:  0 '***' 0.001 '**' 0.01 '*' 0.05 '.' 0.1 ' ' 1
Residual standard error: 0.256 on 10 degrees of freedom
Multiple R-squared:  0.9888,Adjusted R-squared:  0.9876
F-statistic:  880 on 1 and 10 DF,  p-value: 4.428e-11
```

同方差分析，由于 $p<0.05$，于是在 $\alpha=0.05$ 水平下，本例的回归系数有统计学意义，即身高和年龄存在回归关系。

8.1.3 多元线性回归

当然，有时 y 会依赖于多于一个的变量，而线性回归原理在多维的情况下同样适用。对于含有两个自变量（x_1、x_2）的 y，其表达式为：

$$y=a_0+a_1x_1+a_2x_2$$

这里的 a_0 就是截距项，而 a_1、a_2 分别是自变量 x_1、x_2 的系数。

迄今为止，多元线性回归是进行数值型数据建模最常用的方法，其可以适用于几乎所有的数据，并且可用于预测特征（变量）与结果之间关系的大小及强度，但是它对数据做出了很强的假设，模型的形式必须由使用者事先制定。且它不能够很好地处理缺失数据，而只能处理数据特征，所以需要额外处理分类数据。并且，在运用多元线性回归时要求使用者具备统计知识基础。多元线性回归的优缺点如表 8-1 所示。

表 8-1　多元线性回归的优缺点

优　　点	缺　　点
迄今为止,它是进行数值型数据建模最常用的方法	对数据做出了很强的假设
	该模型的形式必须由使用者事先指定
可适用于几乎所有的数据	不能很好地处理缺失数据
可用于预测特征(变量)与结果之间关系的大小和强度	只能处理数值特征,所以需要额外处理分类数据
	要求使用者具备统计知识基础

8.1.4　线性回归实例应用

下面通过具体实例进行说明。例如,就肺癌而言,吸烟者比不吸烟者患病的可能性更大;而对于身材肥胖的人,患心脏病的可能性更大。这里,可以通过线性回归分析,基于病人的基础数据,来预测部分群体的平均医疗费用。应用线性回归分析这些数据,能够从中获取一些支持决策的规则,这些估计可以用来创建一个精算表,根据预期的治疗费用来调整设置年度的医疗保险费用,从而得出合理的医疗保险费用的额度。模型的设计包括如下 5 个步骤。

1) 收集和观察数据

为了便于分析,将使用一个模拟数据集,该数据集包含了美国部分病人的医疗费用,而创建的这些数据使用了来自美国人口普查局(U. S. Census Bureau)的人口统计资料,因此可以大致反映现实世界的情况。

注:需要从 Packt 出版社的网站(https://github.com/stedy/Machine-Learning-with-R-datasets/find/master)下载 insurance.csv 文件,并将该文件保存到 R 语言的工作文件夹中。

文件(insurance.csv)包含 1338 个案例,即目前已经登记过的保险计划受益者,以及表示病人特点和历年计划计入的总的医疗费用的特征。这些特征如下。

(1) age:一个整数,表示主要受益者的年龄(不包括超过 64 岁的人,因为他们的费用一般由政府支付)。

(2) sex:保单持有人的性别,要么是 male,要么是 female。

(3) bmi:身体质量指数(body mass index,BMI),它提供了一个判断人的体重相对于身高是偏重还是偏轻的方法,BMI 指数等于体重(kg)除以身高(m)的平方,理想的 BMI 指数为 $18.5 \sim 24.9$。

(4) children:一个整数,表示保险计划中所包括的孩子/受抚养者的数量。

(5) smoker:被保险人是否吸烟,其为 yes 或 no。

(6) region:受益人在美国的居住地,可为 northeast、southeast、southwest 和 northwest。

如何将这些变量与已结算的医疗费用联系在一起是非常重要的。例如,有些人认为老年人和吸烟者在大额医疗费用上具有较高的风险。与许多其他的方法不同,在回归分析中,特征之间的关系通常由使用者指定,而不是自动被检测出来的。

2）探索和准备数据

R 语言使用 read. csv（）函数来加载用于分析的数据，这可设置 stringAsFactors＝TRUE，因为通常需要将名义变量转换成因子变量，summary（）函数可以用于获取描述性统计量，可以提供最小值、最大值、四分位数和数值型变量的均值，以及因子向量和逻辑型向量的频数统计。代码如下：

```
>insurance<-read.csv("insurance.csv",stringsAsFactors=TRUE)
# 用 str()函数确认该数据已转换为所期望的形式
>str(insurance)
# 产生以下输出
'data.frame':1338 obs.of  7 variables:
$ age    : int  19 18 28 33 32 31 46 37 37 60 ...
$ sex    : Factor w/ 2 levels "female","male":1 2 2 2 2 1 1 1 2 1 ...
$ bmi    : num  27.9 33.8 33 22.7 28.9 ...
$ children: int  0 1 3 0 0 0 1 3 2 0 ...
$ smoker  : Factor w/ 2 levels "no","yes":2 1 1 1 1 1 1 1 1 1 ...
$ region  : Factor w/ 4 levels "northeast","northwest",..:4 3 3 2 2 3 3 2 1 2 ...
$ charges : num  16885 1726 4449 21984 3867 ...
# 因变量是 changes,其分布形式的代码为：
>summary(insurance$charges)
# 产生以下输出
Min.1st Qu.Median   Mean 3rd Qu.  Max.
1122    4740    9382   13270  16640   63770
```

因为平均数远大于中位数，因此表明保险费用的分布是右偏的，也可以用直方图证实这一点，代码如下：

```
>hist(insurance$charges)
```

所得直方图如图 8-3 所示。

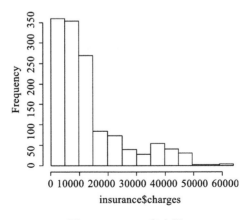

图 8-3　charges 直方图

在数据集中，绝大多数人每年的费用都在 15000 美元以下，尽管分布的尾部经过直方图的峰值后延伸得很远。回归模型要求每一个特征的类型都是数值型的，而在数据框中，有 3个因子类型的特征。接下来将介绍 R 语言的线性回归函数是如何处理变量的。

（1）探索特征之间的关系——相关系数矩阵。

在使用回归模型拟合数据之前，有必要确定自变量与因变量之间，以及自变量之间是如何相关的。相关系数矩阵（correlation matrix）提供了对于这些关系的快速概览。若给定一组变量，该矩阵就可以为每一对变量之间的关系提供一个相关系数。

为 insurance 数据框中的 4 个数值型变量创建一个相关系数矩阵，可以使用 cor() 函数，代码如下：

```
>cor(insurance[c("age","bmi","children","charges")])
# 产生以下输出
             age       bmi   children     charges
age    1.0000000 0.1092719 0.04246900 0.29900819
bmi    0.1092719 1.0000000 0.01275890 0.19834097
children 0.0424690 0.0127589 1.00000000 0.06799823
charges  0.2990082 0.1983410 0.06799823 1.00000000
```

该矩阵中的相关系数不是强相关的，但是数据之间还是存在一些显著的关联。例如，age 和 bmi 显示出中度相关，这意味着随着年龄（age）的增长，身体质量指数（bmi）会增加。此外，age 和 charges，bmi 和 charges，以及 children 和 charges 也都呈现出中度相关。在建立最终的回归模型时，需要尽量更加清晰地梳理这些关系。

（2）可视化特征之间的关系——散点图矩阵。

或许使用散点图可对可视化特征之间的关系有所帮助。虽然可以为每个可能的关系创建一个散点图，但若存在大量的特征，这样做可能会比较烦琐。

另一种方法就是创建一个散点图矩阵（scatterplot matrix），就是简单地将一个散点图集合排列在网格中，并展示出相互紧邻在一起的、包含多种因素的图表。该矩阵可显示出每两个因素之间的关系。需要注意，斜对角线上的图并不符合这个形式。R 语言的 pairs() 函数可用于产生散点图矩阵。对医疗费用数据中的 4 个变量做散点图矩阵的 R 语言代码如下：

```
pairs(insurance[c("age","bmi","children","charges")])
```

得到的散点图矩阵如图 8-4 所示。

与相关系数矩阵一样，每个行与列的交叉点所在的散点图表示其所在的行与列的两个变量间的相关关系。由于对角线上方和下方的 x 轴和 y 轴是交换的，所以对角线上方和下方的图是互为转置的。

尽管散点图上的点看起来是随机密布的，但还是呈现出了某种趋势。age 和 charges 之间呈现出几条直线，而 bmi 和 charges 的散点图中呈现出两个不同的群体。

如果对散点图添加更多的信息，那么它就会更加有用。一个改进后的散点图矩阵可以用 psych 包中的 pairs.panels() 函数来创建。可以输入 install.packages("psych") 命令将 psych 包安装到系统中，并可使用 library(psych) 命令进行加载。改进后的散点图矩阵如图 8-5 所示，相关的 R 语言代码如下：

```
pairs.panels(insurance[c("age","bmi","children","charges")])
```

在对角线的上方，散点图被相关系数矩阵取代。在对角线上，直方图描绘了每个特征的数值分布。最后，对角线下方的散点图带有额外的可视化信息。

每个散点图中呈椭圆形的对象称为相关椭圆（correlation ellipse），它将变量之间的相关

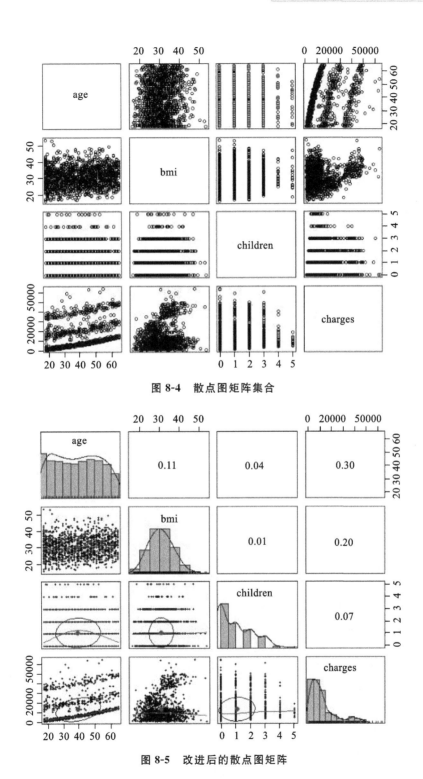

图 8-4　散点图矩阵集合

图 8-5　改进后的散点图矩阵

性可视化。位于椭圆中心的点是由 x 轴变量的均值和 y 轴变量的均值所确定的。两个变量之间的相关性由椭圆的形状进行表示，椭圆长轴越被拉伸，其相关性越强。一个几乎类似于圆的完美的椭圆形，如 bmi 和 children，表示一种非常弱的相关性。

散点图中的曲线称为局部回归平滑(loess smooth)曲线,它表示 x 轴和 y 轴变量之间的一般关系。例如,age 与 children 关系散点图中 age 和 children 的曲线是一个倒置的 U 曲线,其峰值在中年附近,这意味着案例中,年龄最大的人和年龄最小的人比年龄大约在中年附近的人拥有的孩子更少。因为这种趋势是非线性的,所以这一发现已经不能单独通过相关性推断出来了。另一方面,对于 age 和 bmi,局部回归光滑曲线是一条倾斜的、逐步上升的线,这表明 bmi 会随着年龄(age)的增长而增加,从相关系数矩阵中也可推断出该结论。

3) 基于数据训练模型

R 语言对数据拟合一个线性回归模型时,使用的是 lm() 函数。该函数在 stats 添加包中,当安装 R 语言时,该包已经被默认安装并在 R 语言中,启动时自动加载好。R 语言拟合模型称为 ins_model 的线性回归模型,该模型将 6 个自变量与总的医疗费用联系在一起,代码如下:

```
ins_model <- lm(charges~age+children+bmi+sex+smoker+region,data=insurance)
# 建立模型后,只需输入该模型对象的名称,就可以看到估计的系数 a
>ins_model
# 产生以下输出
Call:
lm(formula=charges~., data=insurance)
Coefficients:
    (Intercept)              age             sexmale
       -11938.5            256.9              -131.3
            bmi         children           smokeryes
          339.2            475.5             23848.5
regionnorthwest  regionsoutheast   regionsouthwest
         -353.0          -1035.0             -960.1
```

在模型公式中,仅人为指定了 6 个变量,但是输出时,除了截距项外,却输出了 8 个系数。之所以发生这种情况,是因为 lm() 函数自动将一种称为虚拟编码(dummy coding)的技术应用于模型所包含的每一个因子类型的变量中。当添加一个虚拟编码的变量到回归模型时,一个类别总是被排除在外,作为参照类别,估计的系数就是相对于参照类别解释的。在上述模型中,R 语言自动保留变量 sexfemale、smokerno 和 regionnortheast,使用东北地区的女性非吸烟者作为参照组。因此,相对于女性来说,男性每年的医疗费用要少 131.3 美元;吸烟者平均花费 23848.5 美元,远超过非吸烟者。此外,模型中另外 3 个地区的系数是负的,这意味着东北地区倾向于具有最高的平均医疗费用。

线性回归模型的结果是合乎逻辑的。高龄、吸烟和肥胖往往与其他健康问题联系在一起,而额外的家庭成员或者受抚养者可能会导致就诊次数增加和预防保健费用(比如接种疫苗、每年体检的费用)增加。

4) 评估模型的性能

在 R 语言的命令行输入 ins_model,可以获得参数的估计值,它们反映了自变量是如何与因变量相关联的,但是它们不能反映出用该模型来拟合数据有多好。还可以使用 summary() 函数来评估模型的性能,代码如下:

```
>summary(ins_model)
# 产生以下输出
Call:
lm(formula=charges~ ., data=insurance)
Residuals:
  Min      1Q   Median      3Q      Max
-11304.9  -2848.1  -982.1  1393.9  29992.8
Coefficients:
          Estimate Std.Error t value Pr(>|t|)
(Intercept)   -11938.5   987.8 -12.086  <2e-16 ***
age             256.9    11.9  21.587  <2e-16 ***
sexmale        -131.3   332.9  -0.394 0.693348
bmi             339.2    28.6  11.860  <2e-16 ***
children        475.5   137.8   3.451 0.000577 ***
smokeryes     23848.5   413.1  57.723  <2e-16 ***
regionnorthwest  -353.0   476.3  -0.741 0.458769  regionsoutheast  -1035.0
478.7 -2.162 0.030782 *
regionsouthwest  -960.0    477.9  -2.009 0.044765 *
---
Signif.codes:  0 '***' 0.001 '**' 0.01 '*' 0.05 '.' 0.1 ' ' 1
Residual standard error: 6062 on 1329 degrees of freedom
Multiple R-squared:  0.7509,Adjusted R-squared:  0.7494
F-statistic: 500.8 on 8 and 1329 DF,  p-value: <2.2e-16
```

与上述输出中用标签编号所表示的一样,该输出为评估模型的性能提供了 3 个关键的方面。

(1) 残差(Residuals)部分提供了预测误差的主要统计量;

(2) 星号(例如 ∗ ∗ ∗)表示模型中每个特征的预测能力;

(3) 多元 R 方值(也称为判定系数)用于度量模型的性能,即从整体上判定模型能在多大程度上解释因变量的值。

对于这 3 个性能指标,上述模型表现得相当好。对于现实世界数据的回归模型,0.7509 的 R 方值是相当不错的。考虑到医疗费用的性质,需要关注其中的某些误差。

5) 提高模型的性能

正如前面所提到的,回归模型通常会让使用者选择特征和设定模型。因此,如果我们有关于一个特征是如何与结果相关的学科知识,我们就可以使用该信息来对模型进行设定,并可能提高模型的性能。

(1) 添加非线性关系。

在线性回归分析中,自变量和因变量之间的关系假定为是线性的,然而这不一定是正确的。例如,对于所有的年龄值来讲,年龄对医疗费用的影响可能不是恒定的。对于最老的人群,治疗费可能会过高。

(2) 将一个数值型变量转换为一个二进制指标。

注意,有时在特征的取值达到一个给定的阈值后才产生影响。例如,对于在正常体重范围内的个人来说,bmi 对医疗费用的影响可能为 0,但是对于肥胖者(即 bmi 不低于 30 的人)来说,bmi 可能与较高的费用密切相关。那么可以通过创建一个二进制指标变量来建立这种关系,即如果 bmi 不小于 30,将该指标设定为 1,否则将其设定为 0。

注意,如果在决定是否要包含一个变量时遇到困难,一种常见的做法就是先采用该变量并检验其显著性水平。若该变量在统计上不显著,那么就有证据支持在将来排除该变量。

(3) 加入相互作用的影响。

到目前为止,只考虑每个特征对结果的单独影响(贡献)。如果某些特征对因变量有综合影响,那么该如何解决呢? 例如,吸烟和肥胖可能分别都会带来有害的影响,假设它们的共同影响可能会比它们每一个单独影响之和更糟糕是合理的。

两个特征存在共同的影响称为它们之间存在相互作用(interaction)。如果怀疑两个变量相互作用,那么可以通过在模型中添加它们的相互作用来检验这一假设,可以使用 R 语言的公式来指定相互作用的影响。为了体现肥胖指标(bmi30)和吸烟指标(smoker)的相互作用,可以以这样的形式写一个公式:charge~bmi30 * smoker。

(4) 得到改进的回归模型。

基于如何将医疗费用与患者特点联系在一起的科学知识,做以下几点改进,以期望得到一个更加精确的回归公式。

①增加一个非线性年龄项。

②为肥胖创建一个指标。

③指定肥胖与吸烟之间的相互作用。

像之前一样使用 lm()函数来训练模型,但是这一次将添加新构造的变量和相互作用项,代码如下:

```
>ins_model2 <- lm(charges~age+age2+children+bmi+sex+bmi30* smoker+region,
data=insurance)
# 概述结果
>summary(ins_model2)
# 产生以下输出
Call:
lm(formula=charges~age+age2+children+bmi+sex+bmi30 *
    smoker+region, data=insurance)
Residuals:
    Min      1Q  Median      3Q      Max
-17296.4  -1656.0  -1263.3  -722.1  24160.2
Coefficients:
              Estimate Std.Error t value Pr(>|t|)
(Intercept)   134.2509  1362.7511   0.099  0.921539
age           -32.6851    59.8242  -0.546  0.584915
age2            3.7316     0.7463   5.000  6.50e-07 ***
children      678.5612   105.8831   6.409  2.04e-10 ***
bmi           120.0196    34.2660   3.503  0.000476 ***
sexmale      -496.8245   244.3659  -2.033  0.042240 *
bmi30       -1000.1403   422.8402  -2.365  0.018159 *
```

```
smokeryes        13404.6866   439.9491   30.469   <2e-16 ***
regionnorthwest  -279.2038    349.2746   -0.799   0.424212
regionsoutheast  -828.5467    351.6352   -2.356   0.018604 *
regionsouthwest -1222.6437    350.5285   -3.488   0.000503 ***
bmi30:smokeryes  19810.7533   604.6567   32.764   <2e-16 ***
---
Signif.codes:  0 '***' 0.001 '**' 0.01 '*' 0.05 '.' 0.1 ' ' 1
Residual standard error: 4445 on 1326 degrees of freedom
Multiple R-squared:  0.8664,Adjusted R-squared:  0.8653
F-statistic: 781.7 on 11 and 1326 DF,  p-value:<2.2e-16
```

分析该模型的拟合统计量有助于确定以上改变是否提高了回归模型的性能。相对于第一个模型,R 方值提高到了约 0.87,即模型现在能用于解释 87% 的医疗费用的变化情况。此外,关于模型函数形式的理论似乎得到了验证,高阶项 age2 在统计上是显著的,肥胖指标 bmi30 也是显著的。肥胖和吸烟之间的相互作用产生了一个巨大的影响,只吸烟的人群每年会多花费约 13404 美元,而肥胖的吸烟者每年还要另外花费约 19810 美元,这可能表明吸烟会加剧(恶化)与肥胖有关的疾病。

8.2　检验多元回归模型

建立完模型,如何检验模型的准确性,则是本节要介绍的内容。本节将通过回归的显著性和将要引入的回归系数来检验模型。

8.2.1　线性回归的显著性

与一元线性回归类似,要检测随机变量 Y 和可控变量 $X_1, X_2, \cdots, X_m$ 之间是否存在线性相关关系,即检验关系式 $Y = \beta_0 + \beta_1 X_1 + \cdots + \beta_m X_m + \mu$ 是否成立,其中 $\mu \sim N(0, \sigma^2)$。此时主要检验 m 个系数 $\beta_1, \beta_2, \beta_m$ 是否全为零,如果全为零,则可认为线性回归不显著;反之,若不全为零,则可认为线性回归是显著的。为进行线性回归的显著性检验,在上述模型中提出原假设和备择假设分别为:

$$H_0 = \beta_1 = \beta_2 = \cdots = \beta_m = 0$$
$$H_1 : H_0 \text{ 是错误的}$$

设对 $(X_1, X_2, \cdots, X_m, Y)$ 已经进行了 n 次独立观测,得到观测值 $(X_{i1}, X_{i2}, \cdots, X_{im}, X_i, Y)$,其中,$i = 1, 2, \cdots, n$。由观测值确定的线性回归方程为:

$$\hat{Y} = \hat{\beta}_0 + \hat{\beta}_1 X_1 + \cdots + \hat{\beta}_m X_m$$

将 $(X_1, X_2, \cdots, X_m)$ 的观测值代入,得:

$$\hat{Y}_i = \hat{\beta}_0 + \hat{\beta}_1 X_{i1} + \cdots + \hat{\beta}_m X_{im}$$

令

$$\overline{Y} = \frac{1}{n} \sum_{i=1}^{n} Y_i$$

采用 F 检验,首先对总离差平方和进行分解:

$$\mathrm{SS}_{\mathrm{total}} = \sum (Y_i - \overline{Y})^2 = \sum (Y_i - \overline{Y})^2 + \sum (\hat{Y}_i - \overline{Y})^2$$

残差平方和为:

$$\mathrm{SS}_{\mathrm{residual}} = \sum (Y_i - \hat{Y}_i)^2$$

与前面在一元线线性回归时讨论的一样,残差平方和反映了实验中随机误差的影响。

回归平方和为:

$$\mathrm{SS}_{\mathrm{regression}} = \sum (\hat{Y}_i - \overline{Y})^2$$

其反映了线性回归引起的误差。

在原假设成立的条件下,可得:

$$Y_i = \beta_0 + \overline{\mu}$$

观察 $\mathrm{SS}_{\mathrm{regression}}$ 和 $\mathrm{SS}_{\mathrm{residual}}$ 的表达式易见,如果 $\mathrm{SS}_{\mathrm{regression}}$ 比 $\mathrm{SS}_{\mathrm{residual}}$ 大得多,就不能认为 β_1, $\beta_2, \cdots, \beta_m$ 的值全为零,即拒绝原假设,反之则接受原假设。

由 F 分布的定义可知:

$$F = \frac{\mathrm{SS}_{\mathrm{regression}}/m}{\mathrm{SS}_{\mathrm{residual}}/(n-m-1)} \sim F(m, n-m-1)$$

给定显著水平 α,由 F 分布表查得临界值 $F_\alpha(m, n-m-1)$,使得:

$$P\{F \geqslant F_\alpha(m, n-m-1)\} = \alpha$$

由采样得到的观测数据,求得 F 统计量的数值,如果 $F \geqslant F_\alpha(m, n-m-1)$,则拒绝原假设,即线性回归是显著的。如果 $F < F(m, n-m-1)$,则接受原假设,即认为线性回归方程不显著。

8.2.2 回归系数的显著性

在多元线性回归中,若线性回归显著,回归系数就不全为零,故回归方程

$$\hat{Y}_i = \hat{\beta}_0 + \hat{\beta}_1 X_1 + \hat{\beta}_2 X_2 + \cdots + \hat{\beta}_m X_m$$

是有意义的。但线性回归显著并不能保证每一个回归系数都足够大,或者说不能保证每一个回归系数都显著地不等于零。若某一系数等于零,如 $\beta_j = 0 (j = 1, 2, \cdots, m)$,则变量 X_j 对 Y 的取值就不起作用。因此,要考察每一个自变量 X 对 Y 的取值是否起作用,就需要对每一个回归系数 β 进行检验。为此在线性回归模型上提出原假设:

$$H_0: \beta_j = 0 \quad (1 < j \leqslant m)$$

由于 $\hat{\beta}_j$ 是 β_j 的无偏估计量,自然构造检验用的统计量。由

$$\hat{\beta} = (X^T X)^{-1} X^T Y$$

易知,$\hat{\beta}_j$ 是相互独立的正态随机变量 $Y_1, Y_2, \cdots, Y_n$ 的线性组合,所以 $\hat{\beta}_j$ 也服从正态分布,并且有:

$$E(\hat{\beta}_j) = \beta_j, \quad \mathrm{var}(\hat{\beta}_j) = \sigma^2 A_{jj}^{-1}$$

即 $\hat{\beta}_j \sim N(\beta_j, \sigma^2 A_{jj}^{-1})$,其中,$A_{jj}^{-1}$ 是矩阵 $\boldsymbol{A}^{-1}$ 的主对角线上的第 j 个元素,而且这里的 j 是从第 0 个算起的。于是:

$$\frac{\hat{\beta}_j - \beta_j}{\sigma \sqrt{A_{jj}^{-1}}} \sim N(0,1)$$

还可以证明 $\hat{\beta}_j$ 与 $SS_{residual}$ 是相互独立的。因此在原假设成立的条件下,有:

$$T = \frac{\hat{\beta}_j}{\sqrt{A_{jj}^{-1} SS_{residual}/(n-m-1)}} \sim t(n-m-1)$$

给定显著水平 X,查 t 分布表得到临界值 $t_{a/2}(n-m-1)$,由样本值算得 T 统计量的数值,若 $|T| \geqslant t_{a/2}(n-m-1)$,则拒绝原假设,即认为 β_j 和零有显著差异;若 $|T| < t_{a/2}(n-m-1)$,则接受原假设,即认为 β_j 显著等于零。

由于 $E[SS_{residual}/\sigma^2] = n-m-1$,所以

$$\hat{\sigma}^{*2} = \frac{SS_{residual}}{n-m-1}$$

式中: $\hat{\sigma}^{*2}$ 是 σ^2 的无偏估计值。

于是 T 统计量的表达式也可以简写为:

$$\frac{\hat{\beta}_j}{\hat{\sigma}^* \sqrt{A_{jj}^{-1}}} = \frac{\hat{\beta}_j}{Se(\hat{\beta}_j)} \sim t(n-m-1)$$

这与 R 语言自动给出的结果是一致的。而且可以据此推断出回归系数 β_1 和 β_2 是显著(不为零)的。注意,截距项 β_0 是否为零并不需要关心。

8.3　评估与选择回归模型

进行回归分析时,R 语言有多种现成的模型供使用者选择,本节介绍如何选择并评价这些模型,并举例分析不同模型的区别。

8.3.1　选择嵌套模型

选择模型需要在较好的拟合性与简化性之间进行衡量,因为更小的残差平方和就意味着更高的 R^2 值。更复杂的(或者包含更多解释变量的)模型总是能够比简单的模型表现出更好的拟合优度。但是如果拟合优度差别不大,则更倾向于选择一个简单的模型。这里应该注意,一个大的指导原则就是尽量使用简单的模型,这也称为是"精简原则"或"吝啬原则"(principle of parsimony)。

对于两个模型,若其中一个恰好是另外一个的特殊情况,那么称这两个模型是嵌套模型。这时最通常的做法是基于前面介绍的 F 检验来进行模型评估。当然,应用 F 检验的前提仍然是本章始终强调的几点,即误差满足零均值、方差正态分布,并且被解释变量与解释变量之间存在线性关系。

基于上述假设,对两个嵌套模型执行 F 检验的基本步骤如下:假设两个模型分别是 M_0 和 M_1,其中,M_0 嵌套在 M_1 中,即 M_0 是 M_1 的一个特例,且 M_0 中的参数数量 p_0 小于 M_1 中的参数数量 p_1。

令 $y_1, y_2, \cdots, y_n$ 表示响应的观察值。对于 M_0,首先对参数进行估计,然后对每个观察值

y_i 计算其预测值 $\hat{y}_i$,然后计算残差 $y_i - \hat{y}_i$,其中, $i = 1, \cdots, n$,并由此得到残差平方和。对于模型 M_0 ,将它的残差平方和记为 RSS_0 。与 RSS_0 相对的自由度为 $df_0 = n - p_0$ 。重复相同的步骤即可获得与 M_1 相对的 RSS_1 和 df_1 。此时 F 统计量为:

$$F = \frac{(RSS_0 - RSS_1)/(df_0 - df_1)}{RSS_1/df_1}$$

在空假设之下,F 统计量满足自由度为 $(df_0 - df_1, df_1)$ 的 F 分布。一个大的 F 值表示残差平方和的变化也很大(将模型从 M_0 转换成 M_1 时)。也就是说 M_1 的拟合优度显著好于 M_0 。因此,较大的 F 值会拒绝 H_0 。注意这是一个右尾检验,仅取 F 分布中的正值,而且仅当 M_0 拟合较差时,F 统计量才会取得一个较大的数值。

残差平方和度量了实际观察值偏离估计模型的情况。若 $RSS_0 - RSS_1$ 的差值较小,那么模型 M_0 就与 M_1 相差无几,此时基于"吝啬原则",应更倾向于接受 M_0 ,因为模型 M_1 并未显著地优于 M_0 。进一步观察 F 统计量的定义,不难发现,一方面它考虑到了数据的内在变异,即 RSS_1/df ,另一方面,它也评估了两个模型间残差平方和的减少是以额外增加多少个参数为代价的。

8.3.2　赤池信息准则

赤池信息量准则(Akaike information criterion,AIC)是在选择统计模型时一个应用非常广泛的信息量准则,它是由日本统计学家赤池弘次于 20 世纪 70 年代左右提出的。AIC 的定义式为 $AIC = -2\ln(L) + 2k$,其中, L 是模型的极大似然函数, k 是模型中的独立参数个数。

当从一组可供选择的模型中选择一个最佳模型时,应该选择 AIC 值最小的模型。当两个模型之间存在着相当大的差异时,这个差异就表现在 AIC 定义式中等式右边的第 1 项,而当第 1 项不出现显著性差异时,则第 2 项起作用,因此,参数个数少的模型是好的模型。这其实就是前面曾经介绍过的"吝啬原则"的一个具体化应用。

设随机变量 Y 具有概率密度函数 $q(Y \mid \beta)$,对于 Y 的一组独立观察值 $y_1, y_2, \cdots, y_N$,定义 β 的似然函数为:

$$L(\beta) = q(y_1 \mid \beta)q(y_2 \mid \beta)\cdots q(y_N \mid \beta)$$

极大似然法采用使 $L(\beta)$ 为最大的 β 的估计值 $\hat{\beta}$ 作为参数值。当 Y 的真实分布的密度函数 $p(y)$ 为 $q(y \mid \beta_0)$ 时,若 $N \to \infty$,则 $\hat{\beta}$ 是 β_0 的一个良好估计值。这时 $\hat{\beta}$ 称为极大似然估计值。

现在另 $\hat{\beta}$ 为对数似然函数 $L(\beta) = \ln L(\beta)$ 取得最大值时的 β 的估计值。由于

$$L(\beta) = \sum \ln q(y_i \mid \beta)$$

当 $N \to \infty$ 时,几乎处处有

$$\frac{1}{N}\sum_{i=1}^{N}\ln q(y_i \mid \beta) \to E\ln q(Y \mid \beta)$$

式中, E 为分布的数学期望。

由此可知,极大似然估计值 $\hat{\beta}$ 是使 $E\ln q(Y \mid \beta)$ 为最大的估计值,则

$$E\ln q(Y \mid \beta) = \int p(y)\ln q(y \mid \beta)\mathrm{d}y$$

而根据库尔贝克-莱布勒散度(或称相对熵)公式可知:

$$D[p(y);q(y\mid\beta)]=E\ln p(Y)-E\ln q(Y\mid\beta)=\int p(y)\ln\frac{p(y)}{q(y\mid\beta)}dy$$

式中:$D[p(y);q(y\mid\beta)]$ 是非负的,只有当 $q(y\mid\beta)$ 的分布与 $p(y)$ 的分布一致时,它才等于零。于是原本想求的 $E\ln q(Y\mid\beta)$ 的极大化,就准则 $D[p(y);q(y\mid\beta)]$ 而言,即是求近似于 $p(y)$ 的 $q(q(y\mid\beta)$ 。这个解释就透彻地说明了极大似然法的本质。

作为衡量 $\hat{\beta}$ 优劣的标准,不使用残差平方和,而使用 $E^*D[p(y);q(y\mid\beta_0)]$,这里的 $\hat{\beta}$ 是观察值 $x_1,x_2,\cdots,x_N$ 的函数,假定 $x_1,x_2,\cdots,x_N$ 与 $y_1,y_2,\cdots,y_N$ 独立且具有相同的分布,同时让 E^* 表示对 $x_1,x_2,\cdots,x_N$ 的分布的数学期望。忽略 $E^*D[p(y);q(y\mid\beta_0)]$ 的公共项 $E\ln p(y)$,只要求得有关 $E^*E\ln q(Y\mid\beta)$ 的良好的估计值即可。

考虑 Y 与 $y_1,y_2,\cdots,y_N$ 相互独立的情形,设 $p(y)=q(y\mid\beta_0)$,那么当 $N\to+\infty$ 时,$-2\ln\lambda$ 渐近地服从 X_k^2 分布,此处

$$\lambda=\frac{\max l(\beta_0)}{\max l(\hat{\beta})}$$

并且 k 是参数向量 β_0 的维数。于是,极大对数似然函数 $l(\hat{\beta})=\sum E\ln q(y_i\mid\hat{\beta})$ 与 $l(\beta_0)=\sum E\ln q(y_i\mid\beta_0)$ 之差的 2 倍,在 $N\to+\infty$ 时,渐近地服从 X_k^2 分布。由于卡方分布的均值等于其自由度 $2l(\hat{\beta})$,比起 $2l(\beta_0)$ 来说平均地要高出 k 那么多。这时,$2l(\beta)$ 在 $\hat{\beta}=\beta$ 的邻近的形状可由 $2E^*l(\beta)$ 在 $\beta=\beta_0$ 邻近的形状来近似,且二者分别由以 $\hat{\beta}=\beta$ 和 $\beta=\beta_0$ 为顶点的二次曲面来近似。这样一来,从 $2l(\hat{\beta})$ 来看 $2l(\beta_0)$ 时,后者平均只低 k ,这意味着从 $2E^*l(\beta_0)$ 来看 $[2E^*l(\beta_0)]_{\beta=\hat{\beta}}$ 时,后者平均只低 k 。

由于 $2E^*l(\beta)=2NE\ln q(Y\mid\beta)$,如果将 $2l(\hat{\beta})-2k$ 作为 $E\{2E^*l(\beta)]_{\hat{\beta}=\beta}\}=2NE^*E\ln q(Y\mid\hat{\beta})$ 的估计值,则由 k 之差而导致的偏差得到了修正。为了与相对熵对应,把这个量的符号倒过来,可得到 AIC $=-2l(\hat{\beta})+2k$,该式可以用来度量条件分布 $q(y\mid\beta)$ 与总体分布 $p(y)$ 之间的差异。AIC 值越小,二者的连接程度越高。一般情况下,β 的维数 k 增加,对数似然函数 $l(\hat{\beta})$ 也将增加,从而 AIC 值变小。但当 k 过大时,$l(\hat{\beta})$ 的增速减缓,导致 AIC 的值反而增加,使得模型变坏。可见 AIC 准则有效且合理地控制了参数维数。显然 AIC 准则要求在追求尽可能大的 $l(\hat{\beta})$ 时,要使 k 尽可能小,这就体现了"吝啬原则"的思想。

R 语言提供用于计算 AIC 值的函数有两个,第一个函数为 AIC()。具体来说,在评估回归模型时,如果使用 AIC() 函数,那么就相当于采用下面的公式来计算 AIC 值:

$$\text{AIC}=n+n\ln 2\pi+n\ln(\text{SS}_{\text{residual}}/n)+2(p+1)$$

只要将对数似然值的计算公式 $L=-\frac{n}{2}n\ln 2\pi-\frac{n}{2}\ln(\text{SS}_{\text{residual}}/n)-\frac{n}{2}$ 代入前面讨论的 AIC 公式,就能得到上面的 AIC 算式。

理论上,AIC 准则不能给出对模型阶数的相容估计,即当样本趋于无穷大时,由 AIC 准则选择的模型阶数不能收敛到其真值。此时应考虑用 BIC 准则,BIC 准则对模型参数的考虑更多,其定出的阶数低。限于篇幅,此处不打算对 BIC 进行过多解释,仅仅给出其计算公式为:

$$BIC = n + n\ln 2\pi + n\ln(SS_{residual}/n) + (\ln n)(p + 1)$$

可以使用 BIC() 函数来获取回归模型的 BIC 信息量。另外,在 AIC() 函数中,有一个默认值为 2 的参数 k,如果将其改为 $\log(n)$,那么此时 AIC() 函数计算的就是 BIC 值。这一点从它们二者的计算公式也很容易能看出来。

R 语言提供的另外一个用于计算 AIC 值的函数是 extractAIC() 函数,当采用这个函数来计算时,就相当于采用下面的公式来计算 AIC 值:

$$AIC = n\ln(SS_{residual}/n) + 2p$$

相应的 BIC 值计算公式为:

$$BIC = n\ln(SS_{residual}/n) + (\ln n)p$$

8.3.3　逐步回归方法

在实际分析中,使用多元线性模型描述变量之间的关系时,无法事先了解哪些变量之间的关系显著,这时就要考虑很多的潜在自变量。基于"吝啬原则",当然更倾向于选择更加精简的模型。为了简化建模过程,一个值得推荐的方法是逐步回归法(stepwise method)。逐步回归建模时,按偏相关系数的大小次序(即解释变量对被解释变量的影响程度)将自变量逐个引入方程,对引入的每个自变量的偏相关系数进行统计检验,将效应显著的自变量留在回归方程内,如此继续遴选下一个自变量。R 语言中进行逐步回归的函数是 step() 函数,并以 AIC 信息准则作为添加或删除变量的判别方法。从一个包含所有解释变量的"完整模型"开始,首先消除其中最不显著的解释变量,再消除次不显著的变量(如果有的话),直到最后所保留的都是显著的解释变量。该逐步回归法也称为后向消除法。与后向消除法相对应的还有前向选择法,该方法为从一个空模型开始,向其中加入一个最显著的解释变量,再加入次显著的解释变量(如果有的话),直到仅剩下那些不显著的解释变量为止。

8.4　预测回归模型

数据分析的最终目的是通过已知的数据预测未知的数据。本节将利用线性回归模型对数据进行预测。

设线性回归模型为:

$$Y = \beta_0 + \beta_1 X_1 + \beta_2 X_2 + \cdots + \beta_m X_m + \mu$$

式中,$\mu \sim N(0, \sigma^2)$。当求得参数 $\hat{\beta}$ 的最小二乘估计 β 之后,就可以建立回归方程为:

$$\hat{Y} = \hat{\beta}_0 + \hat{\beta}_1 X_1 + \hat{\beta}_2 X_2 + \cdots + \hat{\beta}_m X_m$$

若线性回归显著性及回归系数显著性检验表明,回归方程和回归系数都是显著的,那么就可以利用该回归方程来进行预测。给定自变量 $X_1, X_2, \cdots, X_m$ 的任意一组观察值 $X_{01}, X_{02}, \cdots, X_{0m}$,由回归方程可得:

$$\hat{Y} = \hat{\beta}_0 + \hat{\beta}_1 X_{01} + \hat{\beta}_2 X_{02} + \cdots + \hat{\beta}_m X_{0m}$$

设 $X_0 = (X_{01}, X_{02}, \cdots, X_{0m})$,则上式可以写成:

$$\hat{Y_0} = X_0 \hat{\beta}$$

正如前面所讨论的那样,当 $X = X_0$ 时,由样本回归方程计算的 $\hat{Y_0}$ 是个别值 Y_0 和总体均值 $E(Y_0)$ 的无偏估计,所以 $\hat{Y_0}$ 可以作为 Y 和 $E(Y_0)$ 的预测值。

与前面讨论的情况相同,区间预测包括两个方面,一方面是总体个别值 Y_0 的区间预测,另一方面是总体均值 $E(Y_0)$ 的区间预测。设 $e_0 = Y_0 - \hat{Y_0} = Y_0 - X_0 \hat{\beta}$,则有:

$$e_0 \sim N(0, \sigma^2 [1 + X_0 (X^T X)^{-1} X_0^T])$$

如果 $\hat{\beta}$ 是统计模型中某个参数 β 的估计值,那么统计量的定义式就为:

$$t_{\hat{\beta}} = \frac{\hat{\beta}}{se(\hat{\beta})}$$

所以与 e_0 相对应的 T 统计量为:

$$T = \frac{e_0}{\hat{\sigma} \sqrt{1 + X_0 (X^T X)^{-1} X_0^T}} = \frac{Y_0 - \hat{Y_0}}{\hat{\sigma} \sqrt{1 + X_0 (X^T X)^{-1} X_0^T}} \sim t(n-m-1)$$

给定显著水平 α,可得:

$$\hat{Y_0} - t_{\frac{\alpha}{2}}(n-m-1) \times \hat{\sigma} \sqrt{1 + X_0 (X^T X)^{-1} X_0^T} \leqslant Y_0$$
$$\leqslant \hat{Y_0} + t_{\frac{\alpha}{2}}(n-m-1) \times \hat{\sigma} \sqrt{1 + X_0 (X^T X)^{-1} X_0^T}$$

总体个别值 Y_0 的区间预测就由上式给出。

8.5　实践与练习

8.5.1　一元线性回归例题

一元线性回归的主要任务是用 n 个相关变量中的一个变量去估计另一个变量。下面通过一个实例具体了解用 R 语言的 lm() 函数做回归分析的过程。

合金的强度 y(MPa)与合金中的碳含量 x(%)是一对有关的变量,希望求得它们之间的关系,在分析工作开始之前,第一步需要获得分析数据,首先收集一批业务数据,具体情况如表 8-2 所示。

表 8-2　合金中的各项数据

序　号	碳含量 x/(%)	强度 y/MPa	序　号	碳含量 x/(%)	强度 y/MPa
1	0.10	42.0	7	0.16	49.0
2	0.11	43.5	8	0.17	53.0
3	0.12	45.0	9	0.18	50.0
4	0.13	45.5	10	0.18	55.0
5	0.14	45.0	11	0.21	55.0
6	0.15	47.5	12	0.23	60.0

可以根据以上数据来分析合金的强度是否与碳含量有关。首先,用 R 语言的命令把数据读取到 R 语言程序中:

```
x <-c(seq(0.10,0.18,by=0.01),0.20,0.21,0.23)
y <-c(42.0,43.5,45.0,45.5,45.0,47.5,49.0,53.0,50.0,55.0,55.0,60.0)
plot(x,y)
```

可得到如图 8-6 所示的散点图,表明 x、y 两个变量之间存在某种线性关系。

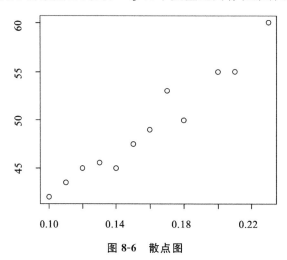

图 8-6 散点图

再用 lm()函数来拟合直线,通过回归函数 lm()得到如下结果:

```
lm.sol <-lm(y~ 1+x)   # lm()函数返回拟合结果的对象
```

可以用 summary()函数查看具体内容:

```
summary(lm.sol)
```

回归结果如下。

```
Call:
lm(formula=y~ 1+x)
Residuals:
Min 1Q Median 3Q Max
- 2.0431 - 0.7056 0.1694 0.6633 2.2653
Coefficients:
Estimate Std.Error t value Pr(>|t|)
(Intercept) 28.493 1.580 18.04 5.88e-09 * * *
x           130.835 9.683 13.51 9.50e-08 * * *
Signif.codes: 0 '* * *' 0.001 '* *' 0.01 '*' 0.05 '.' 0.1 ' ' 1
Residual standard error: 1.319 on 10 degrees of freedom
Multiple R-squared: 0.9481, Adjusted R-squared: 0.9429
F-statistic: 182.6 on 1 and 10 DF, p-value: 9.505e-0
```

由结果可知,两个回归系数分别是 28.493 和 130.835,结果里面还有 T 值,以及两个 P 值,P 值越小,回归效果越显著。倒数第二行中 R-squared 对应的数字越接近于 1,回归效果越好。所以,本例回归分析效果显著,回归直线为:$y=28.493+130.835x$。做完回归分析之后,还可以进行预测,对于一个给定的 x 值,可以求出 y 值的概率为 0.95 的相应的预测区

间。这可用 R 语言的 predict()函数实现预测,代码如下:

```
# 注意,一个值也要写出数据框的形式
>new <-data.frame(x=0.16)
# 加上 interval="prediction",表示同时给出相应的预测区间
>lm.pred <-predict(lm.sol,new,interval= "prediction",level=0.95)
>lm.pred
     fit        lwr        upr
1  49.42639   46.36621   52.48657
```

8.5.2　多元线性回归例题

多元线性回归用于研究一个因变量与两个或两个以上自变量间的关系。下面分析在身高相等的情况下,人的收缩压与体重和年龄之间的关系。设收缩压为 y(mmHg),体重为 x_1(kg),年龄为 x_2(周岁),这里收集了 13 个测试样本数据,具体内容如表 8-3 所示,通过这些样本数据建立 y 关于 x_1 和 x_2 的线性回归方程。

表 8-3　测试样本数据

序号	x_1	x_2	y	序号	x_1	x_2	y
1	76.0	50	120	8	79.0	50	125
2	91.5	20	114	9	85.0	40	132
3	85.5	20	124	10	76.5	55	123
4	82.5	30	126	11	82.0	40	132
5	79.0	30	117	12	95.0	40	155
6	80.5	50	125	13	92.5	20	147
7	74.5	60	123				

代码如下:

```
# 首先把数据读取到 R 语言程序中
>x1 <-c(76.0,91.5,85.5,82.5,79.0,80.5,74.5,79.0,85.0,76.5,82.0,95.0,92.5)
>x2 <-c(50,20,20,30,30,50,60,50,40,55,40,40,20)
>y <-c(120,141,124,126,117,125,123,125,132,123,132,155,147)
>mydata <-data.frame(x1,x2,y)
# 做线性回归
>lm.sol <-lm(y~x1+x2,data=mydata)
>summary(lm.sol)
# 结果如下
Call:
lm(formula=y~x1+x2, data=mydata)
Residuals:
Min 1Q Median 3Q Max
4.0404 -1.0183 0.4640 0.6908 4.3274
Coefficients:
Estimate Std.Error t value Pr(>|t|)
```

```
(Intercept) -62.96336 16.99976 -3.704 0.004083 **
x1 2.13656 0.17534 12.185 2.53e-07 ***
x2 0.40022 0.08321 4.810 0.000713 ***
Signif.codes: 0 '***' 0.001 '**' 0.01 '*' 0.05 '.' 0.1 ' ' 1
Residual standard error: 2.854 on 10 degrees of freedom
Multiple R-squared: 0.9461, Adjusted R-squared: 0.9354
F-statistic: 87.84 on 2 and 10 DF, p-value: 4.531e-07
```

从以上结果来看，回归系数和回归方程的检验都是显著的，所以回归方程为：

$$y = -62.96366 + 2.13656x_1 + 0.40022x_2$$

与一元线性回归一样，也可以用 predict() 函数做预测。

可通过下面程序来预测体重为 80 kg，年龄为 60 周岁的男子的血压：

```
>new <-data.frame(x1=80,x2=60)
>lm.pred <-predict(lm.sol,new ,interval="prediction", level=0.95)
>lm.pred
   fit        lwr          upr
1 131.9743   124.6389     139.3096
```

本章小结及习题

第9章 聚类分析

本章学习目标

■ 掌握聚类分析的概念和特点
■ 掌握用 K-means 算法进行聚类分析
■ 掌握用高斯混合模型进行聚类分析
■ 掌握用层次聚类法进行聚类分析

聚类分析是指对一批没有标出类别的模式样本集,按照样本之间的相似程度进行分类,将相似的归为一类,不相似的归为另一类的过程。这里的相似程度指样本特征之间的相似程度。把整个模式样本集的特征向量看成是分布在特征空间中的一些点,点与点之间的距离即可作为模式相似性的测量依据,也就是将特征空间中距离较近的样本归为一类。其中,对特征的选择非常重要。特征选少了,可能导致聚类困难;特征选多了,会增加计算量。

9.1 聚类分析的概念及常用函数

9.1.1 聚类分析的概念

聚类分析实际是一种数据规约技术,它的目标是求解一个数据样本的观测值的子集。将距离作为相似性的评价指标,即认为两个对象的距离越近,相似度就越大。该算法认为簇是由距离靠近的对象组成的,因此把得到紧凑且独立的簇作为最终目标。分类问题在科学研究、生产实践和社会生活中到处存在。例如:在地质勘探中根据物探、化探的指标样本进行分类;在古生物研究中根据挖掘出的骨骼的形状和尺寸对它们进行分类;在大坝监控中对所得的庞大的观测数据进行分类。

由于对象具有复杂性,有时仅凭经验和专业知识不能达到确切分类的目的,于是数学方法就被引入到分类问题中。聚类分析法的应用相当广泛,其已经广泛用于地质勘探、天气预报、作物品种分类、土壤分类、微生物分类等领域,在经济管理、社会经济统计部门,也用聚类分析法进行定量分类。

聚类分析将根据事物彼此不同的属性进行辨认,将具有相似属性的事物聚为一类,使得同一类的事物具有高度的相似性,这使得聚类分析可以很好地解决无法确定事物属性的分类问题。聚类算法种类繁多,且其中绝大多数可以用 R 语言实现,图 9-1 所示的是对一组数据进行聚类分析后的结果。下面将对普及性最广、最实用、最具有代表性的五种传统聚类分析算法进行讲解。

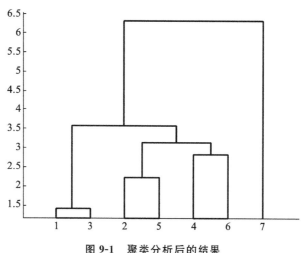

图 9-1　聚类分析后的结果

1) 划分方法

对于一个给定的有 N 个元组或记录的数据集,构造 K 个分组,每一个分组就代表一个聚类,且 $K<N$。而且这 K 个分组满足下列条件:①每一个分组至少包含一个数据记录;②每一个数据记录属于且仅属于一个分组(注意:这个要求在某些模糊聚类算法中可以放宽)。对于给定的 K,算法首先给出一个初始的分组方法,在这之后,反复迭代改变分组,使得每一次改进之后的分组方案都较前一次好,而好的标准就是:同一分组中的记录越近越好,而不同分组中的记录越远越好。使用这个基本思想的算法有:K-means 算法、K-medoids 算法、CLARANS 算法。

大部分划分方法是基于距离的。给定要构建的分区数 K 后,划分方法会创建一个初始化划分,然后,它采用一种迭代的重定位技术,把对象从一个组移动到另一个组来进行划分。一个好的划分的一般标准是:同一个簇的对象尽可能相互接近或相关,而不同簇的对象尽可能远离或不同。还有许多评判划分质量的其他准则。传统的划分方法可以扩展到子空间聚类,而不是搜索整个数据空间。当存在很多属性并且数据稀疏时,不需要搜索整个数据空间是有用的。为了达到全局最优,基于划分的聚类可能需要列举所有可能的划分,计算量极大。实际上,大多数应用都采用流行的启发式方法,以渐近地提高聚类质量,逼近局部最优解。这些启发式聚类方法很适合发现中小规模的数据库中的球状簇。为了发现具有复杂形状的簇和对超大型数据集进行聚类,需要进一步扩展基于划分的方法。

2) 层次方法

这种方法对给定的数据集进行层次性的分解,直到满足某种条件为止。该方法具体又可采取自底向上和自顶向下两种方案。例如,在自底向上方案中,初始时每一个数据记录都组成一个单独的组,在接下来的迭代中,它把那些相互邻近的组合并成一个组,直到所有的记录组成一个分组或者满足某个条件为止。代表算法有：BIRCH 算法、CURE 算法、CHAMELEON 算法等。

层次方法的一些扩展也考虑了子空间聚类问题。层次方法的缺陷在于，一旦一个步骤（合并或分裂）完成，它就不能被撤销。这个严格规定是有用的，因为不用担心选择的组合数目，因此它将产生较小的计算开销。然而这种技术不能更正错误的决定。现阶段已经提出了一些提高层次聚类质量的方法。

3）基于密度的方法

基于密度的方法能克服基于距离的算法只能发现"类圆形"的聚类的缺点。这个方法的指导思想就是，只要一个区域中的点的密度大过某个阈值，就把它加到与之相近的聚类中去。代表算法有：DBSCAN 算法、OPTICS 算法、DENCLUE 算法等。

4）基于网格的方法

这种方法首先将数据空间划分成为具有有限个单元的网格结构，所有的处理都是以单个的单元为对象的。这样处理的一个突出的优点就是处理速度快，通常这是与目标数据库中记录的个数无关的，它只与把数据空间分为多少个单元有关。代表算法有：STING 算法、CLIQUE 算法、WAVE-CLUSTER 算法等。

对于很多空间数据挖掘问题，使用网格通常是一种有效的方法。基于网格的方法也可以和其他聚类方法集成。

5）基于模型的方法

基于模型的方法给每一个聚类假定一个模型，然后去寻找能够很好地满足这个模型的数据集。这样一个模型可能是数据点在空间中的密度分布函数或者其他。它的一个潜在的假定就是：目标数据集是由一系列的概率分布所决定的。通常有两种尝试方向：统计的方案和神经网络的方案。

9.1.2　R 语言常用函数

聚类分析把大量的数据样本规约为若干个类别，也就是由若干个观察值组成的样本群组，观测值相似的样本在一个群组内。R 语言为聚类分析提供了有效的方法，本章主要介绍 kmeans()、hclust()、Mclust()、pam() 等函数的定义和使用。

kmeans() 函数的格式如下：

kmeans(x, centers, iter.max = 10, algorithm = c("Hartigan-Wong", "Lloyd", "Forgy", "MacQueen"), trace=FALSE)

该函数用于在数据矩阵上执行 K 均值聚类，其中参数含义如下。

x：要进行聚类分析的数据集。

centers：预设的类别数 K。

iter.max：允许的最大迭代次数，默认值为 10。

algorithm：算法，注意 Lloyd 和 Forgy 是算法的替代名称。

trace：逻辑或整数，目前仅用于默认方法（Hartigan-Wong），如果为正（或为真），则生成有关算法进度的跟踪信息，较高的值可能会产生更多的跟踪信息。

hclust() 函数的格式如下：

hclust(d, method="complete", members=NULL)

该函数用于一组不同点的层次聚类分析,其中参数含义如下。

d:由 dist 产生的相异结构。

method:要使用的凝聚方法,可以是"ward. D","ward. D2","single","complete","average"(=UPGMA),"mcquitty"(=WPGMA),"median"(=WPGMC)或"centroid"(=UPGMC)。

members:NULL 或长度为 d 的向量。

Mclust()函数的格式如下:

Mclust(data,G=NULL,modeNames=NULL)

该函数为进行 EM 聚类的核心函数,其中参数含义如下。

data:用于放置待处理数据集。

G:预设类别数,默认值为 1~9,即由软件根据 BIC 的值在 1~9 中选择最优值。

modeNames:用于设定模型类别,该参数和 G 一样也可由函数自动选取最优值。

pam()函数的格式如下:

pam(x, k, diss=inherits(x, "dist"), metric="euclidean", medoids=NULL, stand=FALSE, cluster. only=FALSE, do. swap=TRUE, keep. diss=! diss && ! cluster. only && n < 100, keep. data=! diss && ! cluster. only, pamonce=FALSE, trace. lev=0)

该函数用于完成围绕中心点的划分,K-means 是基于均值的,它对于异常值会很敏感,它的适应性不强,更适应的方法是基于中心点划分的方法,用一个最具有代表性的观测值来代替质心。其中参数含义如下。

x:待处理数据,即数据矩阵或者数据框。

k:聚类类别的个数。

metric:用于选择测算样本点间距离的方式,其可设置为 euclidean 或 manhattan。

medoids:默认取 NULL,即由软件选择初始中心点样本,也可以认定一个 k 维向量来指定初始点。

stand:一个逻辑值,用于选择对数据进行聚类前是否需要进行标准化。

keep. data:选择是否在聚类结果中保留数据集。

9.2 K-means 算法

K-means 算法是很典型的基于距离的聚类算法,将距离作为相似性的评价指标,即认为两个对象的距离越近,相似度就越大。该算法认为簇是由距离靠近的对象组成的,因此把得到紧凑且独立的簇作为最终目标。

9.2.1 算法描述

聚类分析使用最广泛的算法是 K-means 算法。K-means 算法属于聚类分析方法里较为经典的一种。由于该算法的效率高,所以在对大规模数据进行聚类时被广泛应用。目前,许多算法均围绕着该算法进行扩展和改进。在实际应用中,K-means 算法在商业上常用于客户价值分析,应用得最广泛的 RFM 模型便是通过 K-means 算法进行划分分类的,最终可得到不同特征的客户群模型。在做 K-means 聚类分析之前,需观察数据的量纲差异及是否存在异常值。若数据量纲差别太大,则需要用 scalet() 函数做中心标准化,消除量纲影响。若存在异常值,则需要做预处理,否则会严重影响划分结果。基本的 K-means 算法描述如下。

(1) 导入一组具有 n 个对象的数据集,给出聚类个数 K;

(2) 从 n 个对象中随机取出 K 个作为初始聚类中心;

(3) 根据欧几里得距离来判断相似度量,确定每个对象属于哪个簇;

(4) 计算并更新每个簇中对象的平均值,并将其作为每个簇的新的聚类中心;

(5) 计算出准则函数 E;

(6) 循环(3)~(5)步,直到准则函数 E 在允许的误差范围内为止。

接下来通过一个例子演示 K-means 算法的具体操作过程。假设初始数据集如表 9-1 所示。开始时,算法指定了两个质心 $A(15,5)$ 和 $B(5,15)$,并由此出发。

表 9-1　初始数据集

x	15	12	14	13	12	16	4	5	5	7	7	6
y	17	18	15	16	15	12	6	8	3	4	2	5

根据数据点到质心 A 和 B 的距离对数据集中的点进行分类,此处使用欧几里得距离,如图 9-2(a)、(b)所示。然后,算法根据新的分类来计算新的质心(也就是均值),得到结果 A $(8.2,5.2)$ 和 B$(10.7,13.6)$,如表 9-2 和表 9-3 所示。

表 9-2　新质心(1)

	分类 1												均值
x	15	12	14	13	12	16	4	5	5	7	7	6	10.7
y	17	18	15	6	15	12	6	8	3	4	2	5	13.6

表 9-3　新质心(2)

	分类 2					均值
x	16	5	7	5	6	8.2
y	12	3	4	2	5	5.2

根据数据点到新质心的距离,再次对数据集的数据进行分类,如图 9-2(c)所示。然后,算法根据新的分类来计算新的质心,并再次根据数据点到新质心的距离,对数据集的数据进行分类。结果发现簇内数据点不再改变,所以算法执行结束,最终的聚类结果如图 9-2(d)所示。

对于距离函数和质心类型的某些组合,算法总是收敛到一个解,即当 K 均值到达一种状态,聚类结果和质心都不再改变。但为了避免过度迭代导致时间消耗,实践中,也常用一个较弱的条件替换掉"质心不再发生变化"这个条件。例如,使用"直到仅有 1% 的点改变簇"。

K-means 算法比较简单且相当有效,它的某些变种甚至更有效,并且不太受初始化问题的影响。但 K-means 算法并不适合所有的数据类型,它不能处理非球形簇、不同尺寸和不同密度的簇,尽管指定足够大的簇个数时它通常可以发现纯子簇。对包含离群点的数据进行聚类时,K-means 算法也有问题。在这种情况下,离群点的检测和删除非常有效。K-means算法的另一个问题是,它对初值的选择是敏感的,这说明选择不同的初值会导致迭代次数的变化很大。此外,对 K-means 的选择也是一个问题。显然,算法本身并不能自适应地判定数据集应该被划分成几个簇。最后,K-means 算法仅限于具有质心(均值)概念的数据。K 中心点聚类技术没有这种限制,在 K 中心点聚类中,每次选择的不再是均值,而是中位数。用这种算法实现的其他细节与 K-means 算法的相差不大,不再赘述。

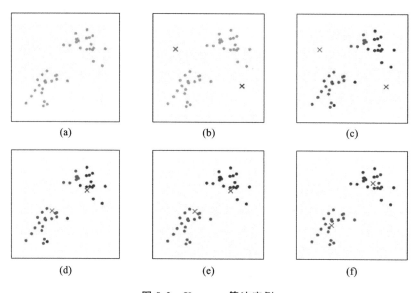

图 9-2   K-means 算法实例

9.2.2 算法特点

K-means 算法是分类任务中最常用的方法之一。K-means 算法具有如下特点。

(1)可发现球形互斥的簇。由于 K-means 算法一般是以欧几里得距离作为相似性度量指标的,所以 K-means 算法对于球形互斥的簇的聚类效果会比较好。

(2)对低维数据集的聚类效果较好。对于同样的数据量,维度越高,数据矩阵越稀疏,当数据维度比较高时,数据矩阵是一个稀疏矩阵,K-means 算法对稀疏矩阵数据的聚类效果不佳。

(3)容易陷入局部最优。对于 K-means 算法来说,初始聚类中心的确定十分重要,因为不同的聚类中心会使算法沿着不同的路径搜索最优聚类结果,不过对于陷入局部最优这个问题,可以从对初始聚类中心的选择来进行改进。

9.2.3 应用实例

前文给出了 K-means 算法的核心函数 kmeans(),下面通过一个实例来说明 kmeans()函数的用法。这里有一组来自世界银行的数据,统计了 30 个国家的两项指标,第一项是第三产业增加值占 GDP 的比重,第二项是国家或地区人口结构中年龄大于或等于 65 岁的人口(也就是老龄人口)占总人口的比重。可以用如下代码读入文件并显示其中最开始的几行数据。

```
>countries=read.csv("c:/countriesdata.csv")
>head(countries)
Countries services of GDP ages65 above of total
1  Belgium        76.7              18
2  France         78.9              18
3  Denmark        76.2              18
4  Spain          73.9              18
5  Japan          72.6              25
6  Sweden         72.7              19
```

可见,数据共分三列(除行标签外),其中第一列是国家或地区的名字,该项与后面的聚类分析无关,应更关心后面两列信息。第二列对应的是第三产业增加值占 GDP 的比重,最后一列对应的是人口结构中年龄大于或等于 65 岁的人口(也就是老龄人口)占总人口的比重。

为了方便后续处理,下面对读入的数据进行一些必要的预处理,主要是调整列标签,以及用国家名或地区名替换掉行标签(同时删除包含国家名或地区名的列)。

```
>var=as.character(countries$contries)
For(i in  1:30)  dimnames(countries)[[1]][i]=var[i]
>countries=countries[,2:3]
Names(countries)
>head(countries)
        Services(%)  Aged_Population(%)
Belgium    76.7              18
France     78.9              78
Denamark   76.2              18
Spain      73.9              18
Japan      72.6              25
Sweden     72.7              19
```

绘制这些数据的散点图后,不难发现这些数据大致可以分为两组。可以采用下面的代码来进行 K-means 算法聚类分析。

```
>my.km<-kmeans(countries,center=2)
>my.km$center
Services(% )  Aged_Population(% )
1  74.42667         17.133333
2  48.29333          5.533333
>head(my.km$cluster)
Belgium  France  Denmark  Spain  Japan  Sweden
   1        1        1        1      1       1
```

限于篇幅,仍然只列出聚类结果中最开始的几条。也可用图形来显示结果:

```
>plot(countries, col=my.kn$cluster)
>oiubts(my.km$centers,  col=1:2, pch=8, cex=2)
```

上述代码的执行结果如图 9-3 所示。

另外一种与 K-means 算法非常类似的算法是 K-median 算法。此处不再详细介绍 K-median算法的细节,K-median 算法只是将 K-means 算法中出现的均值换成了中值。K-median算法是 K-means 算法的一个重要补充和改进。

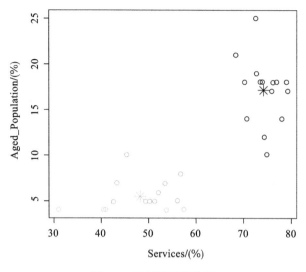

图 9-3　用图形显示结果

9.3　高斯混合模型

高斯概率密度函数估计模型是一种参数化模型。高斯模型分为单高斯模型和高斯混合模型两类。高斯混合模型是单一高斯概率密度函数的延伸,高斯混合模型能够平滑地近似任意形状的密度分布。类似于聚类,根据高斯概率密度函数的参数不同,每一个高斯模型可以看作一种类别,输入一个样本 x,即可通过高斯概率密度函数计算其值,然后通过一个阈值来判断该样本是否属于高斯模型。很明显,单高斯模型适合于仅有两类别问题的划分,而由于高斯混合模型具有多个模型,划分更为精细,适用于多类别的划分,其可以应用于复杂对象建模。

9.3.1　模型推导

在讨论 EM 算法时,并未指定样本来自于何种分布。在实际应用中,常常假定样本是来自正态分布总体的。也就是说,在进行聚类分析时,认为所有样本都来自由不同参数控制的数个正态总体。例如对于男性、女性的身高问题,我们就可以假定样本数据是来自如图 9-4 所示的一个双正态分布混合模型。这便有了接下来要讨论的高斯混合模型。

设给定的训练样本集合是 $\{x_1, x_2, \cdots, x_n\}$,将隐含类别标签用 z_i 表示。首先假定 z_i 满足参数为 φ 的多项式分布,即

$$Q_i = P(z_i = j) = P(z_i = j \mid x_i; \varphi, \mu, \sigma)$$

在 E 步,假定已知所有的正态分布参数和多项式分布参数,然后在给定 x_i 的情况下计算它属于 z_i 分布的概率。而且 z_i 有 k 个值,即 $1, 2, \cdots, k$,也就是 k 个高斯分布。在给定 z_i 后,X 满足高斯分布(x_i 是从分布 X 中抽取的),即

$$(X \mid z_i = j) \sim N(\mu_j, \sigma_j)$$

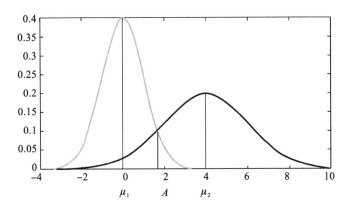

图 9-4　双正态分布混合模型

回忆一下贝叶斯公式：

$$P(A_i \mid B) = \frac{P(A_i)P(B \mid A_i)}{P(B)} = \frac{P(A_i)P(B \mid A_i)}{\sum\limits_{j=1}^{n} P(A_j)P(B \mid A_j)}$$

由此可得：

$$P(z_i = j \mid x_i; \varphi, \mu, \sigma) = \frac{P(z_i = j \mid x_i; \varphi)P(x_i \mid z_i = j, \mu, \sigma)}{\sum\limits_{m=1}^{k} P(z_i = m \mid x_i; \varphi)P(x \mid z_i = m, \mu, \sigma)}$$

而在 M 步，则要对

$$\sum_{i=1}^{n} \sum_{z_i} Q_i(z_i) \lg \frac{P(x_i, z_i; \varphi, \mu, \sigma)}{Q_i(z_i)}$$

求极大值，并由此来对参数 φ, μ, σ 进行估计。将高斯分布的函数展开，并且为了简便，用 ω_j^i 来替换 $Q_i(z_i = j)$，于是上式可进一步变为：

$$\sum_{i=1}^{n} \sum_{z_i} Q_i(z_i = j) \lg \frac{P(x_i \mid, z_i = j; , \mu, \sigma)P(z_i = j; \varphi)}{Q_i(z_i = j)}$$

$$= \sum_{i=1}^{n} \sum_{j=1}^{k} \omega_j^i \lg \frac{\dfrac{1}{(2\pi)^{\frac{n}{2}} \mid \sigma_j \mid^{\frac{1}{2}}} \exp\left[-\dfrac{1}{2}(x_i - \mu_j)\sigma^{-1}(x_i - \mu_j)\right] \cdot \varphi_j}{\omega_j^i}$$

为了求极值，对上式中的每个参数分别求导，则有：

$$\frac{\partial f}{\partial \mu_j} = \frac{-\sum\limits_{i=1}^{n} \sum\limits_{j=1}^{k} \omega_j^i \dfrac{1}{2}(x_i - \mu_j)^2 \sigma_j^{-1}}{\partial \mu_j} = \frac{1}{2} \sum_{i=1}^{n} \omega_j^i \frac{2\mu_j \sigma_j^{-1} x_j - \mu_j^2 \sigma_j^{-1}}{\partial \mu_j} = \sum_{i=1}^{n} \omega_j^i (\sigma_j^{-1} x_j - \sigma_j^{-1} \mu_j)$$

令上式等于零，可得：

$$\mu_j = \frac{\sum\limits_{i=1}^{n} \omega_j^i x_i}{\sum\limits_{i=1}^{n} \omega_j^i}$$

这也就是 M 步中对 μ 进行更新的公式。σ 更新公式的计算与此类似，本节不再具体给出计算过程，后面在总结高斯模型算法时会给出结果。

下面来谈参数 φ 的更新公式。求偏导数的公式在消掉常数项后，可以化简为：

$$\sum_{i=1}^{n}\sum_{j=1}^{k}\omega_j^i\lg\varphi_j$$

而且 φ_j 还需满足一定的约束条件，即 $\sum_{j=1}^{k}\varphi_j=1$ 。这时需要使用拉格朗日乘子，于是有：

$$L(\varphi)=\sum_{i=1}^{n}\sum_{j=1}^{k}\omega_j^i\lg\varphi_j+\beta(-1+\sum_{j=1}^{k}\varphi_j)$$

当然，$\varphi_j\geqslant0$，但是对数公式已经隐含地满足了这个条件，可不必做特殊考虑。求偏导数可得：

$$\frac{\partial L(\varphi)}{\varphi_j}=\beta+\sum_{i=1}^{n}\frac{\omega_j^i}{\varphi_j}$$

令偏导数等于零，则有：

$$\varphi_j=\frac{\sum_{i=1}^{n}\omega_j^i}{-\beta}$$

并得到：

$$-\beta=\sum_{i=1}^{n}\sum_{j=1}^{k}\omega_j^i=\sum_{i=1}^{n}1=n$$

这样就得到了 β 的值，于是最终得到 φ_j 的更新公式为：

$$\varphi_j=\sum_{i=1}^{n}\omega_j^i$$

重复循环下列步骤，直到收敛为止：

（E 步）对于每个 i 和 j，计算

$$\omega_j^i=P(z_i=j\mid x_i;\varphi,\mu,\sigma)$$

（M 步）更新参数：

$$\varphi_j=\frac{1}{n}\sum_{j=1}^{k}\omega_j^i$$

$$\mu_j=\frac{\sum_{i=1}^{n}\omega_j^ix_i}{\sum_{i=1}^{n}\omega_j^ix}$$

$$\sigma_j=\frac{\sum_{i=1}^{n}\omega_j^i(x_i-\mu_i)^2}{\sum_{i=1}^{n}\omega_j^i}$$

综上所述，高斯混合模型求解的算法如上。

9.3.2　应用实例

Mclust 软件包提供了利用高斯混合模型对数据进行聚类分析的方法。其中 mclust()函数是进行 EM 聚类的核心函数，它的基本调用格式为：

Mclust（data，G＝NULL,modelNames＝NULL, prior＝NULL,
control＝emControl()，initialization＝NULL,
warn＝mclust. options（"warn"),…）

参数的主要含义如下。

data:预备处理的数据集。

G:预先设定的类别数,默认值为 $1 \sim 9$,即由软件根据 BIC 的值在 $1 \sim 9$ 中选择最优值（这部分内容在第 8 章中有说明）。

下面的示例代码对前面给出的国家或地区数据进行了聚类分析,结果仍然显示这些国家或地区被成功地分成了两类,每类包含 15 个国家或地区。

```
>my.em <-Mclust (countries)
>summary (my.em)
Gaussian finite mixture model fitted by EM algorithm
Mclust EVI (diagonal, equal volume, varying shape) model with 2 components:
log.likelihood n df  BIC
-179.2962 30 8 -385.802 -385.8023
Clustering table:
2
15  15
```

如果想获得包括参数估计值在内的更为具体的信息,可对以上代码稍作修改,注意略去了输出中与上面重复的部分。代码如下:

```
>sunmary (my.em, parameters=TRUE)
Mixing probabilities:
1               2
0.4999956     0.5000044
Means:
                        [,1]    [,2]
services(%)         74.42666  48.293568
Aged Population(%) 17.13340   5.533373
Variances :
[,,1]
services(%) Aged_Population(%)
Services (%)    10.1814    0.00000Aged
Population(%)  0.0000     13.07313
[,,2]
Services(%) Aged_Population(%)
Services (%)       48.9951  0.000000
Aged_Population(%)  0.0000   2.716653
```

也可以利用图形化手段对上述结果进行展示。此时需要用到 mclust 软件包中的 mclust2Dplot() 函数,示例代码如下:

```
>mclust2Dplot (countries, parameters=my.em$parameters,
+z=my.em$ z, what="classification", main=TRUE)
```

通过上述示例代码绘制的聚类结果如图 9-5 所示。不同形状和颜色的数据标记表明了数据点所属的类别。此外,如果将上述代码中的参数值 classification 修改成 uncertainty,那么聚类结果将变成如图 9-6 所示的图形。该图所展示的是分类结果的不确定性情况。如果表示样本数据的圆点的颜色越深、面积越大,表示不确定性越高。显然,所有的数据点都被正确分类了,而两个簇之间彼此靠近的部分往往是不确定性更高的区域。

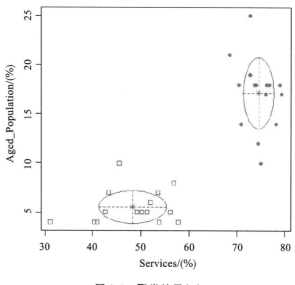

图 9-5   聚类结果(1)

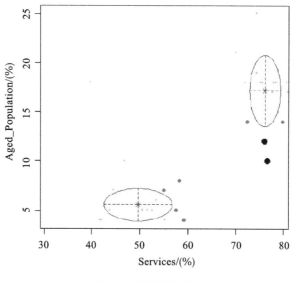

图 9-6   聚类结果(2)

借助 densityMclust()函数,还可以绘制出高斯混合模型的密度图,用下面的代码绘制二维的概率密度图,结果如图 9-7 所示。

```
>model  density <-densityMclust (countries)
>plot (model density, countries,  col="cadetblue",
nlevels=25,  what="density")
```

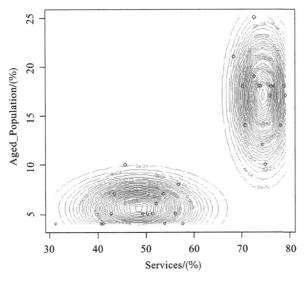

图 9-7　二维概率密度图

或者也可以使用代码来绘制三维的概率密度图，结果如图 9-8 所示。其中参数 theta 用于控制三维图像水平方向上的旋转角度。代码如下：

```
>plot (model density, what="density", type="persp", theta=235)
```

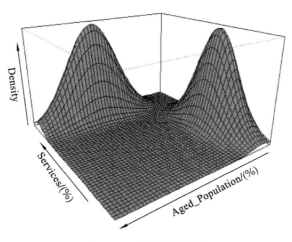

图 9-8　三维概率密度图

9.4　层次聚类法

9.4.1　凝聚层次聚类说明

层次聚类可以通过凝聚（agglomeration，自底向上）和分裂（division，自顶向下）两种方法来构建聚类层次，需要通过距离的相似性度量来判断对数据究竟是采取凝聚还是分裂处理。所谓凝聚,指的是在初始时将每个点作为一个簇,每一步合并两个最接近的簇,到最后噪声点或离群点往往还是各占一簇的,除非出现过度合并。凝聚的层次聚类没有局部极小问题或是很难选择初始点的问题。合并的操作往往是最终的,一旦两个簇合并,就不可进行撤销操作。当然其计算和存储的成本是昂贵的。

9.4.2 凝聚层次聚类操作

程序代码示例如下:

```
customer=read.csv("d:/R-TT/example/customer.csv")
head(customer,10)
ID Visit.Time Average.Expense Sex Age
1   1          3            5.7   0   10
2   2          5           14.5   0   27
3   3         16           33.5   0   32
4   4          5           15.9   0   30
5   5         16           24.9   0   23
6   6          3           12.0   0   15
7   7         12           28.5   0   33
8   8         14           18.8   0   27
9   9          6           23.8   0   16
10 10          3            5.3   0   11
```

检查数据集结构的代码如下:

```
str(customer)
'data.frame':  60 obs.of  5 variables:
$ ID             : int   1 2 3 4 5 6 7 8 9 10 ...
$ Visit.Time     : int   3 5 16 5 16 3 12 14 6 3 ...
$ Average.Expense: num   5.7 14.5 33.5 15.9 24.9 12 28.5 18.8 23.8 5.3 ...
$ Sex            : int   0 0 0 0 0 0 0 0 0 0 ...
$ Age            : int   10 27 32 30 23 15 33 27 16 11 ...
```

对客户数据进行归一化处理。数据标准化(归一化)处理是数据挖掘的一项基础工作,对于不同评价指标往往具有不同的量纲,这会影响到数据分析的结果,为了消除指标之间的量纲影响,需要进行数据标准化处理,以解决数据指标之间的可比性。原始数据经过数据标准化处理后,各指标处于同一数量级,适合进行综合对比评价。以下是两种常用的归一化方法。

1) min-max 标准化方法

该方法也称为离差标准化方法,该方法对原始数据进行线性变换,使结果值映射到[0,1]范围内。转换函数为:

$$X^* = \frac{X - \min}{\max - \min}$$

式中,max 为样本数据的最大值;min 为样本数据的最小值。这种方法有个缺陷就是当有新数据加入时,可能导致 max 和 min 发生变化,此时需要重新定义。

2）z-score 标准化方法

这种方法对原始数据的均值和标准差进行标准化。经过处理的数据符合标准正态分布,即均值为 0,标准差为 1,转换函数为:

$$X^* = \frac{X - \mu}{\sigma}$$

式中,μ 为所有样本数据的均值;σ 为所有样本数据的标准差。

此处采用方法二,参考程序代码如下:

```
customer=scale(customer[,-1])
customer
      Visit.Time Average.Expense      Sex          Age
[1,] -1.20219054    -1.35237652  -1.4566845  -1.23134396
[2,] -0.75693479    -0.30460718  -1.4566845   0.59951732
[3,]  1.69197187     1.95762206  -1.4566845   1.13800594
[4,] -0.75693479    -0.13791661  -1.4566845   0.92261049
[5,]  1.69197187     0.93366567  -1.4566845   0.16872643
[6,] -1.20219054    -0.60226893  -1.4566845  -0.69285535
[7,]  0.80146036     1.36229858  -1.4566845   1.24570366
[8,]  1.24671612     0.20737101  -1.4566845   0.59951732
[9,] -0.53430691     0.80269450  -1.4566845  -0.58515763
[10,] -1.20219054   -1.40000240  -1.4566845  -1.12364624
```

使用自底向上的聚类方法处理数据集,代码如下:

```
hc=hclust(dist(customer,method="euclidean"),method="ward.D2")
>hc
Call:
hclust(d=dist(customer, method="euclidean"), method="ward.D2")
Cluster method   : ward.D2
Distance         : euclidean
Number of objects: 60
# 调用 plot()函数绘制聚类树图
plot(hc,hang=-0.01,cex=0.7)
```

绘制结果如图 9-9 所示。

也可借助离差平方和绘制聚类树图,绘制结果如图 9-10 所示。

还可以使用最短距离法来生成层次聚类:

```
hc2=hclust(dist(customer),method="single")
plot(hc2,hang=-0.01,cex=0.7)
```

9.4.3　凝聚层次聚类原理

如前所述,层次聚类可以通过自底向上和自顶向下两种方式来构建聚类层次。

对于自底向上的聚类方法,算法开始时,每个观测样例都被划分到单独的簇中,再计算出每个簇之间的相似度(距离),并将两个相似度最高的簇合成一个簇,然后反复迭代,直到所有的数据都被划分到一个簇为止。

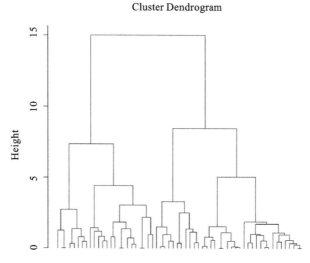

图 9-9　聚类树图(1)

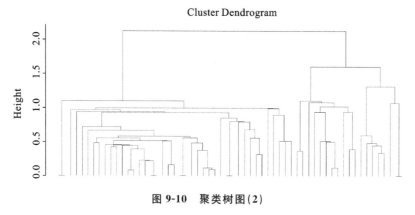

图 9-10　聚类树图(2)

对于自顶向下的聚类算法,算法开始时,每个观测样例都被划分到同一个簇中,然后算法开始将簇分裂成两个相异度最大的小簇,并反复迭代,直到每个观测值属于单独的一个簇。在执行层次聚类操作之前,需要确定两个簇之间的相似度到底有多大,通常会使用到下列距离计算方法。

最短距离法(single linkage),计算每个簇之间的最短距离:

$$dist(c1,c2)=min\ dist(a,b)$$

最长距离法(complete linkage),计算每个簇中两点之间的最长距离:

$$dist(c1,c2)=max\ dist(a,b)$$

9.4.4　分裂层次聚类

R 语言使用 diana()函数执行分裂层次聚类,具体格式为:

```
library(cluster)
dv=diana(customer,metric="euclidean")
```

调用 summary()函数输出模型特征值:

```
summary(dv)
```

如果想构建水平聚类树,则执行以下代码:

```
library(magrittr)
dend= customer %>% dist %>% hclust %>% as.dendrogram
dend %>% plot(horiz=TRUE,main="Horizontal Dendrogram"
```

9.5 实践与练习

9.5.1 层次聚类练习

层次聚类法是一门多元统计分类法,它先把每个样品作为一类,然后把最靠近的样品(即距离最小的样品)首先聚为小类,再将已聚合的小类按类间距再进行合并,不断继续下去,最后把一切子类都聚合到一个大类。对于变量聚类分析,只需要将距离替换为相似系数,然后将相似系数较大的变量分别聚类即可。

下面举一个具体的例子。2008 年,我国内地的 31 个省、市和自治区的农村家庭的平均生活消费情况如表 9-4 所示(数据来源为 www.stats.gov.cn(中华人民共和国国家统计局官网))。以此为原始数据,使用层次聚类法对我国内地各地区农村家庭平均生活消费支出进行聚类,从一个综合的角度来分析哪些地区的消费水平在同一层次,然后进一步分析消费项目,即对变量进行考察,求解哪些变量属于相同类别。根据原始数据对我国内地省份进行归类统计。

表 9-4 原始数据

序号	食品 X1	衣着 X2	居住 X3	家庭设备及服务 X4	交通和通信 X5	文教娱乐用品及服务 X6	医疗保健 X7	其他商品及服务 X8
1	2270.72	377.81	1162.96	202.36	930.33	883.33	709.22	127.29
2	1368.93	292.32	699.21	133.96	202.87	322.27	301.06	82.73
3	1192.93	203.72	696.12	131.92	326.73	230.07	219.32	62.28
4	1206.69	276.23	286.73	138.26	328.72	380.70	210.32	69.83
5	1283.61	239.96	369.60	128.80	206.72	399.33	320.62	69.23
6	1329.00	298.82	601.71	138.91	226.27	387.97	283.37	107.78
7	1362.22	232.03	330.96	122.80	333.38	321.70	380.71	93.27
8	1267.68	308.29	871.31	130.00	393.02	237.37	331.03	83.21
9	3731.27	267.33	1806.08	303.96	879.37	833.30	697.11	179.06
10	2202.38	276.39	860.33	230.11	612.23	713.23	290.93	120.36
11	2779.10	232.79	1639.88	362.03	831.06	727.00	332.06	126.12
12	1232.18	180.02	630.31	163.33	28.63	292.82	199.22	38.92

序号	食品 X1	衣着 X2	居住 X3	家庭设备及服务 X4	交通和通信 X5	文教娱乐用品及服务 X6	医疗保健 X7	其他商品及服务 X8
13	2162.30	263.39	777.31	222.86	332.68	390.13	197.83	113.01
14	1633.12	137.73	339.39	133.00	301.68	236.01	203.68	60.38
15	1331.77	230.29	802.73	220.91	232.33	217.27	280.26	79.00
16	1163.81	209.73	712.61	169.61	290.79	212.38	213.00	66.27
17	1711.32	187.07	631.30	232.92	290.22	267.13	210.36	99.80
18	1927.32	169.06	629.73	171.11	286.01	278.67	222.17	78.67
19	2388.91	177.67	962.33	189.01	283.66	272.87	239.00	136.82
20	1392.67	91.19	333.23	122.01	261.83	172.73	132.32	30.81
21	1337.33	89.89	391.02	102.07	261.37	288.29	123.82	86.67
22	1337.39	160.32	328.97	167.72	283.23	211.83	197.13	22.87
23	1627.38	172.39	269.73	163.99	263.08	173.26	209.22	33.29
24	1119.62	112.26	227.20	92.36	139.61	122.10	96.38	33.73
25	1283.16	119.63	626.12	118.97	228.23	168.33	181.97	23.97
26	1133.37	228.68	322.07	120.06	217.21	62.26	33.82	70.09
27	1113.66	173.30	398.39	133.07	270.63	331.99	231.23	60.70
28	1126.69	218.61	292.77	97.38	276.31	168.99	222.39	26.22
29	1132.33	132.66	387.83	93.38	232.69	219.91	162.72	31.03
30	1222.02	200.26	368.79	110.33	316.73	128.86	270.06	61.32
31	1288.27	217.17	382.27	123.91	299.29	192.37	318.77	72.20

代码如下：

```
# 读入数据
china <- read.table("F:\\2008 年我国部分地区的农村家庭的平均生活消费情况.txt",
header=TRUE)
# 聚类分析,最长距离法
distance <- dist(china) china.hc <- hclust(distance)
# 绘制系谱图,如图 9-11 所示
plot(china.hc, hang=-1)
# 分为 5 类
re <- rect.hclust(china.hc, k=5)
for (i in 1:5) {
print(paste("第",i,"类"))
print(china[re[[i]],]$ 地区)
}
```

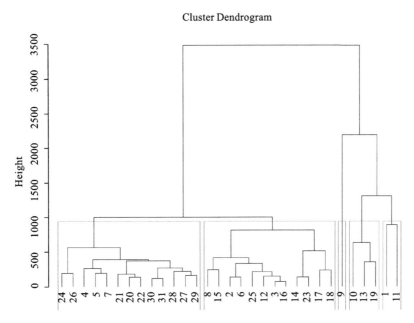

图 9-11 系谱图(1)

```
# 聚类分析,最短距离法
china.hc <- hclust(distance,method="single")
# 绘制系谱图,如图 9-12 所示
plot(china.hc, hang=-1)
# 分为 5 类
re <- rect.hclust(china.hc, k=5)
```

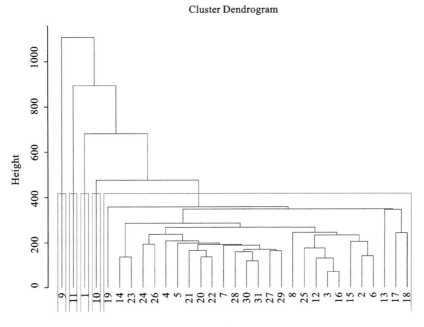

图 9-12 系谱图(2)

```
# 聚类分析,类平均法
china.hc <-hclust(distance,method="average")
# 绘制系谱图,如图 9-13 所示
plot(china.hc, hang=-1)
# 分为 5 类
re <-rect.hclust(china.hc, k=5)
```

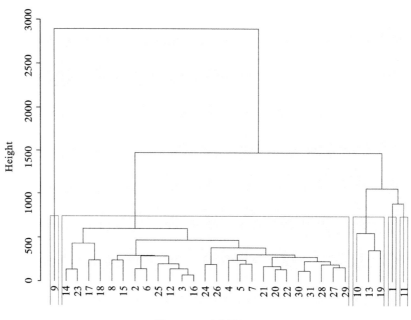

图 9-13　系谱图(3)

```
# 聚类分析,重心法
china.hc <-hclust(distance,method="centroid")
# 绘制系谱图,如图 9-14 所示
plot(china.hc, hang=-1)
# 分为 5 类
re <-rect.hclust(china.hc, k=5)
china.hc <-hclust(distance,method="median")      # 聚类分析,中间距离法
plot(china.hc, hang=-1)                           # 绘制系谱图,如图 9-15 所示
re <-rect.hclust(china.hc, k=5)                   # 分为 5 类
china.hc <-hclust(distance,method="ward")        # 聚类分析,离差平方和法
plot(china.hc, hang=-1)                           # 绘制系谱图,如图 9-16 所示
re <-rect.hclust(china.hc, k=5)                   # 分为 5 类
```

9.5.2　K-means 算法实例

K-means 算法以距离为相似性的评价指标,即认为两个对象的距离越近,相似度就越大。该算法认为簇是由距离靠近的对象组成的,因此把得到紧凑且独立的簇作为最终目标。下面将通过例子进行说明。

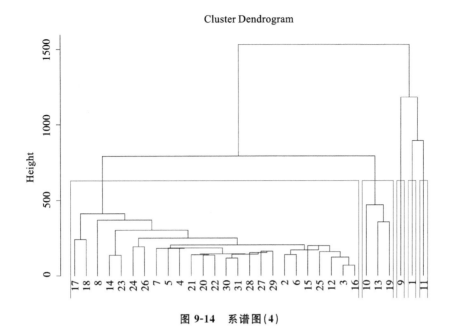

图 9-14　系谱图(4)

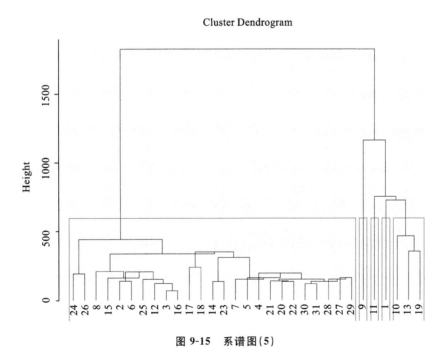

图 9-15　系谱图(5)

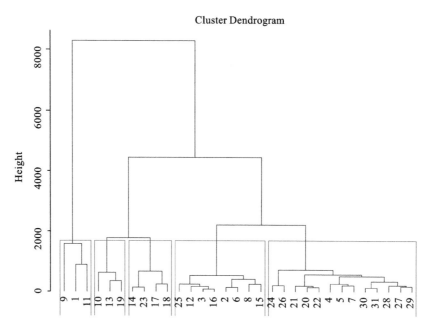

图 9-16   系谱图(6)

代码如下：

```
newiris <-iris;
# 对训练数据去掉分类标记
newiris$ Species <-NULL;
# 分类模型训练
kc <-kmeans(newiris, 3);
fitted(kc);   # 查看具体分类情况
# 查看分类概括
table(iris$ Species, kc$ cluster);
# 聚类结果可视化
plot(newiris[c ("Sepal.Length", "Sepal.Width")], col = kc $ cluster, pch = as.
integer(iris$ Species));
# 不同的颜色代表不同的聚类结果,不同的形状代表训练数据集的原始分类情况
points(kc$ centers[,c("Sepal.Length", "Sepal.Width")], col=1:3, pch=8, cex=2);
```

聚类结果可视化图如图 9-17 所示。

R 语言帮助文档应用的一个非常好的例子如下,请特别留意 kmeans() 满足的条件：

```
require(graphics)
# a 2-dimensional example
x <-rbind(matrix(rnorm(100, sd=0.3), ncol=2),
matrix(rnorm(100, mean=1, sd=0.3), ncol=2))
colnames(x) <-c("x", "y")
(cl <-kmeans(x, 2))
plot(x, col=cl$ cluster)
points(cl$ centers, col=1:2, pch=8, cex=2)
# sum of squares
```

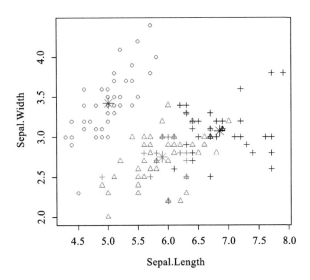

图 9-17　聚类结果可视化图(1)

　　其中 scale()函数提供数据中心化功能,所谓数据的中心化是指用数据集中的各项数据减去数据集的均值,这个函数还提供数据的标准化功能,所谓数据的标准化是指用中心化之后的数据除以数据集的标准差,即用数据集中的各项数据减去数据集的均值,再除以数据集的标准差。

```
ss <- function(x) sum(scale(x, scale=FALSE)^2)
# cluster centers "fitted" to each obs.:
fitted.x <- fitted(cl);
head(fitted.x);
resid.x <- x - fitted(cl);
# # Equalities : ------------------------------------
cbind(cl[c("betweenss", "tot.withinss", "totss")], # the same two columns
c(ss(fitted.x), ss(resid.x),    ss(x)))
# kmeas 聚类满足如下条件
stopifnot(all.equal(cl$ totss,          ss(x)),
all.equal(cl$ tot.withinss, ss(resid.x)),
# # these three are the same:
all.equal(cl$ betweenss,    ss(fitted.x)),
all.equal(cl$ betweenss, cl$ totss - cl$ tot.withinss),
# # and hence also
all.equal(ss(x), ss(fitted.x) + ss(resid.x))
)
```

聚类结果可视化图如图 9-18 所示。

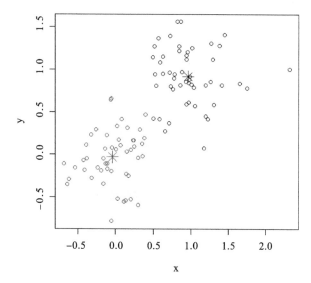

图 9-18　聚类结果可视化图(2)

本章小结及习题

第 10 章　支持向量机

● ┈┈┈

● ┈ **本章学习目标**

■ 掌握支持向量机的构筑原理
■ 理解支持向量机的各种概念
■ 掌握线性可分支持向量机的使用准则
■ 掌握非线性支持向量机的使用准则
■ 掌握 R 的 e1071 软件包

支持向量机（support vector machine，SVM）是一类可用于分类和回归的有监督的机器学习模型。它的流行归功于两个方面，一是它可输出较准确的预测结果；二是其模型基于较优雅的数学理论。本章将介绍支持向量机在二元分类问题中的应用。

10.1　支持向量机概述

SVM 法是建立在统计学习理论基础上的机器学习方法，于 1995 年被提出，其具有相对优良的性能指标。通过学习算法，SVM 可以自动寻找出那些对分类有较好区分能力的支持向量，由此构造出的分类器可以最大化类与类的间隔，并且有较好的适应能力和较高的分准率。该方法的特点是只由各类域的边界样本（支持向量）的类别来决定最后的分类结果。

10.1.1　支持向量机概念

SVM 旨在在多维空间中找到一个能将全部样本单元分成两类的最优平面，这一平面应使两类中距离最近的点的间距（margin）尽可能大，间距边界上的点称为支持向量（它们决定间距），分割的超平面位于间距的中间。

对于一个 M 维空间（即 N 个变量）来说，最优超平面为 -1 维。当变量数为 2 时，曲面是一条直线；当变量数为 3 时，曲面是一个平面；当变量数为 10 时，曲面是一个九维的超平面。

下面来看图 10-1 所示的二维问题。圆圈和三角形分别代表两个不同类别，间距即两根虚线间的距离。虚线上的点(实心的圆圈和实心的三角形)即支持向量。在二维问题中,最优超平面即间距中的黑色实线。在这个理想化案例中,这两类样本单元是线性可分的,即黑色实线可以无误差地准确区分两类。

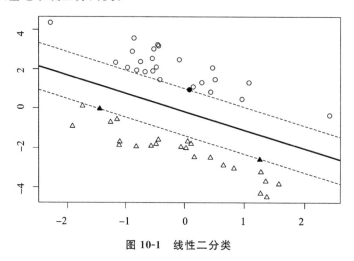

图 10-1　线性二分类

最优超平面可由一个二次规划问题解得。二次规划问题限制一侧样本点的输出值为+1,另一侧的输出值为-1,在此基础上最优化间距。若样本点"几乎"可分(即并非所有样本点都集中在一侧),则在最优化中加入惩罚项以容许存在一定误差,从而生成"软"间隔。

不过有可能数据本身就是非线性的。比如图 10-2 中就不存在可完全将圆圈和三角形分开的线。在这种情况下,SVM 通过核函数将数据投影到高维上,使其在高维线性可分。可以想象,对图 10-2 所示的数据投影,就可将圆圈从纸上分离出来,使其位于三角形上方的平面。有一种方法可将二维数据投影到三维空间,即

$$(X,Y) \rightarrow (X^2, \sqrt{2}XY, Y^2) \rightarrow (Z_1, Z_2, Z_3)$$

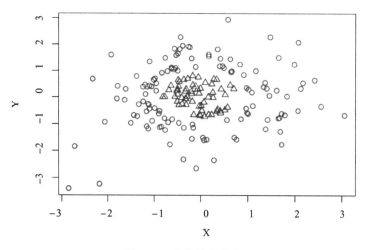

图 10-2　非线性的分类

这样,就可以用一张硬纸片将三角形与圆圈分开(将一个二维平面变成一个三维空间)。

总而言之,对于一个分类问题,当其数据是线性可分的,也就是用一根棍就可以将两种图形分开的时候,这里只要将棍的位置放在让小球距离棍的距离最大的位置即可,寻找这个

最大距离的过程,也叫做最优化。但是,情况往往没有这么简单,一般的数据是线性不可分的,也就是说,找不到一根棍将两种图形很好地分类。这个时候,就需要换一个角度来考虑问题,将不同的图形放在空间位置,不再是平面位置,用一张纸代替小棍对小球进行分类。

10.1.2　R 语言核心函数

SVM 的基本原理比较复杂,但 R 语言提供了一个用于实现支持向量机任务的便捷方向,SVM 可以通过 kernlab 包的 ksvm() 函数和 e1071 包的 svm() 函数来实现,其中,ksvm() 函数的功能更加强人,但 svm() 函数相对简单,下面给出 svm() 函数的定义和相关内容,并且给出本章所用主要函数的说明。具体函数及其变量的含义如下。

svm(formula, data, scale = TRUE/FALSE, type, kernel, gamma = g, degree = d, cost=C, epsilon=0.1, na. action=na. omit/na. fail):默认在生成模型前对每一个变量进行标准化,使它们的均值为 0,标准差为 1。

formula:以 R 语言公式的形式指定输出变量和输入变量,其格式一般为"输出变量名～输入变量名",数据都存储在了指定的 dataframe 中。

scale:取 TRUE 或 FALSE,分别表示建模前是否对数据进行标准化处理,以消除变量数量级对距离计算的影响。

type:指定支持向量机的类型,可能的取值有 C-classification ,nu-classification,one-classification(for novelty detection) ,eps-regression 和 nu-regression 五种,默认为 C-classification。

kernel:用于指定多项式核函数名称,可能的取值有 linear,polynomial,radialbasis 等,分别表示线性核、多项式核和径向基核等。

gamma:核函数的参数,控制分割超平面的形状。gamma 越大,通常导致支持向量越多。因此也可以将它看作控制训练样本"到达范围"的参数。即 gamma 越大意味着训练样本达到的范围越广,而越小则意味着到达的范围越窄。gamma 必须大于零。

degree:用于指定多项式核中的阶数 d。

cost:用于指定损失惩罚函数的参数 C。

na. action:取 na. omit 表示忽略数据中带有缺失值的观测,取 na. fail 表示如果缺失观测将报错。

transform() 函数:一个通用函数,至少目前只对数据帧有用,如果可能,transform. default 会将其第一个参数转换为数据帧,并调用 transform. data. frame。

svm(x, y = NULL, scale = TRUE, type = NULL, kernel = " radial", degree = 3, gamma=if (is. vector(x)) 1 else 1 / ncol(x),coef0=0, cost=1, nu=0.5, subset, na. action=na. omit)。

x:可以是一个数据矩阵,也可以是一个数据向量,同时也可以是一个稀疏矩阵。

y:对于 x 数据的结果标签,它既可以是字符向量,也可以是数值向量,x 和 y 共同指定将要用来建模的训练数据以及模型的基本形式。

type:用于指定建立模型的类别,支持向量机模型通常可以用作分类模型、回归模型或者异常检测模型,根据用途的差异,在 svm() 函数中,type 可取的值有 C-classification、nu-classification、one-classification、eps-regression 和 nu-regression 五种,其中,前三种是针对于字符型结果变量的分类方式,其中第三种方式属于逻辑判别,即判别结果为输出所需判别的样本是否属于该类别,而后两种则是针对数值型结果变量的分类方式。

kernel:用于指定在模型建立过程中使用的核函数,针对线性不可分的问题,为了提高模型预测精度,通常会使用核函数对原始特征进行变换,提高原始特征维度,解决支持向量机模型线性不可分问题,svm()函数中的 kernel 参数有四个可选核函数,分别为线性核函数、多项式核函数、高斯核函数,以及神经网络核函数,其中高斯核函数与多项式核函数被认为是性能最好、最常用的核函数。

degree:核函数中多项式内积函数中的参数,其默认值为 3。

gamma:核函数中除线性内积函数以外的所有函数的参数,默认值为 1,coef0 是指核函数中多项式内积函数与 sigmoid 内积函数中的参数,其默认值为 0。

cost:软间隔模型中的离群点权重。

nu:用于 nu-regression、nu-classification 和 one-classification 类型中的参数。

plot(x, data, formula,fill=TRUE,grid=50,slice=list(),symbolPalette=palette(),svSymbol="x",dataSymbol="o",…):支持向量机中的画图应用函数。

x:利用 svm()函数所建立的支持向量机模型。

data:绘制支持向量机分类图所采用的数据,该数据格式应与模型建立过程中所使用的数据的格式一致。

formula:用来观察任意两个特征维度对模型分类的相互影响。

fill:逻辑参数,值为 TRUE 时,所绘制的图像具有背景色,反之没有,默认值为 TRUE。

symbolPalette:用于决定分类点以及支持向量的颜色。

svSymbol:决定支持向量的形状。

dataSymbol:决定数据散点图的形状。

10.2   线性可分及非线性支持向量机

支持向量机根据模型的复杂程度可以分为线性可分支持向量机、线性支持向量机和非线性支持向量机等三类。简单模型是复杂模型的基础,也是复杂模型的特殊情况。构建线性可分支持向量机所考虑的情况最为简单,本节就以此为始展开对支持向量机的讨论。所谓线性可分的情况,直观上理解,就如同各种线性分类器模型中的示例一样,两个集合之间是没有交叠的。在这种情况下,通常一个简单的线性分类器就能胜任分类任务。给定线性可分训练数据集,通过间隔最大化或等价地求解相应的凸二次规划问题得到的分离超平面 $wx+b=0$ 以及相应的分类决策函数 $f(x)=\text{sign}(wx+b)$ 称为线性可分支持向量机。

10.2.1 函数距离与几何距离

SVM 的基础思想就是希望不同类别的样本能分得更开一些,用数学语言表述就是距离更大。距离分为两种:函数距离和集合距离。如果有了超平面,二分类问题就得以解决。那么超平面又该如何确定呢? 直观上来看,这个超平面应该是既能将两类数据正确划分,又能使其自身距离两边的数据间隔最大的平面。在超平面 $w^{\mathrm{T}}x+b=0$ 确定的情况下，数据集中的某一点 x 到该超平面的距离可以通过多种方式来定义。再次强调，这里的 x 表示一个向量，如果是二维平面的话，那么它的形式应该是 (x_{10},x_{20}) 这样的坐标。

　　首先，分类超平面的方程可以写为 $h(x)=0$。过点 (x_{10},x_{20}) 做一个与 $h(x)=0$ 平行的超平面，那么这个与分类超平面平行的平面的方程可以写成 $f(x)=c$，其中 $c\neq0$。

　　不妨考虑用 $|f(x)-h(x)|$ 来定义点 (x_{10},x_{20}) 到 $h(x)$ 的距离。而且又因 $h(x)=0$，则有 $|f(x)-h(x)|=|f(x)|$。通过观察可发现，$f(x)$ 的值与分类标记 y 的值总是具有相同的符号，且 $|y|=1$，所以可以借助二者乘积的形式来消除绝对值符号。由此便引出了函数距离的定义为

$$\hat{\gamma}=yf(x)=y(\omega^{\mathrm{T}}x+b)$$

　　但这个定义还不完美。从解析几何的角度来说，与 $\omega_1x_1+\omega_2x_2+b=0$ 平行的线可以具有类似 $\omega_1x_1+\omega_2x_2+b=c$ 的形式，即 $h(x)$ 和 $f(x)$ 具有相同的表达式（都为 $\omega^{\mathrm{T}}x+b$），只是两个超平面方程相差等式右边的一个常数值。

　　对于另外一种情况，即 ω 和 b 都等比例地变化时，所得到的依然是平行线，例如，$2\omega_1x_1+2\omega_2x_2+2b=2c$。但这时如果使用函数距离的定义来描述点到超平面的距离，结果就会得到一个被放大的距离，但事实上，点和分类超平面都没有移动。

　　于是应当考虑采用几何距离来描述某一点到分类超平面的距离，如图 10-3 所示。回忆解析几何中点到直线的距离公式，并同样用与分类标记 y 相乘的方式来消除绝对值符号，由此引出点 x 到分类超平面的几何距离为

$$\gamma=\frac{|f(x)|}{\|\omega\|}=\frac{yf(x)}{\|\omega\|}$$

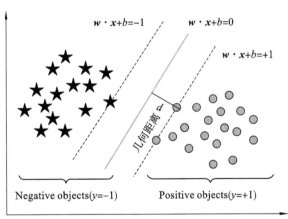

图 10-3　几何距离

　　易见，几何距离就是函数距离除以 $\|\omega\|$。

10.2.2　最大分类间隔

　　既然 SVM 的目标是最大化间隔，在此便要先对间隔进行定义。所谓间隔，就是分类超平面与所有样本距离的最小值。最大间隔分类器是最为直观，也是最为人们所熟悉的对于 SVM 的理解。不妨也先从这个角度切入，看看为什么 SVM 能带来优良的泛化能力。

对一组数据点进行分类时,显然当超平面离数据点的间隔越大,分类的结果就越可靠。于是,为了使得分类结果的可靠程度尽量高,需要让所选择的超平面能够最大化这个间隔。

SVM 最大分类间隔的灵感来自一个非常符合直觉的观察,如果存在两类数据,且数据的特征是二维的,那么就可以把数据画在一个二维平面上,此时可找到一个决策面(决策边界)将这两类数据分开。如图 10-4 所示。

理论上这个决策边界有无数种选择,就像图 10-4 中画出的四条黑色的线,但是哪一种是最好的分类方式呢? SVM 算法认为在图 10-4 中靠近决策边界的点(正负样本)与决策边界的距离最大时,是最好的分类选择。

图 10-5 中三条与水平成 45°角的线就是要优化的目标,它们表征了数据到决策边界的距离,这个距离就是所谓的最大分类间隔。同时对于在上方的几个数据,即使靠近两侧的数据少了几个,也不会影响决策边界的确定,而被框出来三个数据才决定了最终的决策边界,所以这三个数据称为支持向量。

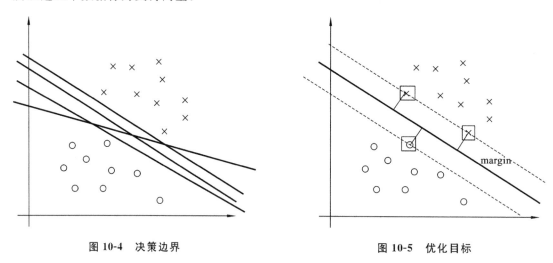

图 10-4　决策边界　　　　　　　　　　　　图 10-5　优化目标

10.2.3　非线性支持向量机方法

如果训练输入线性不可分,则可以使用非线性支持向量机,利用核技术将输入空间的非线性分类问题转化为特征空间的线性可分问题。首先,将原始特征空间中的数据映射到新的空间。然后,在新的空间利用线性可分支持向量机求解。下面讲解如何利用核函数进行非线性分类。

如图 10-6 所给出的二维数据集,它包含方块(标记为 $y=+1$)和圆圈(标记为 $y=-1$)。其中所有的圆圈都聚集在图中所绘制的圆周范围内,而所有的方块都分布在离中心较远的地方。

此时原输入空间没有超平面能将训练集很好地分离开,但存在可将训练集分开的超曲面。若仍然希望用求解线性分类问题的方法求解非线性问题,则这时可以将原输入空间中的数据点通过非线性变换,映射到新特征空间去,在此特征空间中,训练集是线性可分的,从而可以使用线性分类的方法解决分类问题。例如,将图 10-6 所示的原始输入空间映射到图 10-7 所示的新特征空间中去,然后借助线性分类器在新空间中解决分类问题。

但这种方法仍然是有问题的。在这个例子中,对一个二维空间做映射,选择的新空间是

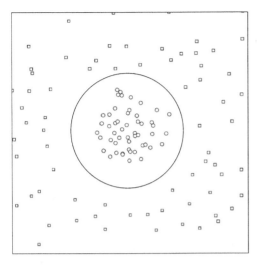

图 10-6 非线性可分的数据集

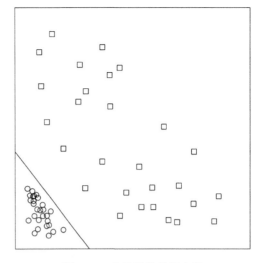

图 10-7 变换后的特征空间

原始空间的所有一阶和二阶的组合,得到了五个维度;如果原始空间是三维的,那么最终会得到一个十九维的新空间,而且这个数目是呈爆炸式增长的,这给变换函数的计算带来了非常大的困难。假定存在一个合适的函数 $\Phi(x)$ 可将数据集映射到新的空间,而且在新的空间中,可以构建一个线性的分类器来有效地将样本划分到它们各自的属类中去。在变换后的新空间中,线性决策边界就为

$$\boldsymbol{\omega} \cdot \Phi(\boldsymbol{x}) + b = 0$$

于是非线性支持向量机的目标函数就可以形式化地表述为

$$\min \frac{1}{2} \parallel \boldsymbol{\omega} \parallel^2$$

$$s\,t\,, \qquad s.t. \ y_i [\boldsymbol{\omega}^{\mathrm{T}} \Phi(\boldsymbol{x}) + b] \geqslant 1, \quad i = 1, 2, \cdots, n$$

不难发现,非线性支持向量机和线性支持向量机的情况非常相似。区别主要在于,非线性支持向量机的机器学习过程是在变换后的 $\Phi(\boldsymbol{x}_i)$ 上进行的,而非原来的 $\boldsymbol{x}_i$。采用与之前相同的处理策略,可以得到优化问题的拉格朗日对偶函数为

$$L(\boldsymbol{\omega}, b, \alpha) = \sum_{i=1}^{k} \alpha_i - \frac{1}{2} \sum_{i,j=1}^{k} \alpha_i \alpha_j y_i y_j [\Phi(\boldsymbol{x}_i), \Phi(\boldsymbol{x}_j)]$$

同理,在得到 α_i 之后,就可以通过下面的方程求出参数 $\boldsymbol{\omega}$ 和 b 的值:

$$\boldsymbol{\omega} = \sum_{i=1}^{k} \alpha_i y_i \Phi(\boldsymbol{x}_i)$$

$$b = y_i - \sum_{i=1}^{k} \alpha_j y_j \Phi(\boldsymbol{x}_j) \cdot \Phi(\boldsymbol{x}_i)$$

最后,可以通过下式对检验实例进行分类决策:

$$f(\boldsymbol{z}) = \mathrm{sign}[\boldsymbol{\omega} \cdot \Phi(\boldsymbol{z}) + b] = \mathrm{sign}\Big[\sum_{i=1}^{k} \alpha_i y_i \Phi(\boldsymbol{x}_i) \cdot \Phi(\boldsymbol{z}) + b\Big]$$

可以发现,上述几个算式基本都涉及变换后新空间中向量对之间的内积运算 $\Phi(\boldsymbol{x}_i)$、$\Phi(\boldsymbol{x}_j)$,而且内积也可以看作对相似度的一种度量。但这种运算是相当麻烦的,很有可能导致维度过高而难于计算。幸运的是,核技术或核方法为这一窘境提供了良好的解决方案。

核技术是一种使用原数据集计算变换后新空间中对应相似度的方法。原属性空间中计算的相似度函数 $K(\ )$ 称为核函数。核技术有助于处理与非线性支持向量机有关的一些问题。首先,由于在非线性支持向量机中使用的核函数必须满足默瑟定理,因此不需要知道映射函数 $\Phi(\ )$ 的确切形式。默瑟定理确保核函数总可以用某高维空间中两个输入向量的点积表示。而且在原空间中进行计算可有效地避免高维度的灾难。

在机器学习与数据挖掘中,关于核函数和核技术的研究实在是一个难以一言以蔽之的话题。一方面可供选择的核函数众多,另一方面具体选择哪一个来使用又要根据具体问题的不同和数据的差异来做具体分析。下面给出两个最为常用的核函数。

多项式核函数。多项式核函数可以实现将低维的输入空间映射到高维的特征空间,但是多项式核函数的参数多,当多项式的阶数比较高的时候,核矩阵的元素值将趋于无穷大或者无穷小,计算复杂度会大到使计算无法进行。

高斯核函数。在支持向量机核函数中,高斯核函数(RBF)是最常用的,从理论上讲,RBF 一定不比线性核函数差,但是在实际应用中,却面临着几个重要的超参数的调优问题。如果调得不好,RBF 可能比线性核函数还要差。所以在实际应用中,能用线性核函数得到较好效果时都会选择线性核函数。如果线性核不好,就需要使用 RBF,在享受 RBF 对非线性数据的良好分类效果前,需要对主要的超参数进行选取:

$$K(x_1, x_2) = \exp(-\parallel x_1 - x_2 \parallel^2 / (2\sigma^2))$$

这个核函数会将原始空间映射为无穷维。不过,如果 σ 选得很大的话,高次特征上的权重会衰减得非常快,所以实际上也就相当于一个低维的子空间;反过来,如果 σ 选得很小,则可以将任意的数据映射为线性可分的。当然,这并不一定是好事,因为随之而来的可能是非常严重的过拟合问题。但总的来说,通过调控参数,高斯核函数实际上可具有相当高的灵活性,因而其是使用最广泛的核函数之一。图 10-8 所示的是将低维线性不可分的数据通过高斯核函数映射到高维空间。

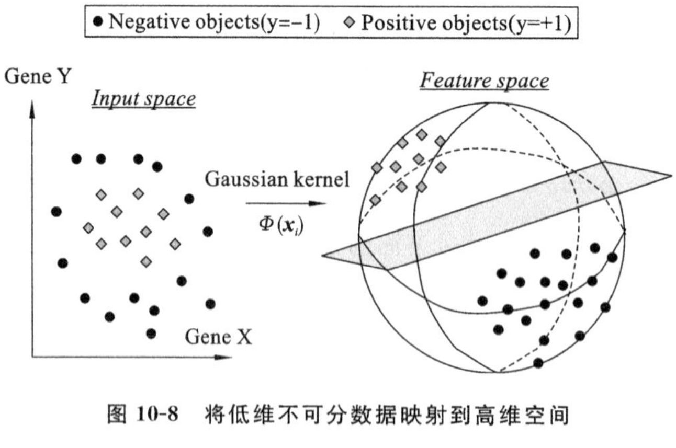

图 10-8　将低维不可分数据映射到高维空间

非线性支持向量机使用的核函数应该满足的要求是,必须存在一个相应的变换,使得计算一对向量的核函数等价于在变换后的空间中计算这对向量的内积。这个要求可以用默瑟定理来形式化地表述。该定理由英国数学家詹姆斯·默瑟于 1909 年提出,定理表明正定核函数可以在高维空间中表示成一个向量内积的形式。

10.3　实践与练习

R 语言为完成基于支持向量机的数据分析与挖掘提供了 e1071 软件包,其包含了使用者所需要的各种函数。因此,要实现用支持向量机进行数据分析,需要在使用相关函数前,正确安装并引用 e1071 包。该包中最重要的一个函数就是用来建立支持向量机模型的svm()函数。下面通过具体的实例讲解对支持向量机的应用。

10.3.1　基本建模函数

iris 数据集是常用的分类实验数据集,它由 Fisher 在 1936 年收集整理。iris 数据集也称鸢尾花卉数据集,包含 150 个数据,分为 3 类,每类 50 个数据,每个数据包含 4 个属性,分别是花萼长度、花萼宽度、花瓣长度、花瓣宽度。这里将根据这 4 个特征来建立支持向量机模型,从而实现对三种鸢尾花的分类判别任务。

下面演示性地列出了前 5 行数据。成功载入数据后,易见其中共包含了 150 个样本(标记为 setosa、versicolor 和 virginica 的样本各 50 个),以及 4 个样本特征,分别是 Sepal. Length、Sepal. Width、Petal. Length 和 Petal. Width。

其代码如下:

```
>iris
sepal.Length Sepal.Width Petal.Length Petal.Width        Species
1      5.1         3.5          1.4         0.2           setosa
2      4.9         3.0          1.4         0.2           setosa
3      4.7         3.2          1.3         0.2           setosa
4      4.6         3.1          1.5         0.2           setosa
5      5.0         3.6          1.4         0.2           setosa
```

在正式建模之前,可以通过一个图形来初步判定一下数据的分布情况,为此在 R 中使用如下代码来绘制数据的划分情况(仅选择 Petal. Length 和 Petal. Width 这两个特征时):

```
>library(lattice)
>xyplot(Petal.Length~ Petal.Width, data=iris, groups=Species,
+auto.key=list(corner=c(1,0)))
```

上述代码的执行结果如图 10-9 所示,不难发现,标记为 setosa 的鸢尾花可以很容易地划分出来。但仅使用 Petal. Length 和 Petal. Width 这两个特征时,versicolor 和 virginica 之间尚不是线性可分的。

函数 svm()在建立支持向量机分类模型时有两种方式。第一种是根据既定公式建立模型,此时的函数使用格式如下:

svm(formula, data, scale＝TRUE/FALSE, type, kernel, gamma＝g, degree＝d, cost＝C, epsilon＝0.1, na. action＝na. omit/na. fail)

例如,已知仅使用 Petal. Length 和 Petal. Width 这两个特征时,标记为 setosa 和 versicolor 的鸢尾花是线性可分的,所以可以用下面的代码来构建 SVM 模型:

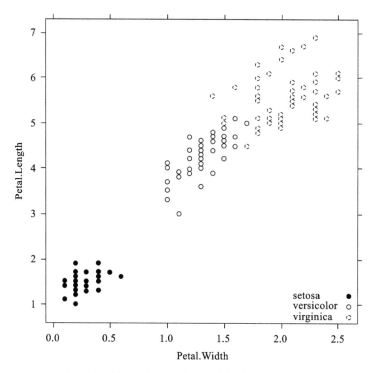

图 10-9　选用花瓣长度和花瓣宽度特征对数据做分类的结果

```
>data(iris)
>attach(iris)
>aubdata <-iris[iris$ Species ! ='virginica',]
>subdata$ Species <-factor(subdata$ Species)
>model1 <- svm(Species~ Petal.Length+ Petal.Length, data=subdata)
```

然后可以使用下面的代码来对模型进行图形化展示：

```
>plot(model1, subdata, Petal.Length~ Petal.Width)
```

其执行结果如图 10-10 所示。

将惩罚因子设置为 1，利用 iris. subset 数据集训练 SVM，将支持向量用蓝色的圈注标出来。其代码如下：

```
svm.model= svm(Species~ .,data= iris.subset,kernel= "linear",cost=1, scale=
FALSE)
plot(x=iris.subset$ Sepal.Length,y=iris.subset$ Sepal.Width,col=iris.subset
$ Species,pch=19)
points(iris.subset[svm.model$ index,c(1,2)],col="blue",cex=2)
```

结果如图 10-11 所示。

在使用第一种方式建立模型时，若使用数据中的全部特征变量作为模型特征变量，则可以简要地使用"Species~."中的"."代替全部的特征变量。例如，下面的代码就利用了全部四种特征来对三种鸢尾花进行分类：

```
>model2 <- svm(Species~ ., data=iris)
```

若要显示模型的构建情况，使用 summary() 函数是一个不错的选择。

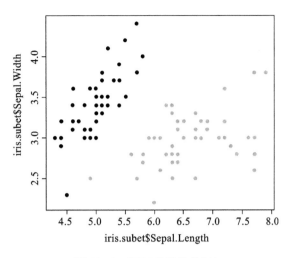

图 10-10　SVM 分类结果(1)

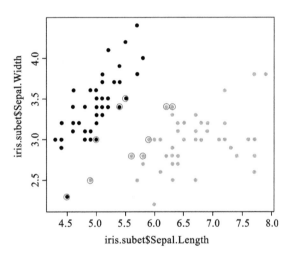

图 10-11　SVM 分类结果(2)

通过 summary()函数可以得到关于模型的相关信息。其中,SVM-Type 项目说明本模型的类别为 C 分类器模型;SVM-Kernel 项目说明本模型所使用的核函数为高斯内积函数,且核函数参数 gamma 的取值为 0.25;cost 项目说明本模型确定的约束违反成本为 1。还可以看到,模型找到了 51 个支持向量:第一类包含 8 个支持向量,第二类包含 22 个支持向量,第三类包含 21 个支持向量。最后一行说明模型中的三个类别分别为 setosa、versicolor 和 virginica。

其代码如下:

```
>summary(model2)
Call:
svm(formula=Species~ ., data=iris)
Parameters:
SVM-Type: C-classification
SVM-Kernel: radial
```

```
cost: 1
gamma: 0.25
Number of Support Vectors: 51
( 8 22 21 )
Number of Classes: 3
Lelves:
setosa versicolor virginica
```

第二种使用 svm()函数的方式是根据所给的数据建立模型。这种方式的形式要复杂一些,但是它允许以一种更加灵活的方式来构建模型。此时的函数使用格式如下:

svm(x, y＝NULL, scale＝TRUE, type＝NULL, kernel＝"radial",degree＝3, gamma＝if (is.vector(x)) 1 else 1 / ncol(x),coef0＝0, cost＝1, nu＝0.5, subset, na. action＝na.omit)

一个经验性的结论是,在利用 svm()函数建立支持向量机模型时,使用标准化后的数据建立的模型效果更好。

根据函数的第二种使用方式,在针对上述数据建立模型时,首先应该将结果变量和特征变量分别提取出来。结果变量用一个向量表示,特征变量用一个矩阵表示。在确定好数据后,还应根据数据分析确定所使用的核函数以及核函数所对应的参数值来建立模型,通常默认使用高斯内积函数作为核函数。下面给出一段示例代码:

```
>x=iris[,-5]
>y=iris[,5]
>model3=svm(x,y,kernel="radial"),
>+gamma=if (is.vector(x)) 1 else 1 / ncol(x))
```

在使用第二种方式建立模型时,不需要特别强调所建立模型的形式,函数会自动将所有输入的特征变量数据作为建立模型所需要的特征向量。在上述过程中,确定核函数的 gamma 系数所使用的代码代表的意思是:如果特征向量是向量,则 gamma 值取 1,否则 gamma 值为特征向量个数的倒数。

10.3.2　分析建模结果

在利用样本数据建立模型之后,便可以利用模型来进行相应的预测和判别。基于由 svm()函数建立的模型来进行预测时,可以选用 predict()函数来完成相应工作。在使用该函数时,应该首先确认将要用于预测的样本数据,并将样本数据的特征变量整合后放入同一个矩阵。来看下面这段示例代码:

```
>pred <-predict(model3,x)
>table (pred,y)
Y
Pred        setosa      versicolor      virginica
setosa        50           0              0
versicolor     0          48              2
virginica      0           2             48
```

通常在进行预测之后,还需要检查模型预测的准确情况,这时便需要使用 table()函数来对预测结果和真实结果做出对比展示。从上述代码的输出可以看到,模型在预测时将所有属于 setosa 类型的鸢尾花全部预测正确,将属于 versicolor 类型的鸢尾花中的 48 朵预测正确,但将另外 2 朵错误地预测为 virginica 类型;同样,模型将属于 virginica 类型的鸢尾花中的 48 朵预测正确,但也将另外 2 朵错误地预测为 versicolor 类型。

predict()函数的一个可选参数是 decision.values,在此也对该参数的使用做简要讨论。默认情况下,该参数的默认值为 FALSE,若将其置为 TRUE,那么函数的返回向量中将包含有一个名为"decision.values"的属性,该属性是一个 $n \times c$ 的矩阵。这里,n 是被预测的数据量,c 是二分类器的决策值。注意,因为使用支持向量机对样本数据进行分类,因此,分类结果可能有 k 个类别,而且这 k 个类别中任意两类之间都会有一个二分类器。这样,可以推算出二分类器的总数量是 $k(k-1)/2$。决策值矩阵中的列名就是二分类器的标签。

来看下面这段示例代码:

```
>pred <-predict(model3, x, decision.values=TRUE)
>attr(pred,"decision.values")[1:4,]
setosa/versicolor    setosa/virginica    versicolor/virginica
1    1.196203         1.091757            0.6708373
1    1.064664         1.056185            0.8482323
1    1.180892         1.074542            0.6438980
1    1.110746         1.053012            0.6781059
```

由于要处理的是一个分类问题。所以分类决策最终是经由一个 sign()函数来完成的。从上面的输出可以看到,对于样本数据 4 而言,标签 setosa/versicolor 对应的值大于 0,判定属于 setosa 类别;标签 setosa/virginica 对应的值同样大于 0,判定属于 setosa 类;在二分类器 versicolor/virginica 中对应的决策值大于 0,判定属于 versicolor。所以,最终样本数据 4 被判定属于 setosa。依据同样的逻辑,还可以根据决策值的符号来判定样本 77 和样本 78 分别属于 versicolor 和 virginica 类别。

为了对模型做进一步分析,可以用可视化手段对模型进行展示,下面给出示例代码:

```
>plot(cmdscale(dist(iris[,-5])),
+    col=c("orange","blue","green")[as.integer(iris[,5])],
+    pch=c("o","+")[1:150 %in% model3$ index+1])
>legend(1.8, -0.8, c("setosa","versicolor","virgincia"),
+    col=c("orange","blue","green"), lty=1)
```

结果如图 10-12 所示。

可见,通过 plot()函数对所建立的支持向量机模型进行可视化后,所得到的图像是对模型数据类别的一个总体观察。图中的"+"表示的是支持向量,圆圈表示的是普通样本点。

从图 10-12 中可以看到,鸢尾花中的 setosa 类别同其他两种的区别较大,而 versicolor 类别和 virginica 类别的差异却很小,甚至存在交叉部分,难以区分。注意,这是在使用了全部四种特征之后仍然难以区分的。这也从另一个角度解释了在模型预测过程中出现的问题,所以模型误将 2 朵 versicolor 类别的花预测成了 virginica 类别的花,而将 2 朵 virginica 类别的花错误地预测成了 versicolor 类别的花,也就是正常现象了。

10.3.3　综合练习

渔业生产水质有很多种。大多数情况下通过经验和肉眼观察进行判断,存在主观性引

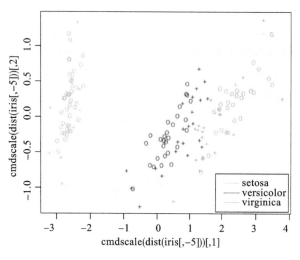

图 10-12　SVM 分类结果(3)

起的观察性偏倚,使观察结果的可比性、可重复性降低。数字图像处理技术为计算机监控技术在水产养殖业的应用提供了更大的空间。在水质在线监测方面,数字图像处理技术是基于计算机视觉,以专家经验为基础,对池塘水色进行优劣分级,以达到对池塘水色的准确快速判别的技术,水色分类如表 10-1 所示。

表 10-1　水色分类

水色	浅绿色 (清水或浊水)	灰蓝色	黄褐色	茶褐色(姜黄、茶褐、 红褐、褐中带绿等)	绿色(黄绿、油绿、蓝绿、 墨绿、绿中带褐等)
水质类别	1	2	3	4	5

部分标准条件下拍摄的水样图像如图 10-13 所示,对水样图像的命名规则为"类别_编号.jpg",如"1_1.jpg"为第 1 类的样本。

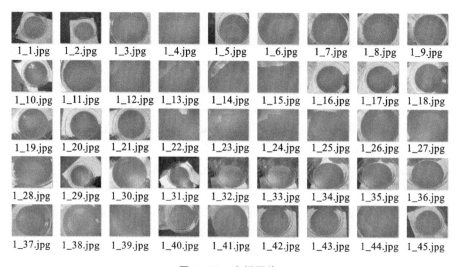

图 10-13　水样图像

　　接下来进行特征提取,采用颜色矩来提取水样图像的特征,水样图像特征与相应的水质类别的部分数据如表 10-2 所示。

表 10-2　水色具体数据

水质类别	序号	R 通道一阶矩	G 通道一阶矩	B 通道一阶矩	R 通道二阶矩	G 通道二阶矩	B 通道二阶矩	R 通道三阶矩	G 通道三阶矩	B 通道三阶矩
1	1	0.582823	0.543774	0.252829	0.014192	0.016144	0.041075	−0.012640	−0.016090	−0.041540
2	1	0.495169	0.539358	0.416124	0.011314	0.009811	0.014751	0.015367	0.016010	0.019748
3	1	0.510911	0.489695	0.186255	0.012417	0.010816	0.011644	−0.007470	−0.007680	−0.005090
4	1	0.420351	0.436173	0.167221	0.011220	0.007195	0.010565	−0.006280	0.003173	−0.007290
5	1	0.211567	0.335537	0.111969	0.012056	0.013296	0.008380	0.007305	0.007503	0.003650
1	2	0.563773	0.534851	0.271672	0.009723	0.007856	0.011873	−0.005130	0.003032	−0.005470
2	2	0.465186	0.508643	0.361016	0.013753	0.012709	0.019557	0.022785	0.022329	0.031616
3	2	0.533052	0.506734	0.185972	0.011104	0.007902	0.012650	0.004797	−0.002900	0.004214
4	2	0.398801	0.425560	0.191341	0.014424	0.010462	0.015470	0.009207	0.006471	0.006764
5	2	0.298194	0.427725	0.097936	0.014778	0.012456	0.008322	0.008510	0.006117	0.003470
1	3	0.630328	0.594269	0.298577	0.007731	0.005877	0.010148	0.003447	−0.003450	−0.006530
2	3	0.491916	0.546367	0.425871	0.010344	0.008293	0.012260	0.009285	0.009663	0.011549
3	3	0.559437	0.522702	0.194201	0.012478	0.007927	0.012183	0.004477	−0.003410	−0.005290
4	3	0.402068	0.431443	0.177364	0.010554	0.007287	0.010748	0.006261	−0.003410	0.006419
5	3	0.408963	0.486953	0.178113	0.012662	0.009752	0.014497	−0.006720	0.002168	0.009992
1	4	0.638606	0.619260	0.319711	0.008125	0.006045	0.009746	−0.004870	0.003083	−0.004500

　　SVM 预测模型输入变量如表 10-3 所示。

表 10-3　SVM 预测模型输入变量

序号	变量名称	变量描述	取值范围
1	R 通道一阶矩	水样图像在 R 颜色通道的一阶矩	0～1
2	G 通道一阶矩	水样图像在 G 颜色通道的一阶矩	0～1
3	B 通道一阶矩	水样图像在 B 颜色通道的一阶矩	0～1
4	R 通道二阶矩	水样图像在 R 颜色通道的二阶矩	0～1
5	G 通道二阶矩	水样图像在 G 颜色通道的二阶矩	0～1
6	B 通道二阶矩	水样图像在 B 颜色通道的二阶矩	0～1
7	R 通道三阶矩	水样图像在 R 颜色通道的三阶矩	−1～1
8	G 通道三阶矩	水样图像在 G 颜色通道的三阶矩	−1～1
9	B 通道三阶矩	水样图像在 B 颜色通道的三阶矩	−1～1
10	水质类别	不同类别能表征水中浮游植物的种类和数量	1,2,3,4,5

　　将图形转换为数据后,用 R 语言建模。建模同样使用 e1071 包中的 SVM 法,这里给出

了两种建模方式,具体应用情况如下。

第一种,简单方式建模,代码如下:

```
svm(formula, data=NULL, subset, na.action=na.omit , scale=TRUE)
```

函数的参数的含义如下。

formula:函数模型的形式。

data:模型中包含的有变量的一组可选格式数据。

na.action:用于指定当样本数据中存在无效的空数据时系统应该进行的处理,默认值na.omit 表明程序会忽略那些数据缺失的样本,另外一个可选的值是 na.fail,它指示系统在遇到空数据时会给出一条错误信息。

scale:一个逻辑向量,指定特征数据是否需要标准化(默认标准化为均值 0,方差 1),索引向量 subset 用于指定那些将被用来训练模型的采样数据。

第二种,根据所给的数据建模,代码如下:

```
svm(x, y=NULL, scale=TRUE, type=NULL, kernel="radial",degree=3, gamma=if (is.
vector(x)) 1
+else 1 / ncol(x),coef0=0, cost=1, nu=0.5, subset, na.action=na.omit)
```

使用 colnames()来定义数据列的名字:

```
colnames(Data)<-c("class","id","R1","G1","B1","R2","G2","B2","R3","G3","B3")
head(Data)
##   class id       R1        G1        B1        R2        G2
##1    1    1 0.5828229 0.5437737 0.2528287 0.014192030 0.016143875
##2    1   10 0.6416595 0.5706572 0.2137280 0.015438840 0.011177918
##3    1   11 0.6036844 0.5767189 0.2822538 0.008658572 0.007074807
##4    1   12 0.5897057 0.5937430 0.2522425 0.007908293 0.005940868
##5    1   13 0.5910962 0.5920930 0.2535949 0.007448469 0.006494667
##6    1   14 0.5886801 0.5696339 0.3189053 0.007527690 0.005046087
##            B2           R3           G3           B3
##1 0.041075252 -0.012643137 -0.016090364 -0.041536239
##2 0.013707795  0.009727136 -0.003723814 -0.003779448
##3 0.012203640 -0.004694985 -0.002570890 -0.009450531
##4 0.010568364  0.003303400 -0.003416659 -0.005273416
##5 0.012151602  0.000496116 -0.002235644 -0.005095575
##6 0.008386259 -0.003529253  0.001746734 -0.005790924
#数据分割
#设置随机种子
set.seed(1234)
#定义序列 ind,随机抽取 1 和 2,1 的个数占 80%,2 的个数占 20%
ind <-sample(2, nrow(Data), replace=TRUE, prob=c(0.8, 0.2))
#测试数据
traindata <-Data[ind==1,] testdata <-Data[ind==2,]
#将 class 列类型转换为 factor 类型
traindata<-transform(traindata,class=as.factor(class))
testdata<-transform(testdata,class=as.factor(class))
```

```
#加载 e1071 包
library(e1071)
#利用 svm()函数建立支持向量机分类模型
svm.model<-svm(class~., traindata[,-2])
summary(svm.model)
##Call:
##svm(formula=class~., data=traindata[, -2])
##Parameters:
##    SVM-Type:  C-classification
##   SVM-Kernel:  radial
##        cost:  1
##       gamma:  0.1111111
##Number of Support Vectors:   119
##   ( 31 26 41 16 5 )
##Number of Classes:  5
##Levels:
##   1 2 3 4 5
#通过 summary()函数可以得到关于模型的相关信息
```

其中,SVM-Type 项目说明本模型的类别为 C 分类器模型;SVM-Kernel 项目说明本模型所使用的核函数为高斯内积函数,且核函数参数 gamma 的取值约为 0.11;cost 项目说明本模型确定的约束违反成本为1。还可以看到,模型找到了 119 个支持向量:第一类包含 31个支持向量,第二类包含 26 个支持向量。

其代码如下:

```
#建立混淆矩阵
#训练集
confusion.train.svm=table(traindata$ class,predict(svm.model,traindata,type
="class"))
accuracy.train.svm=sum(diag(confusion.train.svm))/sum(confusion.train.svm)
confusion.train.svm
##
##    1 2 3 4 5
## 1 41  0 2 0 0
## 2  0 37 0 0 0
## 3  1  0 61 0 0
## 4  0  0 2 15 0
## 5  1  0 0 0 4
```

第三类包含 41 个支持向量,第四类包含 16 个支持向量,第五类包含 5 个支持向量。

```
#测试集
confusion.test.svm=table(testdata$ class,predict(svm.model,testdata,type=
"class"))
accuracy.test.svm=sum(diag(confusion.test.svm))/sum(confusion.test.svm)
confusion.test.svm
```

```
##      1 2 3 4 5
## 1 8 0 0 0 0
## 2 0 7 0 0 0
## 3 0 016 0 0
## 4 0 1 2 4 0
## 5 0 0 0 0 1
accuracy.test.svm
## [1] 0.9230769
```

随机森林

```
library(randomForest)
## randomForest 4.6-12
## Type rfNews() to see new features/changes/bug fixes.
randomForest.model<-randomForest(class~., traindata[,-2])
summary(randomForest.model)
##               Length Class  Mode
## call              3 -none- call
## type              1 -none- character
## predicted       164 factor numeric
## err.rate       3000 -none- numeric
## confusion        30 -none- numeric
## votes           820 matrix numeric
## oob.times       164 -none- numeric
## classes           5 -none- character
## importance        9 -none- numeric
## importanceSD      0 -none- NULL
## localImportance   0 -none- NULL
## proximity         0 -none- NULL
## ntree             1 -none- numeric
## mtry              1 -none- numeric
## forest           14 -none- list
## y               164 factor numeric
## test              0 -none- NULL
## inbag             0 -none- NULL
## terms             3 terms  call
randomForest.model
## Call:
##   randomForest(formula=class~., data=traindata[, -2])
##                 Type of random forest: classification
##                       Number of trees: 500
## No.of variables tried at each split: 3
##         OOB estimate of  error rate: 9.15%
## Confusion matrix:
```

```
##1   2   3   4 5 class.error
##1 36   3   4   0 0   0.16279070
##2   1 35   1   0 0   0.05405405
##3   2   0 60   0 0   0.03225806
##4   0   0   1 16 0   0.05882353
##5   1   0   0   2 2   0.60000000
```
#训练集
```
confusion.train.randomForest = table (traindata $ class, predict (randomForest.
model,traindata,type="class"))
accuracy.train.randomForest = sum (diag (confusion.train.randomForest))/sum
(confusion.train.randomForest)
confusion.train.randomForest
##      1  2  3  4  5
##  1 43  0  0  0  0
##  2  0 37  0  0  0
##  3  0  0 62  0  0
##  4  0  0  0 17  0
##  5  0  0  0  0  5
accuracy.train.randomForest
##[1] 1
```
#测试集
```
confusion.test.randomForest = table (testdata $ class, predict (randomForest.
model,testdata,type="class"))
accuracy.test.randomForest = sum (diag (confusion.test.randomForest))/sum
(confusion.test.randomForest)
confusion.test.randomForest
##      1  2  3  4  5
##  1  7  0  1  0  0
##  2  0  7  0  0  0
##  3  1  0 15  0  0
##  4  0  0  2  5  0
##  5  0  0  0  0  1
accuracy.test.randomForest
##[1] 0.8974359
```
#神经网络
```
library(nnet)
nnet.model<-nnet(class~., traindata[,-2],size=30,decay=.001)
###weights:  455
##initial  value 318.920319
##iter  10 value 176.714302
##iter  20 value 57.798855
```

```
##iter   30 value 42.657486
##iter   40 value 27.296733
##iter   50 value 20.803959
##iter   60 value 18.519644
##iter   70 value 16.706718
##iter   80 value 15.700517
##iter   90 value 15.200025
##iter 100 value 14.797823
##final    value 14.797823
##stopped after 100 iterations
summary(nnet.model)
##a 9-30-5 network with 455 weights
##options were -softmax modelling  decay=0.001
##   b->h1 i1->h1 i2->h1 i3->h1 i4->h1 i5->h1 i6->h1 i7->h1 i8->h1 i9->h1
##  -2.75  -1.05  -1.31  -0.04   0.00   0.00  -0.03   0.06   0.00   0.11
##   b->h2 i1->h2 i2->h2 i3->h2 i4->h2 i5->h2 i6->h2 i7->h2 i8->h2 i9->h2
##   1.55  -2.29  -0.37  -0.76   1.02   1.46   1.91  -1.90  -2.21  -2.26
##   b->h3 i1->h3 i2->h3 i3->h3 i4->h3 i5->h3 i6->h3 i7->h3 i8->h3 i9->h3
##   3.06   2.93   2.01 -17.11   1.57   0.56   0.62  -0.89   0.67   3.71
##   b->h4 i1->h4 i2->h4 i3->h4 i4->h4 i5->h4 i6->h4 i7->h4 i8->h4 i9->h4
##  13.76 -20.60  -2.70 -13.91   0.05   0.26   1.69  -0.41  -0.87  -1.86
##   b->h5 i1->h5 i2->h5 i3->h5 i4->h5 i5->h5 i6->h5 i7->h5 i8->h5 i9->h5
##   8.63  -7.74  -8.29  -0.52  -5.14  -4.83  -5.11   6.94   2.07   0.17
##   b->h6 i1->h6 i2->h6 i3->h6 i4->h6 i5->h6 i6->h6 i7->h6 i8->h6 i9->h6
##   2.16  -7.64   0.96   4.96   1.28   2.07   2.49  -2.65  -1.87  -3.63
##   b->h7 i1->h7 i2->h7 i3->h7 i4->h7 i5->h7 i6->h7 i7->h7 i8->h7 i9->h7
##   7.74  -7.29  -6.89  -4.14  -1.00  -0.61   0.63   1.61  -1.54  -5.57
##   b->h8 i1->h8 i2->h8 i3->h8 i4->h8 i5->h8 i6->h8 i7->h8 i8->h8 i9->h8
##  -6.20   6.18   5.23  -0.35   4.25   3.92   4.70  -5.18  -2.24  -3.47
##   b->h9 i1->h9 i2->h9 i3->h9 i4->h9 i5->h9 i6->h9 i7->h9 i8->h9 i9->h9
##   7.43  -6.77 -11.18   7.93  -5.95  -5.05  -4.73   7.39   1.18  -4.61
##   b->h10 i1->h10 i2->h10 i3->h10 i4->h10 i5->h10 i6->h10 i7->h10 i8->h10
##    2.12   0.33   0.54  -0.99   0.11   0.04   0.11  -0.03  -0.09
##i9->h10
##    0.06
##   b->h11 i1->h11 i2->h11 i3->h11 i4->h11 i5->h11 i6->h11 i7->h11 i8->h11
##  -2.55   0.01  -0.82  -0.21  -0.22  -0.18  -0.32   0.06   0.12
##i9->h11
##    0.54
##   b->h12 i1->h12 i2->h12 i3->h12 i4->h12 i5->h12 i6->h12 i7->h12 i8->h12
##  -18.76  15.10   9.42  20.70   1.89   0.88   2.24   1.13   3.40
##i9->h12
##  -11.18
```

```
##    b->h13 i1->h13 i2->h13 i3->h13 i4->h13 i5->h13 i6->h13 i7->h13 i8->h13
##    2.17  -11.66   0.77   13.47  -2.00  -0.48  -1.18  -0.16  -0.14
##i9->h13
##  -0.44
##    b->h14 i1->h14 i2->h14 i3->h14 i4->h14 i5->h14 i6->h14 i7->h14 i8->h14
##    4.90  -14.11   4.32  -7.64   1.13   1.22   1.62  -2.77  -0.60
##i9->h14
##    1.82
##    b->h15 i1->h15 i2->h15 i3->h15 i4->h15 i5->h15 i6->h15 i7->h15 i8->h15
##  -2.00  -0.21  -1.04  -0.65  -0.22  -0.17  -0.26   0.19   0.06
##i9->h15
##    0.34
##    b->h16 i1->h16 i2->h16 i3->h16 i4->h16 i5->h16 i6->h16 i7->h16 i8->h16
##    0.55  -0.72   1.13   1.70   0.21   0.33   0.16  -0.40  -0.18
##i9->h16
##    0.23
##    b->h17 i1->h17 i2->h17 i3->h17 i4->h17 i5->h17 i6->h17 i7->h17 i8->h17
##    1.95  -1.02   0.93  -0.71   0.08   0.13   0.02  -0.18  -0.07
##i9->h17
##  -0.02
##    b->h18 i1->h18 i2->h18 i3->h18 i4->h18 i5->h18 i6->h18 i7->h18 i8->h18
##  -1.94   0.39  -0.65  -0.33  -0.43  -0.58  -0.58   0.56   0.36
##i9->h18
##    0.89
##    b->h19 i1->h19 i2->h19 i3->h19 i4->h19 i5->h19 i6->h19 i7->h19 i8->h19
##  -2.89  -0.62  -1.17  -0.62  -0.03  -0.05  -0.15   0.05   0.05
##i9->h19
##    0.25
##    b->h20 i1->h20 i2->h20 i3->h20 i4->h20 i5->h20 i6->h20 i7->h20 i8->h20
##    2.69   0.93   1.39   0.74   0.30   0.32   0.45  -0.33  -0.34
##i9->h20
##  -0.31
##    b->h21 i1->h21 i2->h21 i3->h21 i4->h21 i5->h21 i6->h21 i7->h21 i8->h21
##  -2.97  -0.45  -1.26   0.46  -0.13  -0.19  -0.35   0.24   0.15
##i9->h21
##    0.53
##    b->h22 i1->h22 i2->h22 i3->h22 i4->h22 i5->h22 i6->h22 i7->h22 i8->h22
##  -2.02  -0.48  -1.09  -0.70  -0.07  -0.14  -0.26   0.21   0.04
##i9->h22
##    0.34
##    b->h23 i1->h23 i2->h23 i3->h23 i4->h23 i5->h23 i6->h23 i7->h23 i8->h23
##   11.00  -9.85  -5.03  -7.26  -5.00  -5.03  -6.66   6.29   3.49
##i9->h23
```

```
##     9.93
##  b->h24 i1->h24 i2->h24 i3->h24 i4->h24 i5->h24 i6->h24 i7->h24 i8->h24
##    0.09    0.10    1.19    0.87    0.15    0.18    0.02  -0.27  -0.03
##i9->h24
##    0.35
##  b->h25 i1->h25 i2->h25 i3->h25 i4->h25 i5->h25 i6->h25 i7->h25 i8->h25
##  -1.65    4.19  -0.24  -1.84  -1.58  -2.09  -3.09    2.29    2.50
##i9->h25
##    6.02
##  b->h26 i1->h26 i2->h26 i3->h26 i4->h26 i5->h26 i6->h26 i7->h26 i8->h26
##    1.60    2.12    0.63  -9.24    3.25    3.09    3.24  -3.76  -2.22
##i9->h26
##  -0.40
##  b->h27 i1->h27 i2->h27 i3->h27 i4->h27 i5->h27 i6->h27 i7->h27 i8->h27
##  -1.77    1.13  -1.39  -1.13  -0.43  -0.47  -0.68    0.41    0.18
##i9->h27
##    1.08
##  b->h28 i1->h28 i2->h28 i3->h28 i4->h28 i5->h28 i6->h28 i7->h28 i8->h28
##  -0.24    4.65    0.83  -9.53    2.28    2.06    2.00  -2.98  -2.04
##i9->h28
##    1.40
##  b->h29 i1->h29 i2->h29 i3->h29 i4->h29 i5->h29 i6->h29 i7->h29 i8->h29
##  -2.92  -0.57  -1.21    0.07  -0.18  -0.08  -0.14    0.13    0.06
##i9->h29
##    0.25
##  b->h30 i1->h30 i2->h30 i3->h30 i4->h30 i5->h30 i6->h30 i7->h30 i8->h30
##  -2.17    2.89    2.08  -0.17  -0.80  -1.19  -2.03    1.25    2.02
##i9->h30
##    5.09
##  b->o1  h1->o1  h2->o1  h3->o1  h4->o1  h5->o1  h6->o1  h7->o1  h8->o1
##  -1.61  -0.73  -1.36  11.20  -5.48  -8.67  -3.12  -5.21    5.32
##  h9->o1 h10->o1 h11->o1 h12->o1 h13->o1 h14->o1 h15->o1 h16->o1 h17->o1
## -12.47  -0.23  -0.50  15.65 -11.70  -3.57  -1.02  -1.60  -0.80
##h18->o1 h19->o1 h20->o1 h21->o1 h22->o1 h23->o1 h24->o1 h25->o1 h26->o1
##    0.30  -0.47    1.03  -2.01  -0.76  -4.20  -0.88    3.70    3.09
##h27->o1 h28->o1 h29->o1 h30->o1
##  -0.48    3.23  -0.84    2.52
##  b->o2  h1->o2  h2->o2  h3->o2  h4->o2  h5->o2  h6->o2  h7->o2  h8->o2
##    4.22  -0.06  -2.83 -10.27  -4.22    5.12    1.71  -2.68  -4.57
##  h9->o2 h10->o2 h11->o2 h12->o2 h13->o2 h14->o2 h15->o2 h16->o2 h17->o2
##    8.36  -1.34  -0.73    5.57  13.82  -2.43  -0.22    1.78    0.33
##h18->o2 h19->o2 h20->o2 h21->o2 h22->o2 h23->o2 h24->o2 h25->o2 h26->o2
##  -0.10  -0.19  -0.19    0.28  -0.18    6.00    1.17    1.99 -10.20
```

```
##h27->o2 h28->o2 h29->o2 h30->o2
##   -0.72   -9.77   -0.24     0.65
##   b->o3   h1->o3   h2->o3   h3->o3   h4->o3   h5->o3   h6->o3   h7->o3   h8->o3
##  -1.54    4.15   -0.36    5.06  -15.39   -0.59   -4.92   -3.20    0.79
##   h9->o3 h10->o3 h11->o3 h12->o3 h13->o3 h14->o3 h15->o3 h16->o3 h17->o3
##  -6.78    2.10    2.95  -16.51   -4.10   -4.52    2.53    0.26    0.79
##h18->o3 h19->o3 h20->o3 h21->o3 h22->o3 h23->o3 h24->o3 h25->o3 h26->o3
##   1.46    3.31   -1.69    5.18    2.72    7.33    1.37    3.03    5.39
##h27->o3 h28->o3 h29->o3 h30->o3
##   1.82    8.05    5.08    3.49
##   b->o4   h1->o4   h2->o4   h3->o4   h4->o4   h5->o4   h6->o4   h7->o4   h8->o4
##  -0.22    0.95   -0.08   -2.06    5.33   11.89   -2.25    8.77   -5.54
##   h9->o4 h10->o4 h11->o4 h12->o4 h13->o4 h14->o4 h15->o4 h16->o4 h17->o4
##  13.74   -2.61    0.54   -9.44   -4.01   -4.70    1.03   -2.56   -1.48
##h18->o4 h19->o4 h20->o4 h21->o4 h22->o4 h23->o4 h24->o4 h25->o4 h26->o4
##   0.51    0.74   -2.16    1.63    1.09    5.32   -2.31   -0.28   -0.19
##h27->o4 h28->o4 h29->o4 h30->o4
##   1.54   -0.34    1.04   -2.99
##   b->o5   h1->o5   h2->o5   h3->o5   h4->o5   h5->o5   h6->o5   h7->o5   h8->o5
##  -0.96   -4.20    4.76   -4.01   19.82   -7.68    8.59    2.49    3.97
##   h9->o5 h10->o5 h11->o5 h12->o5 h13->o5 h14->o5 h15->o5 h16->o5 h17->o5
##  -2.97    2.07   -2.33    4.71    6.04   15.20   -2.48    2.17    1.26
##h18->o5 h19->o5 h20->o5 h21->o5 h22->o5 h23->o5 h24->o5 h25->o5 h26->o5
##  -1.96   -3.36    2.99   -5.00   -2.73  -14.51    0.60   -8.41    1.90
##h27->o5 h28->o5 h29->o5 h30->o5
##  -2.11   -1.15   -5.09   -3.74
nnet.model
##a 9-30-5 network with 455 weights
##inputs: R1 G1 B1 R2 G2 B2 R3 G3 B3
##output(s): class
##options were - softmax modelling   decay=0.001
#训练集
confusion.train.nnet = table (traindata $ class, predict (nnet.model, traindata,
type="class"))
accuracy.train.nnet = sum (diag (confusion.train.nnet))/sum (confusion.train.
nnet)
confusion.train.nnet
##     1  2  3  4  5
##   1 43  0  0  0  0
##   2  0 37  0  0  0
##   3  0  0 62  0  0
##   4  0  0  0 17  0
##   5  0  0  0  0  5
```

```
accuracy.train.nnet
##[1] 1
#测试集
confusion.test.nnet=table(testdata$ class,predict(nnet.model,testdata,type=
"class"))
accuracy.test.nnet=sum(diag(confusion.test.nnet))/sum(confusion.test.nnet)
confusion.test.nnet
##    1 2 3 4 5
## 1 8 0 0 0 0
## 2 0 7 0 0 0
## 3 0 0 16 0 0
## 4 0 0 1 6 0
## 5 0 0 0 0 1
##[1] 0.974359
#对比支持向量机、随机森林、神经网络的准确率
accuracy.svm <-c(accuracy.train.svm,accuracy.test.svm)
accuracy.randomForest<-c(accuracy.train.randomForest,accuracy.test.randomForest)
accuracy.nnet <-c(accuracy.train.nnet,accuracy.test.nnet)
accuracy.data <-data.frame(accuracy.svm,accuracy.randomForest,accuracy.nnet)
accuracy.data
##   accuracy.svm accuracy.randomForest accuracy.nnet
##1    0.9634146          1.0000000      1.000000
##2    0.9230769          0.8974359      0.974359
```

倒数第二行是训练集准确率,倒数第一行是测试集准确率。对比结果如下。

(1)支持向量机的训练集拟合度不如随机森林和神经网络的,其测试集准确率较高。

(2)随机森林明显过拟合。

(3)对比发现,神经网络的训练集准确率和测试集准确率都最高。

但这只是简单的对比,不能直接说明哪种算法最好。原因如下。

(1)数据样本过少。

(2)实际使用算法中还要考虑到算法运行的时间,当面对海量数据时,准确、复杂的算法往往运行过慢。

(3)判断模型的"好坏",不仅仅要看准确率,还要看其他指标,比如:recall、percision、F1-score等,例如在地震预测中更看重 recall 指标。

(4)在实际中还是要结合具体情况选择合适的算法。

本章小结及习题

第 11 章　人工神经网络

神经网络是一门重要的机器学习技术。它是目前最为火热的研究方向——深度学习的基础。学习神经网络不仅可以使我们掌握一门强大的机器学习方法,同时也可以更好地帮助我们理解深度学习技术。人工神经网络具有自学习功能、联想存储功能和高速寻找优化解的能力,可以为人类提供经济预测、市场预测,及效益预测,应用前途非常远大。本章将从感知机入手,从多方面讲解神经网络的使用法则。

11.1　人工神经网络概述

人工神经网络(artificial neural network,ANN)是 20 世纪 80 年代以来人工智能领域兴起的研究热点。它从信息处理角度对人脑神经元网络进行抽象,建立某种简单模型,按不同的连接方式组成不同的网络。在工程与学术界也常将其直接简称为神经网络。

11.1.1　基础描述

人体的各种感知活动及思维活动都依赖于神经系统,神经系统对于机体内生理功能的活动起到主导的调节作用,这一功能主要由神经组织完成。正是由于大脑的中央控制和遍布全身的神经网络的存在,人们才可以感受喜怒哀乐,知道冷热酸甜。经历了工业革命,人类已经步入信息科技时代,有人预测,信息科技时代后的下一个工业革命将进入生物科技时代,仿生学将成为科技研究的前沿学科。

人工神经网络是一种模仿生物神经网络行为特征,进行分布式并行信息处理的算法数学模型。它是信息科学技术和生物科学技术的结合点,经历了多年的起伏,在人工智能领域,进一步发挥了巨大的力量。神经网络思想认为大脑中用于识别的复杂学习系统是由相互紧密连接的神经元构成的,尽管每个神经元的结构比较简单,但是这些神经元联系在一起,会形成严密的神经网络,这种网络依靠系统的复杂程度,可调整内部大量节点(神经元)之间相互连接的权重,从而达到处理信息的目的。应用该原理可以完成类似于分类和学习的复杂任务。神经网络并不是新的技术,其发展历史可算悠久。

由此可知,对神经网络的研究由来已久,直到最近,随着互联网和大数据时代的到来,对深度学习及神经网络的研究和应用得到了更广泛的关注。

人工神经网络最重要的用途是分类,在这里该如何理解分类呢?比如生活中的垃圾邮件识别、疾病判断、猫狗分类都是比较典型和常见的分类应用。

(1)垃圾邮件识别。垃圾邮件的内容往往有一些公共的特征,现在有一封电子邮件,把出现在里面的所有词汇提取出来,送进某个机器里,机器需要判断这封新邮件是否是垃圾邮件。

(2)疾病判断。病人去做 B 超、CT、血液分析、尿检测验,把测验结果送进检测机器中,首先,机器需要判断这个病人是否得病,如果得病,要知道他得的是什么病。

(3)猫狗分类。有一大堆猫和狗的照片,把每一张照片送进机器里,让机器去判断这些照片里的动物是猫还是狗。这种能自动对输入的东西进行分类的机器叫作分类器。

分类器的输入需要是个数值向量,称为特征向量。在(1)中,分类器的输入是一堆 0、1 值,表示字典里的每个词是否在邮件中出现,比如向量 $(1,1,0,0,0,\cdots)$ 就表示这封邮件里只出现了两个词 abandoni 和 labnormal;在(2)中,分类器的输入是一堆化验指标;在(3)中,分类器的输入是照片,假如每张照片都是 320×240 像素的红绿蓝三通道彩色照片,那么分类器的输入就是一个长度为 $320\times240\times3=230400$ 的向量。

分类器的输出也是数值。在(1)中,输出 1 表示邮件是垃圾邮件,输出 0 表示邮件是正常邮件;在(2)中,输出 0 表示健康,输出 1 表示有甲肝,输出 2 表示有乙肝,输出 3 表示有丙肝等。在(3)中,输出 0 表示图片上的是狗,输出 1 则表示图片上的是猫。分类器的目标就是让正确分类的比例尽可能高。一般需要首先收集一些样本,人为标记上正确分类结果,然后用这些标记好的数据训练分类器,训练好的分类器就可以在新来的特征向量上工作。

11.1.2　重要概念

人工神经网络的核心概念包括权值矩阵和激励函数。

权值矩阵在数学中指按长方阵列排列的复数或实数集合的加权平均数中的每个数的频数,它相当于神经网络的记忆。在训练过程中,网络进行动态调整和适应。如巴甫洛夫狗与铃声的实验,神经记忆是可以训练的。我们都应该有过这样的经历,某段时间心情不好,在一周或者一个月的时间里,就会一直听某几首歌。过了很久,或许几年后,当再听到那首歌的时候,竟能唤醒自己当时的记忆和感受。

人工神经网络是非线性的,也就是说,神经网络系统的“因”与“果”非直接相关。猫可爱,所以爱猫,这是直接相关;但爱屋及乌,因为爱一个姑娘,也爱上了她的猫,这就是间接相关了。而人工神经网络非常善于处理这样并非直接相关的关系。

激励函数在神经网络中的作用是将多个线性输入转换为非线性的关系。不使用激励函数的话,神经网络的每层都只是做线性变换,多层输入叠加后也还是线性变换。因为线性模型的表达能力不够,激励函数可以引入非线性因素。神经网络中的每个节点接受输入值,并将输入值传递给下一层,输入节点会将输入属性值直接传递给下一层(隐藏层或输出层)。在神经网络中,隐藏层和输出层节点的输入和输出之间具有函数关系,这个函数称为激励函数。常见的激励函数有:线性激励函数、阈值或阶跃激励函数、S 形激励函数、双曲正切激励函数和高斯激励函数等。

11.2　神经网络中的感知机

掌握感知机是学好神经网络的基础,感知机算法由 Rosenblatt 在 1957 年提出,其是一种二类线性分类模型。输入一个实数值的 n 维向量(特征向量),经过线性组合后,如果结果大于某个数,则输出 1,否则输出 -1。感知机学习算法的目标是找到使得所有样本正确分类的分离超平面,很显然,评价是否达到这一目的的标准就是全部样本是否都被正确分类。对于寻找该超平面的过程,不同的算法有不同的实现。本章将讲解单层感知机以及多层感知机。

11.2.1　感知机模型

人类的大脑主要由称为神经元的神经细胞组成,如图 11-1 所示,神经元通过叫作轴突的纤维丝连在一起。当神经元受到刺激时,神经脉冲通过轴突从一个神经元传到另一个神经元。一个神经元可以通过树突连接其他神经元的轴突,从而构成神经网络,树突是神经元细胞体的延伸物。

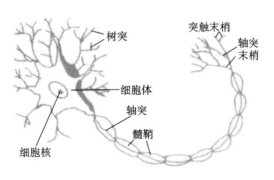

图 11-1　神经元结构

一个神经元可以通过轴突作用于成千上万的神经元,也可以通过树突从成千上万的神经元接受信息。

上级神经元的轴突在有电信号传导时释放出化学递质,作用于下一级神经元的树突,树突受到递质作用后产生电信号,从而实现神经元间的信息传递。化学递质可以使下一级神经元兴奋或抑制。

科学研究表明,在同一个脉冲的反复刺激下,人类大脑会改变神经元之间的连接强度,这也就是大脑的学习方式。类似于人脑的结构,人工神经网络也是由大量的节点(或称神经元)相互连接构成的。每个节点都代表一种特定的输出函数,即激励函数。每两个节点间的连接都代表一个通过该连接信号的加权值,称为权重,这相当于人工神经网络的记忆。

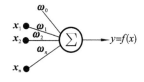

图 11-2　感知机模型

感知机就相当于单个神经元,如图 11-2 所示,它包含两种节点:一种是用来表示输入属性的输入节点,另一种是用来提供模型输出的输出节点。在感知机中,每个输入节点都通过一个加权的链连接到输出节点上。这个加权的链用来模拟神经元间连接的强度。像生物神经系统的学习过程一样,训练一个感知机模型就相当于不断调整链的权值,直到模型能拟合训练数据的输入、输出关系为止。

在机器学习中,感知机是二分类的线性分类模型,属于监督学习算法。输入为实例的特征向量,输出为实例的类别(比如取 +1 和 -1)。感知机可以用从输入空间到输出空间的如下函数来表示,即

$$f(x) = \text{sign}(\boldsymbol{\omega} \cdot \boldsymbol{x} + b)$$

式中:$\boldsymbol{\omega}$ 和 b 为感知机模型参数,$\boldsymbol{\omega}$ 为权值向量,b 为偏置;$\boldsymbol{\omega} \cdot \boldsymbol{x}$ 表示 $\boldsymbol{\omega}$ 和 $\boldsymbol{x}$ 的内积,sign 是符号函数,即

$$\text{sign}(\alpha) = \begin{cases} +1, & \alpha \geqslant 0 \\ -1, & \alpha < 0 \end{cases}$$

感知机是一种线性分类模型,这与前面介绍的支持向量机非常相似。所以线性方程 $\boldsymbol{\omega} \cdot \boldsymbol{x} + b = 0$ 就对应于特征空间中的一个分离超平面,其中 $\boldsymbol{\omega}$ 是超平面的法向量,b 是超平面的截距。该超平面将特征空间划分为两个部分,位于两部分的点(特征向量)分别分为正、负两类。

11.2.2　感知机学习

在 19 世纪 60 年代,感知机被认为是大脑中神经元工作的初步模型。需要注意的是,虽然感知机模型和之前的算法在形式上很相似,但它实际上和线性回归等算法是完全不同类型的算法。

给定一个训练数据集:

$$T = \{(\boldsymbol{x}_1, \boldsymbol{y}_1), (\boldsymbol{x}_2, \boldsymbol{y}_2), \cdots, (\boldsymbol{x}_N, \boldsymbol{y}_N)\}$$

式中:$\boldsymbol{x}_i \in X = \mathbf{R}^n, \boldsymbol{y}_i \in Y = \{-1, 1\}, i = 1, 2, \cdots, N$。

如果存在某个超平面 S 能够将数据集的正实例点和负实例点完全正确地划分到超平面的两侧,则称数据集 T 为线性可分数据集。那么一个错误的预测结果同实际观察值之间的差距可以表示为

$$D(\boldsymbol{\omega}, b) = [\boldsymbol{y}_i - \text{sign}(\boldsymbol{\omega} \cdot \boldsymbol{x}_i + b)]^2$$

显然对于预测正确的结果,上式总是为零的。所以可以定义总的损失函数为

$$L(\boldsymbol{\omega}, b) = -\sum_{\boldsymbol{x}_i \in M} \boldsymbol{y}_i (\boldsymbol{\omega} \cdot \boldsymbol{x}_i + b)$$

式中:M 为误分类点的集合,即只考虑那些分类错误的点。显然分类错误的点的预测结果同实际观察值 $\boldsymbol{y}_i$ 具有相反的符号,所以在前面加上一个负号以保证上式中的每一项都是正的。

现在问题就变成要求得一组参数 $\boldsymbol{\omega}$ 和 b，以保证下式取得极小值的一个最优化问题：

$$\min_{\boldsymbol{\omega},b} L(\boldsymbol{\omega},b) = -\sum_{\boldsymbol{x}_i \in M} \boldsymbol{y}_i(\boldsymbol{\omega} \cdot \boldsymbol{x}_i + b)$$

式中，$\boldsymbol{\omega}$ 向量和 $\boldsymbol{x}_i$ 向量的元素的索引都是从 1 开始的，为了符号上的简便，可以用 $\boldsymbol{\omega}_0$ 来代替 b，然后在 $\boldsymbol{x}_i$ 向量中增加索引为 0 的项，并令其恒等于 1。这样可以将上式写成：

$$\min_{\boldsymbol{\omega},b} L(\boldsymbol{\omega}) = -\sum_{\boldsymbol{x}_i \in M} \boldsymbol{y}_i(\boldsymbol{\omega} \cdot \boldsymbol{x}_i)$$

感知机学习算法是误分类驱动的。首先，任选一个参数向量 $\boldsymbol{\omega}^0$，由此可决定一个超平面。然后用梯度下降法不断地极小化上述目标函数。极小化过程不是一次使 M 中所有误分类点的梯度下降，而是一次随机选取一个误分类点使其梯度下降。

假设误分类点集合 M 是固定的，那么损失函数 $L(\boldsymbol{\omega})$ 的梯度为

$$\nabla L(\boldsymbol{\omega}) = -\sum_{\boldsymbol{x}_i \in M} \boldsymbol{y}_i \boldsymbol{x}_i$$

随机选取一个误分类点 $(\boldsymbol{x}_i, \boldsymbol{y}_i)$，对 $\boldsymbol{\omega}$ 进行更新：

$$\boldsymbol{\omega}^{k+1} \leftarrow \boldsymbol{\omega}^k + \eta \boldsymbol{y}_i \boldsymbol{x}_i$$

式中：η 为步长，$0 < \eta \leqslant 1$，在统计学习中又称 η 为学习率。这样，通过选代便可期望损失函数 $L(\boldsymbol{\omega})$ 不断减小，直到为零。在感知机学习算法中一般令 η 等于 1，所以迭代更新公式就变成：

$$\boldsymbol{\omega}^{k+1} \leftarrow \boldsymbol{\omega}^k + \boldsymbol{y}_i \boldsymbol{x}_i$$

综上所述，对于感知机模型 $f(\boldsymbol{x}) = \text{sign}(\boldsymbol{\omega} \cdot \boldsymbol{x})$，可以给出其学习算法如下。

(1) 随机选取初值 $\boldsymbol{\omega}^{k=0}$；

(2) 在训练集中选取数据 $(\boldsymbol{x}_i, \boldsymbol{y}_i)$；

(3) 如果 $\boldsymbol{y}_i(\boldsymbol{\omega}^k \cdot \boldsymbol{x}_i) \leqslant 0$，即该点是一个误分类点，则：

$$\boldsymbol{\omega}^{k+1} \leftarrow \boldsymbol{\omega}^k + \boldsymbol{y}_i \boldsymbol{x}_i$$

(4) 转至第(2)步，直到训练集中没有误分类点为止。

11.2.3　多层感知机

多层感知机由感知机推广而来，其最主要的特点是具有多个神经元层，因此也叫深度神经网络(deep neural networks，DNN)。多层感知机的一个重要特点就是多层，将第一层称为输入层，最后一层称为输出层，中间的层称为隐藏层。

正如在支持向量机中讨论的那样，简单的线性分类器在使用过程中是具有很多限制的。对于线性可分的分类问题，感知机学习算法保证收敛到一个最优解，如图 11-3(a)、(b)所示，最终可以找到一个超平面来将两个集合分开。但如果问题不是线性可分的，那么算法就不会收敛。例如，图 11-3(c)所示的区域相当于是对图 11-3(a)和(b)所示的集合进行了逻辑交运算，所得的结果就是非线性可分的例子。简单的感知机找不到该数据的正确解，因为没有线性超平面可以把训练与实例完全分开。

一个解决方案是把简单的感知机进行组合使用。如图 11-4 所示的，其实就是在原有简单感知机的基础上又增加了一层。最终可以将图 11-4 所示的双层感知机模型表示为

$$G(\boldsymbol{x}) = \text{sign}\left[\alpha_0 + \sum_{i=1}^{n} \alpha_i \cdot \text{sign}(\boldsymbol{\omega}_i^{\mathrm{T}} \boldsymbol{x})\right] = \text{sign}[-1 + g_1(\boldsymbol{x}) + g_2(\boldsymbol{x})]$$

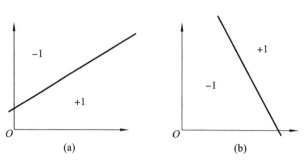

图 11-3   线性分类器的组合使用

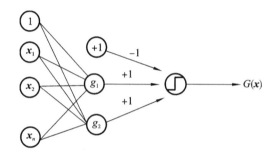

图 11-4   实现交运算的双层感知机

其中：ω_1 和 ω_2 是权值向量（与图 11-2 所示的 ω_1 和 ω_2 不同），例如，ω_1 中的各元素依次为 $\omega_{10}, \omega_{11}, \cdots, \omega_{1n}$，为了符号表达上的简洁，令 $x_0 = 1$，这样一来，便可以用 ω_{10} 来代替之前的偏置因子 b。显然，在上式的作用下，只有当 $g_1(x)$ 和 $g_2(x)$ 都为 $+1$ 时，最终结果才为 $+1$，否则最终结果就为 -1。

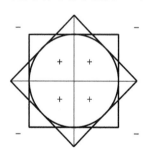

图 11-5   简单感知机的线性组合应用举例

易见，上面这种双层的感知机模型其实是对简单感知机的一种线性组合，但是它却非常强大。比如平面上有个圆形区域，圆周内的数据集标记为"＋"，圆周外的数据集则标记为"－"。显然，用简单的感知机模型，无法准确地将两个集合区分开。但是类似于前面的例子，可以用 8 个简单感知机进行线性组合，如图 11-5 所示，然后用所得的正八边形来作为分类器。理论上来说，只要采用足够数量的感知机，最终就会得到一条平滑的划分边界。利用对感知机的线性组合不仅可以对圆形区域进行逼近，还可以得到任何凸集的分类器。

可见，双层的感知机已经比单层的感知机强大许多了。此时，自然会想到如果再加一层感知机呢？不妨来想想如何实现逻辑上的"异或"运算。从图 11-6 来看，现在的目标就是得到如图 11-6(c) 所示的一种划分。"异或"运算要求当两个集合不同（即一个标记为"＋"，一个标记为"－"）时，它们的"异或"结果为"＋"；相反，两个集合相同时，它们的"异或"结果就为"－"。

根据基本的离散数学知识可得：

$$\mathrm{XOR}(g_1, g_2) = (\neg g_1 \bigcap g_2) \bigcup (g_1 \bigcap \neg g_2)$$

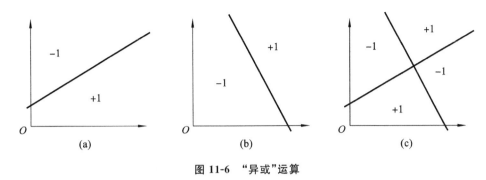

图 11-6　"异或"运算

于是可以使用如图 11-7 所示的多层感知机来解决问题。也就是先做一层交运算,再做一层并运算。注意交运算隐含有一层取反运算。这个例子显示出了多层感知机更为强大的能力。因为问题本身是一个线性不可分的情况,可想而知,即使用支持向量机来做分类,也是很困难的。

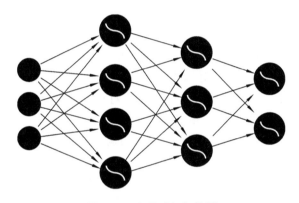

图 11-7　多层感知机模型

到此为止,就得到了人工神经网络的基本形式。而这一切都是从最简单的感知机步步推演而来的。

11.3　剖析神经网络

在前面的小节中,为了让简单的感知机完成更加复杂的任务,设法增加了感知机结构的层数。多层感知机的本质是通过感知机的嵌套组合,实现特征空间的逐层转换,以使在一个空间中不可分的数据集得以在另外的空间中变得可分。由此也引出了人工神经网络的基本形式。

11.3.1　神经网络结构

所谓神经网络就是将许多个单一"神经元"联结在一起组成的网络,这样,一个"神经元"的输出就可以是另一个"神经元"的输入。一般来说,神经网络的架构可以分为以下三类。

1）前馈神经网络

这是实际应用中最常见的神经网络类型。第一层是输入，最后一层是输出。如果有多个隐含层，则称为深度神经网络。利用它可计算出一系列改变样本相似性的变换。各层神经元的活动是前一层活动的非线性函数。

2）循环网络

循环网络在连接图中定向了循环，这意味着可以按照箭头回到开始的地方。循环网络可以有复杂的动态，这使其很难训练。循环网络更具有生物真实性。循环网络用来处理序列数据。传统的神经网络模型是从输入层到隐藏层再到输出层进行联结的，层与层之间是全连接的，每层之间的节点是无连接的。但是这种普通的神经网络对于很多问题却无能无力。例如，要想预测句子的下一个单词是什么，一般需要用到前面的单词，因为一个句子中出现的前后单词并不是独立的。循环神经网络中的一个序列当前的输出与前面的输出也有关。具体的表现形式为网络会对前面的信息进行记忆并将其应用于当前输出的计算中，即隐藏层之间的节点不再是无连接的而是有连接的，并且隐藏层的输入不仅包括输入层的输出，还包括上一时刻隐藏层的输出。

3）对称连接网络

对称连接网络有点像循环网络，但是该网络中单元之间的联结是对称的（它们在两个方向上的权重相同）。比起循环网络，对称连接网络更容易分析。在这个网络中有更多的限制，因为它们遵守能量守恒定律。没有隐藏单元的对称连接网络称为"Hopfield 网络"。有隐藏单元的对称连接网络称为玻尔兹曼机。

回顾一下已经得到的多层感知机模型。网络的输入层和输出层之间可能包含多个中间层，这些中间层叫作隐藏层，隐藏层中的节点称为隐藏节点。这也就是人工神经网络的基本结构。具有这种结构的神经网络也称前馈神经网络。在前馈神经网络中，每一层的节点仅和下一层的节点相连。换言之，在网络内部，参数从输入层向输出层单向传播。

感知机就是一个单层的前馈神经网络，因为它只由一个节点层（输出层）进行复杂的数学运算。在循环网络中，允许同一层中的节点相连，或某一层中的节点连到前面各层中的节点。可见，人工神经网络的结构比感知机的更复杂，而且人工神经网络的类型也有许多种。在本节仅讨论前馈神经网络。除了符号函数外，神经网络还可以使用其他类型的激活函数，常见的激活函数的类型有线性函数、S 型函数、双曲正切函数等，如图 11-8 所示。在具体应用中，双曲正切函数较为常见。但它并不是唯一的选择。此外，不难发现，这些激活函数允许隐藏节点和输出节点的输出值与输入参数呈非线性关系。

11.3.2　符号标记说明

为了方便后续的介绍，此处先来整理一下符号标记方法。假设有如图 11-9 所示的一个神经网络，最开始有一组输入 $\boldsymbol{x} = (x_0, x_1, x_2, \cdots, x_d)$，在权重 $\omega_{ij}^{(1)}$ 的作用下，得到一组中间输出。这组输出再作为下一层的输入，并在权重 $\omega_{jk}^{(2)}$ 的作用下，得到另外一组中间输出。如此继续下去，经过剩余所有层的处理之后将得到最终的输出。通常将得到第一次中间输出的层次标记为第 1 层（即图 11-9 中只有 3 个节点的那层）。然后依此类推，继续标记第 2 层以及（给出最终结果的）第 3 层。此外，为了记法上的统一，将输入层（尽管该层什么处理都不做）标记为第 0 层。第 0 层和第 1 层之间的权重用 $\omega_{ij}^{(1)}$ 来表示，所以用于标记层级的符号

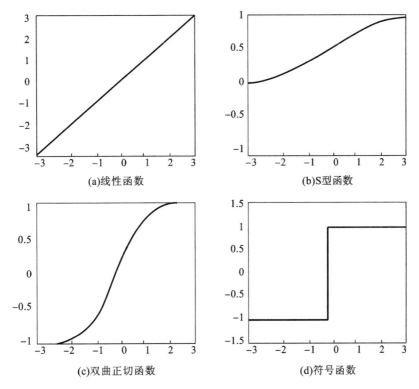

图 11-8　人工神经网络中常用的激活函数的类型

的上标 l 就在 $1 \sim L$ 中取值，L 是神经网络的层数（不计第 0 层），此例中 $L = 3$。如果用 d 来表示每一层的节点数，那么第 l 层所包含的节点数就记为 $d^{(l)}$。如果将 j 作为权重 $\boldsymbol{\omega}_{ij}^{(l)}$ 中对应输出项的索引，那么 j 的取值就为 $1 \sim d^{(l)}$。网络中间的每一层都需要将前一层的输出作为本层的输入，然后经过一定的计算将结果输出。

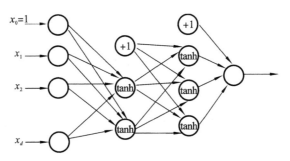

图 11-9　某人工神经网络模型

换言之，第 l 层所接收到的输入就应该是前一层（即第 $l-1$ 层）的输出。如果将 i 作为权重 $\boldsymbol{\omega}_{ij}^{(l)}$ 中对应输入项的索引，那么 i 的取值就为 $0 \sim d^{(l-1)}$。注意，这里索引为 0 的项对应每一层中的偏置因子。综上所述，每一层上的权重为

$$\boldsymbol{\omega}_{ij}^{(l)} := \begin{cases} 1 \leqslant l \leqslant L, & \text{层数} \\ 0 \leqslant i \leqslant d^{(l-1)}, & \text{输入} \\ 1 \leqslant j \leqslant d^{(l)}, & \text{输出} \end{cases}$$

于是,前一层的输出 $\boldsymbol{x}_i^{(l-1)}$ 在权值 $\boldsymbol{\omega}_{ij}^{(l)}$ 的作用下,可以进而得到每层在激励函数(在本例中即 tanh)作用之前的分数为

$$s_j^{(l)} = \sum_{i=0}^{d^{(l-1)}} \boldsymbol{\omega}_{ij}^{(l)} \cdot \boldsymbol{x}_i^{(l-1)}$$

而经由激励函数转换后的结果可表示为

$$x_j^{(l-1)} = \begin{cases} \tanh\left[s_j^{(l)}\right], & l < L \\ s_j^{(l)}, & l = L \end{cases}$$

在最后一层可以选择直接输出分数。

在每一层的节点数 $d^{(0)}, d^{(1)}, \cdots, d^{(L)}$ 和相应的权重 $\boldsymbol{\omega}_{ij}^{(l)}$ 确定后,整个人工神神经网络的结构就已经确定了。前面也讲过神经网络的学习过程就是不断调整权值以适应样本数据观察值的过程。假设已经得到了一个神经网络(包括权重),现在来仔细审视一下这个神经网络的每一层到底在做什么。从本质来说,神经网络的每一层其实就是在执行某种转换,即执行由下式所阐释的含义的转换:

$$\Phi^{(l)}(\boldsymbol{x}) = \tanh\left[\sum_{i=0}^{d^{(l-1)}} \boldsymbol{\omega}_{ij}^{(l)} \cdot \boldsymbol{x}_i^{(l-1)}\right]$$
$$\vdots$$

也就是说,神经网络的每一层都是在将一些列的输入 $\boldsymbol{x}_i^{(l-1)}$(也就是上一层的输出)和相应的权重 $\boldsymbol{\omega}_{ij}^{(l)}$ 做内积,并将内积的结果通过一个激励函数进行处理,处理之后的结果即为输出。显然,$\boldsymbol{x}$ 向量与 $\boldsymbol{\omega}$ 向量越相近,最终的结果会越大。从向量分析的角度来说,如果两个向量是平行的,那么它们之间就有很强的相关性,那么它们二者的内积就会比较大。相反,如果两个向量是垂直的,那么它们之间的相关性就越小,相应地,它们二者的内积就会比较小。因此,神经网络每一层所做的事,其实也是在检验输入向量 $\boldsymbol{x}$ 与权重向量 $\boldsymbol{\omega}$ 在模式上的匹配程度如何。换句话说,神经网络的每一层都是在进行一种模式提取。

11.3.3　后向传播算法

当已经有了一个神经网络的时候,即每一层的节点数和每一层的权重都确定时,可以利用这个模型来做什么呢?每个神经元由两个单元组成。一个是权重和输入信号,另一个是非线性单元,即激励函数。这和之前所介绍的各种机器学习模型是一样的,面对一个数据点(或特征向量)$\boldsymbol{x}_n = (x_1, x_2, \cdots, x_d)$,将其投放到已经建立起来的网络中就可以得到一个输出 $G(\boldsymbol{x}_n)$,这个值就相当于是模型给出的预测值。另一方面,对于收集到的数据集而言,每一个 $\boldsymbol{x}_n$ 所对应的那个正确的分类结果 $\boldsymbol{y}_n$ 则是已知的。于是便可以定义模型预测值与实际观察值之间的误差为

$$e_n = \left[\boldsymbol{y}_n - G(\boldsymbol{x}_n)\right]^2$$

最终的目标应该是让上述误差最小,同时又要注意 $G(\boldsymbol{x}_n)$ 是一个关于权重 $\boldsymbol{\omega}_{ij}^{(l)}$ 的函数,所以对于每个数据点都可计算:

$$\frac{\partial e_n}{\partial \boldsymbol{\omega}_{ij}^{(l)}}$$

当误差取得极小值时,上式所示的梯度应该为零。

注意神经网络中的每一层都有一组权重 $\boldsymbol{\omega}_{ij}^{(l)}$,所以想知道的其实是最终的误差估计与

之前每一个 $\boldsymbol{\omega}_{ij}^{(l)}$ 的变动的关系,这乍一看确实有点令人无从下手。所以不妨来考虑最简单一种情况,即考虑最后一层的权重 $\boldsymbol{\omega}_{i1}^{(L)}$ 的变动对误差 e_n 的影响。因为最后一层的索引是 L ,而且输出节点只有一个,所以使用的标记是 $\boldsymbol{\omega}_{i1}^{(L)}$,可见这种情况考虑起来要简单许多。最后一层设定为不进行处理的,所以它的输出就是 $s_1^{(L)}$,于是对于最后一层而言,误差定义式就可以写成:

$$e_n = \left[\boldsymbol{y}_n - G\left(\boldsymbol{x}_n\right)^2\right] = \left[\boldsymbol{y}_n - s_1^{(L)}\right]^2 = \left[\boldsymbol{y}_n - \sum_{i=0}^{d^{(L-1)}} \boldsymbol{\omega}_{i1}^{(L)} \cdot \boldsymbol{x}_i^{(L-1)}\right]^2$$

根据微积分的链式求导法则可得:

$$\frac{\partial e_n}{\partial \boldsymbol{\omega}_{i1}^{(L)}} = \frac{\partial e_n}{\partial s_1^{(L)}} \cdot \frac{\partial s_1^{(L)}}{\partial \boldsymbol{\omega}_{i1}^{(L)}} = -2\left[\boldsymbol{y}_n - s_1^{(L)}\right] \cdot \left[\boldsymbol{x}_i^{(L-1)}\right]$$

式中: $0 \leqslant i \leqslant d^{(l-1)}$ 。

同理可以推广到对于中间任一层,有:

$$\frac{\partial e_n}{\partial \boldsymbol{\omega}_{ij}^{(l)}} = \frac{\partial e_n}{\partial s_j^{(l)}} \cdot \frac{\partial s_j^{(l)}}{\partial \boldsymbol{\omega}_{ij}^{(l)}} = \delta_j^{(l)} \cdot \left[\boldsymbol{x}_i^{(l-1)}\right]$$

式中: $1 \leqslant l \leqslant L; 0 \leqslant i \leqslant d^{(l-1)}; 1 \leqslant j \leqslant d^{(l)}$ 。注意到上式的偏微分链中的第 2 项的计算方法与前面的一样,只是偏微分链中的第 1 项一时还无法计算,所以用符号 $\delta_j^{(l)} = \partial e_n/\partial s_j^{(l)}$ 来表示在每一层激励函数作用之前的分数对于最终误差的影响。而且最后一层的 $\delta_j^{(l)}$ 是已经算得的,即

$$\delta_1^{(L)} = -2\left[\boldsymbol{y}_n - s_1^{(L)}\right]$$

于是现在的问题就变成了如何计算前面几层的 $\delta_j^{(l)}$ 。

既然 $\delta_j^{(l)}$ 表示的是在每层激励函数作用之前的分数对于最终误差的影响,不妨仔细考察一下每层的分数到底是如何影响最终误差的。从下面的转换过程可以看出, $s_j^{(l)}$ 经过一个神经元的转换后变成输出 $\boldsymbol{x}_j^{(l)}$ 。然后, $\boldsymbol{x}_j^{(l)}$ 在下一层的权重 $\boldsymbol{\omega}_{jk}^{(l+1)}$ 的作用下,就变成了下一层中众多神经元的输入 $s_1^{(l+1)} \cdots s_k^{(l+1)} \cdots$,如此继续下去直到获得最终输出为止,即

$$s_j^{(l)} \stackrel{\tanh}{\Rightarrow} \boldsymbol{x}_j^{(l)} \stackrel{\boldsymbol{\omega}_{jk}^{(l+1)}}{\Rightarrow} \begin{bmatrix} s_k^{(l+1)} \\ \vdots \\ s_k^{(l+1)} \\ \vdots \end{bmatrix} \Rightarrow \cdots \Rightarrow e_n$$

理清上述关系之后,就知道在计算 $\delta_j^{(l)}$ 时,其实需要一条更长的微分链来作为过渡,并再次使用 δ 标记对相应的部分做替换,即有:

$$\delta_j^{(l)} = \frac{\partial e_n}{\partial s_j^{(l)}} = \sum_{k=1}^{d^{(l+1)}} \frac{\partial e_n}{\partial s_k^{(l+1)}} \cdot \frac{\partial s_k^{(l+1)}}{\partial x_j^{(l)}} \cdot \frac{\partial x_j^{(l)}}{\partial s_j^{(l)}} = \sum_{k=1}^{d^{(l+1)}} \delta_k^{(l+1)} \cdot \boldsymbol{\omega}_{jk}^{(l+1)} \cdot \left[\tanh'\left(s_j^{(l)}\right)\right]$$

这表明每一个 $\delta_j^{(l)}$ 可由其后面一层的 $\delta_k^{(l+1)}$ 算得,而最后一层的 $\delta_1^{(L)}$ 是前面已经算得的。于是,从后向前便可逐层计算。这就是所谓的后向传播(backward propagation,BP)算法的基本思想。后向传播算法是一种常用来训练多层感知机的重要算法。简单来说,在网络的预测结果出来之后,与真实结果相比,计算出错误率,然后对每个权重 $\boldsymbol{\omega}_{ij}$ 计算其对错误率的偏导数,然后根据偏导数(梯度)调整权重。

后向传播算法的主要执行过程是,首先对 $\boldsymbol{\omega}_{ij}^{(l)}$ 进行初始化,即给各连接权值分别赋一个区间 $(-1,1)$ 内的随机数,然后执行如下步骤:

（1）随机选择一个 $n, n \in \{1, 2, \cdots, N\}$ 。

（2）前向阶段：利用 $\boldsymbol{x}^{(0)} = \boldsymbol{x}_n$ 计算所有的 $\boldsymbol{x}_i^{(l)}$ 。

（3）误差后向传播处理：计算各输出单元的误差，并逐层向前计算各隐藏层单元的误差，由于最后一层的 $\delta_j^{(l)}$ 是已经算得的，于是可以从后向前，逐层计算出所有的 $\delta_j^{(l)}$ 。

（4）采用梯度下降法进行优化训练：$\boldsymbol{\omega}_{ij}^{(l)} \leftarrow \boldsymbol{\omega}_{ij}^{(l)} - \eta \boldsymbol{x}_i^{(l-1)} \delta_j^{(l)}$ 。

（5）当 $\boldsymbol{\omega}_{ij}^{(l)}$ 更新到令 e_n 足够小时，即可得到最终的网络模型为

$$G(\boldsymbol{x}) = \left\{ \cdots \tanh \left[\sum_j \boldsymbol{\omega}_{jk}^{(2)} \cdot \tanh \left(\sum_i \boldsymbol{\omega}_{ij}^{(1)} \cdot \boldsymbol{x}_i \right) \right] \right\}$$

考虑到在实际中，上述方法的计算量有可能会比较大。一个可以考虑的优化思路，就是所谓的 mini-batch 法。此时，不再随机选择一个点，而是随机选择一组点，然后并行地计算步骤（1）到步骤（3）。然后取一个 $\boldsymbol{x}_i^{(l-1)} \delta_j^{(l)}$ 的平均值，并用该平均值来进行步骤（4）中的梯度下降更新。在实践中，这个思路是非常值得推荐的。

11.4　神经网络实践与练习

神经网络由大量神经元组成。每个神经元获得线性组合的输入，经过非线性的激活函数，得到非线性的输出。人工神经网络是一个非常复杂的话题，神经网络的类型也有多种。本章所介绍的是其中比较基础的内容。针对不同的神经网络类型，R 语言提供的用于建立神经网络的软件包有很多。本节通过实例讲解其中最为常用的 nnet 软件包，该算法提供了传统的前馈反向传播神经网络算法的实现。

11.4.1　R 语言的常用函数

人工神经网络是一种模仿生物神经网络进行分布式并行信息处理的数学模型，本身以大脑的生理研究为基础，并且模拟人脑的机理与机制来实现思考功能。它依靠系统的复杂程度，通过调节网络内部大量节点之间的联系和参数，实现信息处理。因此，神经网络是一个很复杂的课题，而且神经网络的类型也有很多。针对不同的神经网络，R 语言提供了相应的软件包来实现人工神经网络的训练工作，最为常用的是 nnet 软件包，主要用来建立单隐藏层前馈神经网络模型。同时也可以用它来建立无隐藏层的前馈人工神经网络模型（也就是感知机模型）。

nnet( ) 函数的具体使用格式有两种，下面分别介绍该函数的两种使用方式。第 1 种使用格式如下：

nnet(formula, data, weights, subset, na. action, contrasts＝NULL)

其中，formula 代表的是函数模型的形式。formula 的书写规则与进行多元线性回归时所用到的类似。参数 data 给出的是一个数据框，formula 中指定的变量将优先从该数据框中选取。参数 weights 代表各类样本在模型中所占的权重，该参数的默认值为 1，即各类样本按原始比例建立模型。参数 subset 主要用于抽取样本数据中的部分样本作为训练集，该参数所使用的数据格式为一个向量，向量中的每个数代表所需要抽取样本的行数。参数 na. action 指定了当发现有 NA 数据时将会采取的处理方式。

nnet()函数的第 2 种使用格式如下：

nnet(x,y,weights,size,Wts,mask, lineout＝FALSE,entropy＝FALSE,softmax ＝FALSE, censored＝FALSE,skip＝FALSE,rang＝0.7,decay＝0, maxit＝100,Hess＝ FALSE,trace＝TRUE,MaxNWts＝1000, abstol＝1.0e－4,reltol＝1.0e－8)

x：x 值的矩阵或数据帧，其为一个矩阵或一个格式化数据集，该参数就是在建立人工神经网络模型中所需要的自变量数据。

y：目标值的矩阵或数据帧，参数 y 是在建立人工神经网络模型时所需要的类别变量数据，但在人工神经网络模型中，类别变量的格式与其在其他函数中的格式有所不同，这里的类别变量 y 是一个由 class.ind()函数得到的类指标矩阵。

class.ind()函数也位于 nnet 软件包中。它是用来对数据进行预处理的。更具体地说，该函数是用来对建模数据中的结果变量进行处理的，也就是前面所说的那样，模型中的 y 必须是经由 class.ind()函数处理而得的。该函数对结果变量的处理，其实就是通过结果变量的因子变量来生成一个类指标矩阵。它的基本格式如下：

class.ind(cl)

易见，该函数只有一个参数，该参数可以是一个因子向量，也可以是一个类别向量。这表明其中的 cl 可以直接是需要进行预处理的结果变量。为了更好地了解该函数的功能，不妨来看看该函数定义的源代码，其代码如下：

```
class.ind <- function(cl)
{
  n <- length(cl)
  cl <- as.factor(cl)
  x <- matrix(0, n, length(levels(cl)) )
  x[(1:n)+n* (unclass(cl)-1)] <-1
  dimnames(x) <- list(names(cl), levels(cl))
  x
}
```

所以该函数主要是将向量变成一个矩阵，其中每行还是代表一个样本。只是将样本的类别用 0 和 1 来表示，即如果是该类，则在该类别名下用 1 表示，而其余的类别名下用 0 表示。

weights：与第 1 种使用格式中的参数 weights 一样，代表每个例子的权重，默认值为 1。

size：代表隐藏层中的节点个数，通常隐藏层的节点个数应该为输入层节点个数的 1.2～1.5 倍，即自变量个数的 1.2～1.5 倍，如果将参数值设定为 0，则表示建立的模型为无隐藏层的人工神经网络模型。

decay：指在模型建立过程中，权重值的衰减精度，默认值为 0，当模型的权重值的每次衰减小于该参数值时，模型将不再进行迭代。

lineout：设置输出单元开关，默认为 F，即不输出。

skip：设置是否允许跳过隐藏层，默认为 F，即不允许跳过隐藏层。

rang：初始随机权重的范围是[－rang, rang]，通常情况下，该参数的值只有在输入变量很大的情况下才会取到 0.5 左右。

maxit：控制模型的最大迭代次数，即在模型迭代过程中，若一直没有达到停止迭代的条件,那么模型将会在迭代达到该最大次数后停止迭代,这个参数的设置主要是为了防止模型陷入死循环,或者是做一些没必要的迭代。

11.4.2　应用分析实例

下面以鸢尾花数据集为例,演示利用 nnet 软件包提供的函数进行基于人工神经网络的数据挖掘方法。nnet()函数在建立支持单隐藏层前馈神经网络模型的时候有两种建立方式,即根据既定公式建立模型和根据所给的数据建立模型。接下来将具体演示基于上述函数的两种建模过程。

根据函数的第一种使用格式,在针对上述数据建模时,应该先确定所使用的数据,然后再确定所建立模型的响应变量和自变量。来看下面这段示例代码,注意,这里使用的是 iris3 数据集:

```
>samp <-c(sample(1:50,25), sample(51:100,25), sample(101:110,25))
>ird <-data.frame(rbind(iris3[,,1], iris3[,,2], iris3[,,3]),
+          Species=factor(c(rep("s",50), rep("c", 50), rep("v", 50))))
>ir.nn1 <-nnet(Species~., data=ird, subset=samp, size=2,
+          rang=0.1, decay=5e-4, maxit=200)
```

在使用第 1 种方式建立模型时,如果使用数据中的全部自变量作为模型自变量,则可以简要地使用形如"Species～ ."这样的写法,用其中的"."代替全部的自变量。

根据函数的第 2 种使用方式,在针对上述数据建模时,首先应该将因变量和自变量分别提取出。自变量通常用一个矩阵表示,而对于因变量则应该进行相应的预处理。具体而言,就是利用 class.ind()函数将因变量处理为类指标矩阵。来看下面这段示例代码:

```
>targets <-class.ind( c(rep("s", 50), rep("c", 50), rep("v", 50)))
>ir <-rbind(iris3[,,1],iris3[,,2],iris3[,,3])
>ir.nn2 <-nnet(ir[samp,], targets[samp,], size=2, rang=0.1,
+          decay=5e-4, maxit=200)
```

在使用第 2 种方式建立模型时,不需要特别强调所建立模型的形式,函数会自动将所有输入到 x 矩阵中的数据作为建立模型所需要的自变量。

在上述过程中,两种模型的相关参数都是一样的,两个模型的权重衰减速度的最小值都为 $5e-4$(即 5×10^{-4}),最大迭代次数都为 200 次,隐藏层节点数都为 4 个。需要说明的是,由于初始值赋值的随机性,达到收敛状态时所需耗用的迭代次数并不会每次都一样。事实上,每次构建的模型也不会都是完全一致的,这是很正常的。

下面通过 summary()函数来统计一下所建模型的相关信息,其代码如下:

```
>summary(iris.nn)
a 4-2-3 network with 19 weights
options were - softmax modelling  decay=5e-04
b->h1 i1->h1 i2->h1 i3->h1 i4->h1
-20.60  0.31  -3.84  3.36  7.72
b->h2 i1->h2 i2->h2 i3->h2 i4->h2
-7.11  1.50  2.49  -4.14  5.59
b->o1 h1->o1 h2->o1
-7.28  -3.67  13.16
```

```
b->o2 h1->o2 h2->o2
11.90 -16.64 -19.40
b->o3 h1->o3 h2->o3
-8.62   20.31   6.24
```

在输出结果的第 1 行可以看到模型的总体类型,该模型总共有 3 层,输入层有 4 个节点,隐藏层有 2 个节点,输出层有 3 个节点,该模型的权重总共有 19 个。

输出结果的第 2 部分显示的是模型中的相关参数的设定,在该模型的建立过程中,只设定了相应的模型权重衰减最小值,所以这里显示出了模型衰减最小值为 5e−4。

第 3 部分是模型的具体构建结果,其中的 i1、i2、i3 和 i4 分别代表输入层的 4 个节点。h1 和 h2 代表的是隐藏层的 2 个节点,而 o1、o2 和 o3 则分别代表输出层的 3 个节点。此外,b 是模型中的常数项。第 3 部分中的数字代表的是每一个节点对下一个节点的输入值的权重值。

在利用样本数据建立模型之后,就可以利用模型来进行相应的预测和判别。在利用借助 nnet() 函数建立的模型进行预测时,将用到 R 软件自带的 predict() 函数。但是在使用 predict() 函数时,应该首先确认将要用于预测的模型的类别。这是因为建立神经网络模型时有两种不同的建立方式。所以利用 predict() 函数进行预测时,对于两种模型也会存在两种不同的预测结果,必须分清楚将要进行预测的模型是哪一类模型。

针对第 1 种建模方式所建立的模型,可采用下面的方式来进行预测判别。在进行数据预测时,应注意必须保证用于预测的自变量向量个数同模型建立时使用的自变量向量个数一致,否则将无法预测结果。而且在使用 predict() 函数进行预测时,不用刻意去调整预测结果类型。原数据集中标记为 C、S 和 V 的 3 种鸢尾花的观测样本各有 50 条,在建立模型时,分别从中各抽取 25 条,共计 75 条,并用这样一个子集来作为训练数据集。下面的代码则使用剩余的 75 条数据来作为测试数据集。

```
>table(ird$Species[-samp], predict(ir.nn1, ird[-samp,], type="class"))
      C    S    V
C    25    0    0
S     0   25    0
V     1    0   24
```

通过上述预测,可以看出所有标记为 C 和 S 的鸢尾花都被正确地划分了。有 1 个本来应该标记为 V 的鸢尾花被错误地预测成了 C 类别。总的来说,模型的预测效果还是较为理想的。需要说明的是,训练集和测试集都是随机采样的,所以不可能每次都得到跟上述预测结果相一致的矩阵,这是很正常的。针对第 2 种建模方式所建立的模型,可采用下面的方式来进行预测和判别:

```
>pre.matrix <- function(true, pred) {
+    name=c("C","S","V")
+    true <- name[max.col(true)]
+    cres <- name[max.col(pred)]
+    table(true, cres)
+  }
>pre.matrix(targets[-samp,], predict(ir.nn2, ir[-samp,]))
Cres
```

```
true    C    S    V
C      23    0    2
S       0   25    0
V       0    0   25
```

从输出结果来看,所有标记为 S 和 V 的鸢尾花都被正确地划分了。有 2 个本来应该被标记为 C 的鸢尾花被错误地预测成了 V 类别。总的来说,模型的预测效果还是较为理想的。

在调用 predict()函数时,明确了参数 type 为 class,因此输出的是预测的类标号而非概率矩阵。

下面以针对通信企业的客户数据,应用 BP 神经网络算法预测客户是否流失,实现的代码如下:

```
#BP 神经网络
setwd("./第 11 章")                              #设置工作区间
Data=read.csv("./data/telephone.csv")           #读入数据
Data[,"流失"]=as.factor(Data[,"流失"])          #将目标变量转换成因子型
set.seed(1234)                                   #设置随机种子
#数据集随机采样,采样的 70%定义为训练数据集,30%为测试数据集
ind <-sample(x,nrow(Data),replace=TRUE,prob=c(1.7,0.3))
traindata <-Data[ind==1]
testdata <=Data[ind==2]
#BP 神经网络建模
Library(nnet)                                    #加载 nnet 包
#设置参数
size=10                                          #隐藏层节点数为 10
decay=0.05                                       #权值的衰减参数为 0.05
nnet.model<-nnet(流失~.,traindata,size=size,decay=decay)
summary(nnet.model)                              #输出模型概要
#预测结果
train_predict=predict(nnet.model,newdata=traindata,type="class")
#训练数据集
test_predict=predict(nnet.model,newdata=testdata,type="class")
#建立数据集
#输出训练数据的分类结果
Train_predictdata=cbind(traindata,predictedclass=train_predict)
#输出训练数据的混淆矩阵
Train_confusion=table(actual=traindata$ 流失,predictedclass=train_predict)
#输出测试数据的分类结果
Test+ predictdata=cbind(testdata,predictedclass=test_predict)
#输出测试数据的混淆矩阵
Test_confusion=table(actual=testdata$ 流失,predictedclass=test_predict)
```

11.4.3　综合练习

前面讲解了 nnet()函数的应用,下面通过一个综合练习进一步介绍神经网络在 R 语言

中的操作,首先设置 R 语言的工作空间,读取原始数据,其代码如下:

```
>setwd("C:/BP 神经网络/")
>concrete<- read.csv("Concrete_Data.csv",header=T,fileEncoding="UTF-8",sep
=",")
```

(1) 用线性模型进行拟合,并用测试数据集进行测试。

其代码如下:

```
>index<- sample(1:nrow(concrete),round(0.75* nrow(concrete)))
>train<- concrete[index,]
>test<- concrete[-index,]
>lm.fit<- glm(strength~ .,data=train)
>summary(lm.fit)
```

结果如下:

```
call:
glm(formula=strength~ .,data=train)
Deviance Residuals:
Min      1Q    Median     3Q      Max
-28.932  -6.139  0.607   6.657   33.320
Coefficients:
          Estimate std.Error t value Pr(>|t|)
(Intercept)  -40.775000  30.468586  -1.338  0.1812
Cement        0.127369   0.009663   13.181  <2e-16
slag          0.109287   0.011581   9.437   <2e-16
ash           0.097181   0.014060   6.912   1.01e-11
water        -0.140623   0.045981  -3.058   0.0023
superplastic  0.237260   0.103781   2.286   0.0225
coarseagg     0.026789   0.010822   2.476   0.0135
fineagg       0.026104   0.012150   2.148   0.0320
age           0.120794   0.006692   18.051  <2c-16
(Intercept)
Cement       ***
slag         ***
ash          ***
water        **
superplastic *
coarseagg     *
fineagg      ***
age
---
signif.codes:
0 '***' 0.001 '**' 0.01 '*' 0.05 '.' 0.1 ' ' 1
(Dispersion parameter for gaussian family taken to be 102.7926)
Null deviance: 213677   on 771   degrees of freedom
Residual deviance:  78431   on 763   degrees of freedom
ATC: 5778.2
```

使用测试数据集测试的代码如下：

```
>pr.lm<-predict(lm.fit,test)
>MSE.LM<-sum((pr.lm-test$ strength)^2)/nrow(test)
>print(MSE.LM)
[1] 126.2464
```

使用均值方差 MSE.LM 来测试模型的拟合度。

（2）将数据标准化（进行归一化处理）。

在进行归一化处理之前，首先要确定数据是否有缺失值，其代码如下：

```
>apply(concrete,2,function(x) sum(is.na(x)))
```

其中，“2”表示对列进行检验。如果数据没有缺失值，则每个属性下的值都为 0，代码如下：

```
e,2,function(x) sum(is.na(x)))
    Cement        slag        ash      water superplastic
      0           0           0          0           0
    coarseagg   fineagg      age     strength
      0           0           0          0
>normalize<-function(x){(x-min(x)/(max(x)-min(x)))}
>scaled<-as.data.frame(lapply(concrete, normalize))
```

采用另外一种方法进行归一化处理的代码如下：

```
>maxs<-apply(concrete,2,max)
>mins<-apply(concrete,2,min)
>scaled<-as.data.frame(scale(concrete,center=mins,scale=maxs-mins))
```

（3）设置训练数据集以及测试数据集。

其代码如下：

```
>train_<-scaled[1:773,]
>test_<-scaled[774:1030,]
```

或者利用之前的方法，其结果如下：

```
>train_<-scaled[index,]
>test_<-scaled[-index,]
```

（4）引入神经网络处理包。

其代码如下：

```
>install.packages("neuralnet")
>library(neuralnet)
```

（5）利用神经网络处理训练数据。

其代码如下：

```
>f<-as.formula(paste("strength~",paste(n[! n % in% "strength"],collapse="
+")))
>model<-neuralnet(f,data=train_,hidden=c(5,3),linear.output=T)
>plot(model)
```

（6）利用测试集回测神经网络的准确性。

对测试集里的值进行预测，并计算它的均值方差。

其代码如下：

```
>pr.model<-compute(model,test_[,1:8])
>pr.model_<-pr.model$ net.result * (max(concrete$ strength)-min(concrete
$ strength))
+ min(concrete$ strength)
>test.r<-(test_$ strength)*(max(concrete$ strength)-min(concrete$ strength))
+min(concrete$ strength)
>MSE.MODEL<-sum((test.r-pr.model_)^2)/nrow(test_)
>print(paste(MSE.LM,MSE.MODEL))
[1] "126.246365517002 31.9381418972364"
>predict_strength<-pr.model$ net.result
>cor(predict_strength,test_$ strength)
[,1]
[1,] 0.9423517972
```

（7）进行可视化操作。

其代码如下：

```
>par(mfrow=c(1,2))
>plot(test$ strength,pr.model_,col='red',main='Real vs predicted NN',pch=18,
cex=0.7)
>abline(0,1,lwd=2)
>legend('bottomright',legend='NN',pch=18,col='red', bty='n')
>plot(test$ strength,pr.lm,col='blue',main='Real vs predicted lm',pch=18, cex
=0.7)
>abline(0,1,lwd=2)
>legend('bottomright',legend='LM',pch=18,col='blue', bty='n', cex=0.7)
```

结果如图 11-10 所示。

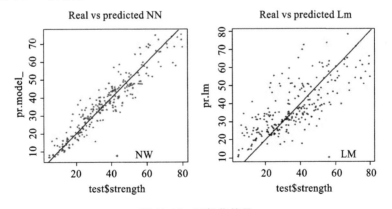

图 11-10　可视化结果

将图 11-10 所示的两幅图像叠加，其代码如下：

```
>plot(test$ strength,pr.model_,col='red',main='Real vs predicted NN',pch=18,
cex=0.7)
>points(test$ strength,pr.lm,col='blue',pch=18,cex=0.7)
>abline(0,1,lwd=2)
>legend('bottomright',legend=c('NN','LM'),pch=18,col=c('red','blue'))
```

结果如图 11-11 所示。

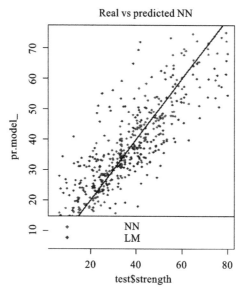

图 11-11　图像叠加结果

（8）进行快速交叉检验。

交叉检验是建立预测模型的一个重要步骤。交叉检验的方法有多种，基本思想是重复如下过程，进行多次训练。

①完成测试数据集的分离。

②基于训练数据集拟合一个模型。

③用测试数据集测试模型。

④计算预测误差。

⑤重复过程①～④ K 次。

⑥计算平均误差，可以借此获悉模型是怎样运作的。

其代码如下：

```
>library(boot)
>set.seed(200)
>lm.fit<-glm(strength~ .,data=concrete)
>cv.glm(concrete,lm.fit,K=10)$ delta[1]
[1] 109.7214527
>set.seed(450)
>cv.error<-NULL
>K<-10
>library(plyr)
>pbar<-create_progress_bar("text")
>pbar$ init(k)
>for(i in 1:K){
+ index<-sample(1:nrow(concrete),round(0.9* nrow(concrete)))
```

```
+ train.cv<-scaled[index,]
+ test.cv<-scaled[-index,]
+ nn<-neuralnet(f,data=train.cv,hidden=c(5,2),linear.output=T)
+ pr.nn<-compute(nn,test.cv[,1:8])
+ pr. nn < - pr. nn $ net. result * (max (concrete $ strength) - min (concrete
$ strength))+min(concrete$ strength)
+ test. cv. r< - (test. cv $ strength) * (max (concrete $ strength) - min (concrete
$ strength))
+ min(concrete$ strength)
+ cv.error[i]<-sum((test.cv.r-pr.nn)^2)/nrow(test.cv)
+ pbar$ step()
+ }
mean(cv.error)
[1] 35.46774188
>cv.error
[1] 30.58601403 35.25933048 41.83695927 34.89067826 34.60297088
[6] 30.76408598 42.08456020 36.91720024 40.01437602 27.72124346
>boxplot(cv.error,xlab= 'MSE CV',col= 'cyan',border= 'blue',names= 'CV error
(MSE)',
+ main= 'CV error (MSE) for NN',horizontal=TRUE)
```

最终结果如图 11-12 所示。

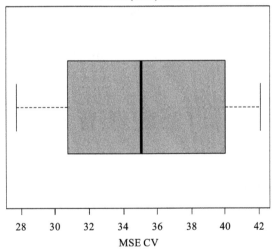

图 11-12　最终结果

本章小结及习题

第 12 章　应用案例——图书馆大数据分析

本章学习目标

■ 掌握基于 CRISP-DM 的大数据分析流程，了解图书馆大数据分析的需求
■ 掌握利用 R 语言开展数据探索的过程
■ 掌握利用 R 语言进行数据读/写的方法
■ 理解利用 R 语言进行数据处理的各种方法和技巧
■ 理解利用 R 语言进行数据可视化的方法

前面章节介绍了 R 语言的基本编程方法和常用的数据存储、数据处理、数据分析技术。本章将对图书馆借阅数据进行分析，介绍在实际应用中开展大数据分析的基本过程，以及如何实现需求分析、数据理解、数据处理、数据分析、数据可视化等全部过程。

12.1　案 例 背 景

12.1.1　图书馆大数据分析的需求

当前我国图书馆基本实现了数字化，建立了电子图书资源库、文献检索系统、图书借阅系统等，为读者提供方便快捷的图书资料服务。随着数字化图书馆的运行，图书馆积累了大量的读者借阅书籍、检索文献的数据。随着大数据技术的发展，人们开始关注如何利用这些数据为读者提供更加高级、周到的服务。

在大数据环境下，图书馆及其服务也必将产生新的巨大变化，深层次的服务功能可以通过大数据技术加以实现。主要体现在以下两个方面。

（1）提供以人为本的个性化服务。在大数据的支持下，高细腻的个性化服务能够得到更加有效的开展。图书馆可以基于不同个体的个性特点、性格偏好提供定制式的个体服务，如个性化图书推荐。也可根据对热门书籍的分析，为图书馆购书提供参考信息。通过对读

者借阅数据进行分析,为学校在课程、教学方面的建议提供参考信息。

(2)图书馆的服务内容将发生变化。传统的图书馆提供的服务是以文献或书籍为图书资源单元的服务,不对资源内容进行进一步处理。大数据环境下,图书馆的服务内容开始向知识服务方向发展。知识服务的内容为通过文本挖掘、大数据技术等,从图书资源中分析出更加细致的知识单元,并通过知识单元挖掘图书资源间的内在关系,提供高附加值的信息分析、决策咨询领域、知识问答等高级服务。

本章仅针对个性化服务,列出部分基本的图书馆大数据分析需求。

(1)最热门的图书有哪些。

这是一个学生、老师、图书馆都关心的问题。学生关心"我应该学习什么",学校关心"学生们的兴趣是什么",图书馆关心"哪些书最受欢迎"。

更深入地,还可从不同角度对这个问题进行分析,包括:

- 全校最热门的书;
- 某专业最热门的书;
- 各年级最热门的书;
- 最流行的小说;
- 最有助于考研的数学书。

更广泛地,还可将这个问题与其他数据结合起来进行分析。如与课表相结合,可以分析:

- 学生借阅的与上课相关的书有哪些?
- 学生借阅的与上课无关的书有哪些?
- 哪些老师上的课会引起学生们的读书兴趣?

与科研管理信息结合,可以分析:

- 哪些书对科学研究有帮助?
- 哪些书与研究生的研究方向有关系?

结合多年的数据,还可以分析近年来热门图书的变化趋势是怎样的。

(2)哪些图书需要增加馆藏量。

受成本限制和出于对图书使用效率的考虑,图书馆对每本书的采购量是有限制的。如何精准把握图书馆藏量是一个很难的问题。书买多了,借得人少,会造成资源浪费;书买少了,不够借,满足不了读者需要。根据对图书的借阅趋势进行分析,可辅助图书馆科学合理地进行图书采购。

(3)如何推荐读者可能感兴趣的书籍。

这是一个非常有趣的问题,在广告营销、网站搜索等方面经常会遇到类似的问题。根据图书借阅历史数据,可以分析出不同专业、不同课程的热门书箱,结合读者的专业,可以给出推荐目录。在读者给出检索词后,可以向读者推荐有经验的老师会借哪些书。在读者择定要借的书后,可以进一步推荐借过此书的人还借过哪些书。

在本课程结束之后,读者完全可以用课程知识实现上面列出的需求。限于篇幅,本章仅针对第(1)个需求中的"全校最热门的书"这一问题进行分析。有兴趣的读者可以进一步对其他问题进行分析。

12.1.2　分析步骤

当前大数据分析流程比较流行的是采用 CRISP-DM(cross-industry standard process for data mining),即跨行业数据挖掘标准流程。该过程模型于 1999 年由欧盟机构联合起草。由于该模型是一个迭代优化过程的模型,而且该模型照顾了业务和技术两方面的关注点,用户和信息技术(IT)人员都可以理解,因此该模型在大数据分析中得到广泛应用。

图 12-1 所示的是基于 CRISP-DM 的大数据分析流程。

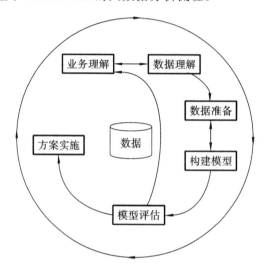

图 12-1　基于 CRISP-DM 的大数据分析流程

(1) 业务理解(business understanding):理解项目目标和需求,确定数据分析问题,确定完成目标的初步计划。

(2) 数据理解(data understanding):收集数据,并进行适当处理,目的是熟悉数据,发现数据的内部属性,把握数据分析目标的可行性,如果必要,则需要重新定义分析目标。

(3) 数据准备(data preparation):从未处理的数据中构造分析数据集,作为分析模型的输入数据,任务包括属性的选择、数据的采样、格式转换和编码,以及数据清洗。

(4) 构建模型(modeling):选择合适的分析算法,包括统计分析方法、智能算法等,并形成分析流程,将模型参数调整到最佳数值,有些算法在数据格式和数据编码上有特殊要求,因此需要经常跳回到数据准备阶段。

(5) 模型评估(evaluation):对模型运行测试结果进行解读和分析,确认其是否运行正确,是否可以完成业务目标。

(6) 方案实施(deploying):根据用户需求,实现一个重复的、复杂的数据挖掘过程,并将结果发布。

图 12-1 所示的最外面的圆圈表示数据挖掘自身的循环本质,每一个解决方案部署之后代表另一个数据挖掘的过程也已经开始了,需要在运行过程中不断迭代、更新模型。所有活动都以数据为中心展开。

遵循 CRISP-DM,在前一小节中完成了业务理解,给出了数据需求。下一步将进行数据理解、数据准备、构建模型和模型评估,这一过程是经过多次循环迭代完成的。把前 n 次以理解数据为目的的循环称为数据探索。通过数据探索确定基本的分析方案后,开始详细地构建分析模型,后面的循环迭代过程称为数据分析。数据探索和数据分析并没有明确的分界线。

12.2　数 据 探 索

初次拿到数据时会感觉无从下手,如果这时直接将数据交给分析模型,可能得不到分析结果,或结果不理想,那么就可能需要进行数据探索。就像要学会游泳就需要先熟悉水性一样,要准确地分析数据就需要先了解数据,了解数据的过程称为探索性数据分析(exploratory data analysis,eDA),简称数据探索。数据探索的目的有以下几点。

(1) 了解数据里有什么,以及数据里没有什么。这将决定数据是否满足分析的要求。通过数据的结构了解数据的含义。

(2) 了解数据的质量,并进行适当处理。核实是否缺少数据,是否有错误的数据。以此决定在分析前如何对数据进行数据清洗,需要补充哪些数据、过滤哪些数据。

(3) 分析数据类型是否符合分析模型,并进行数据转换。转换包括数据类型转换,数据编码等。

(4) 了解数据的基本统计情况,以确定一些分析模型的参数。如了解数据量有多大,分析是否需要采用并行计算模型计算数据的基本统计量,确定模型的参数范围等。

12.2.1　数据结构

为了便于进行图书馆大数据分析,笔者从一个图书馆收集了真实的图书借阅数据,为了保护隐私,对数据进行了脱敏处理。实验数据和本章的代码放在开源网站 github(https://github.com/wenbl/LibraryBigData/)上。数据文件存放在子目录"data"下,源代码存放在子目录"R"下。

文件"图书目录.xlsx"是图书馆馆藏纸质图书目录,其内容如表 12-1 所示。图书 ID 是书的标识,每一本书有一个唯一的标识,两种具有相同书名的图书的 ID 不相同。图书分类号是书的一个分类检索号,一般用于在书架上查找书籍,其编码规则遵循《中国图书馆图书分类法》的要求。

表 12-1　图书目录

图书 ID	书　　　名	图书分类号
B0000001	大庆指南	F279.273.5-62/1
B0000002	寒夜三部曲.第一部,寒夜	I247.5/1
B0000003	沧桑路	I247.5/184
B0000004	寻	I247.5/4
B0000005	曾经深爱过	I247.5/5
…	…	…

文件"《中国图书馆图书分类法》简表.txt"列出了主要的分类,按学科内容将图书分成22 个基本大类,每一大类又分为许多子类,每一子类下再分子类。最后,每一种书都可以被分到某一个类目下,每一个类目都有一个类号。分类词表是层次结构的类号和类目的集合。例如 I 表示文学,I24 表示小说,I247 表示当代作品,TP 表示自动化技术、计算机技术,TP3 表示计算技术、计算机技术。对于馆藏图书,可在标准的分类号后面增加附加编号,"/"后面的编号为图书馆自编号,保证相同的书具有同一个图书分类号。了解图书分类,对于对图书借阅情况从学科的角度进行分析很有帮助。在后面对主题词的分析中就用到了图书分类信息。

文件"读者信息.xlsx"给出了读者的基本信息,其内容如表 12-2 所示。读者 ID 是读者的借书证编号或一卡通卡号等,用来唯一标识读者。读者类型指教师、本科生、硕士研究生、博士研究生等。由于分析过程与读者姓名无关,表中略掉了姓名等其他细节信息。

表 12-2　读者信息

读者 ID	读者类型	性　　别	单　　位
0119IF051401	教师	男	化学化工学院
0219DJ102756	教师	男	离退处
0219ID010027	教师	女	数学科学与技术学院
0319FK020099	教师	女	电子科学学院
0319GC020074	教师	女	地球科学学院
…	…	…	…

文件"图书借还 2017.xlsx"中包含图书馆 2017 年的借还记录,其内容如表 12-3 所示。本章以 2017 年的借还记录为例讲解分析过程。文件有 4 列,其中操作时间指借书/还书操作的时间,操作类型有两个值:借、还。表 12-3 所示的图书 ID 与表 12-1 所示的图书 ID 对应。表 12-3 所示的读者 ID 对应表 12-2 所示的读者 ID。

表 12-3　2017 年图书借还记录

操 作 时 间	操作类型	图书 ID	读者 ID
2017/1/1 7:35	还	B0451294	1606AC140313
2017/1/1 7:35	还	B0158316	1606AC140313
2017/1/1 7:35	还	B0445510	1606AC140313
2017/1/1 7:36	还	B0462168	1606AC140313
2017/1/1 7:36	还	B0462170	1606AC140313
…	…	…	…

采用以下代码将"图书目录.xlsx"和"图书借还 2017.xlsx"读到 R 包中:

```
>library(openxlsx)
dataPath='数据文件保存路径'
book= read.xlsx(paste(dataPath,"\\图书目录.xlsx",sep=""),sheet=1)
operations=read.xlsx(paste(dataPath,"\\图书借还 2017.xlsx",sep=""),sheet=1)
```

其中,read. xlsx 用来读取 Excel 文件。用于读取 Excel 文件的包还有 readxl、RODBC 等包,通过比较可知,openxlsx 包可以用于读/写数据量比较大的 Excel 文件,而且速度较快。

注意在加载 R 包前需要预先安装相应的包。下面的代码中都假设所用的包已经安装完成。

12.2.2　初步了解数据

通常采用描述性统计分析对数据进行初步了解。描述性统计包含多种基本描述统计量,其包括如下统计量。

- 基本信息:样本数、总和。
- 集中趋势:均值、中位数、众数。
- 离散趋势:方差(标准差)、变异系数、全距(最小值、最大值)、内四分位距(25%分位数、75%分位数)。
- 分布描述:峰度系数、偏度系数。

用户可选择多个变量同时进行计算,亦可选择分组变量进行多组别的统计量计算。

先看图书目录的数据:

```
>head(book)
图书 ID                      书名图书分类号
1 B0000001                大庆指南 F279.273.5-62/1
2 B0000002 寒夜三部曲.第一部,寒夜          I247.5/1
3 B0000003                    沧桑路    I247.5/184
4 B0000004                      寻      I247.5/4
5 B0000005                曾经深爱过      I247.5/5
6 B0000006              第一个总统.上      I247.5/6
>nrow(book)
[1] 400966
```

可以看到,book 共有 400966 行,3 列。查看一下各列值的情况:

```
>library(dplyr)
>summarize(book,书名=n_distinct(书名),图书 ID=n_distinct(图书 ID),图书分类号=n_
distinct(图书分类号))
书名图书 ID图书分类号
1 306211 400966    339651
```

数据处理包 dplyr 的 summarize()函数用来对数据框进行汇总统计,其中 n_distinct 用来统计不同值的个数。除图书 ID 与行数相同外,书名、图书分类号都小于行数,说明存在重复值或空值。

通过上述初步了解,如果在分析时要用到书名或图书分类号,就需要去除空值,并建议图书馆核对有关数据,进行空值补全,由于空值的数量比较少,对分析影响不大,因此可用去掉空值后的数据进行进一步的分析。

下面查看借还操作的数据情况:

```
>head(operations)
操作时间操作类型图书 ID        读者 ID
1 42736.32       还 B0451294 1606AC140313
2 42736.32       还 B0158316 1606AC140313
3 42736.32       还 B0445510 1606AC140313
4 42736.32       还 B0462168 1606AC140313
5 42736.32       还 B0462170 1606AC140313
6 42736.32       还 B0451300 1606AC140313
```

结果中的操作时间显然不对,这是 read. xlsx 的问题,需要利用 openxlsx 提供的 convertToDateTime()函数将操作时间转换为日期时间格式:

```
>operations$ 操作时间=convertToDateTime(operations$ 操作时间)
>nrow(operations)      # 查看总的记录条数
[1]221620
summarize(operations,操作时间个数=n_distinct(操作时间),操作类型个数=n_distinct
    (操作类型),图书 ID 数=n_distinct(图书 ID),读者 ID 数=n_distinct(读者 ID),min 操作
    时间=min(操作时间),max 操作时间=max(操作时间))
操作时间个数操作类型个数图书 ID 数读者 ID 数      min 操作时间      max 操作时间
1    219785      2    54288   12754 2017-01-01 07:35:34 2017-12-31 21:51:30
```

操作时间的范围为"2017-01-01 07:35:34"到"2017-12-31 21:51:30"。有趣的是,操作时间的唯一性记录为 219785 条,并不是 221620 条,也就是说,有 1835 条记录的操作时间相同。难道一个人可以在 1 s 内完成两本以上的书的借还操作? 不妨试试,这很难做到。其实这是图书馆有两台以上的自动借还书操作机造成的,且人工服务台操作时间只精确到秒,因此这是碰巧有同时操作引起的。

图书 ID 有 54288 个不重复项,每种书的平均重复次数达 221620/54288≈4 次,可见一定有大量的书被重复借阅,即存在热门书,这表明分析"最热门书"是有意义的。对图书 ID 进行统计,统计借还次数最多的书籍的代码如下:

```
arrange(summarise(group_by(operations,图书 ID),count=n()),desc(count))
# A tibble: 54,288 x 2
图书 ID count
<chr><int>
1 B0461694  134
2 B0451340  126
……
```

数据处理包 dplyr 的 arrange()函数用来对数据框进行排序,上面程序是按 count 降序排列的。arrange()函数的结果是 tibble 类型的,它是 data. frame 的子类,可以按 data. frame 一样处理。

从排序结果看,借还次数最多的为"B0461694",共 134 次,大约被借 67 次,查询对应书名代码如下:

```
>book[which(book$ 图书 ID=="B0461694"),]
图书 ID                书名图书分类号
354749 B0461694 偷影子的人:精装插图版 I565.45/187
```

读者 ID 的不重复数为 12754,考虑到学校在校师生只有不到 2 万人,说明学校的师生是热爱读书的,平均每人借还书约 221620/12754≈17.4 次,说明存在学霸级人物。进一步地可与考试成绩进行关联,追踪学霸们的学习成绩、考研情况、科研情况,看是否与读书情况有关。

```
>nrow(operations[which(operations$ 操作类型=="借"),])
[1] 110651
```

操作类型只有 2 种,即借和还。借的为 110651 条,还的有 110969 条,二者并不相等,说明跨年度借还书的情况存在不少。

12.2.3　数据预处理

前面对数据进行了初步了解,现在需要对数据进行一些必要的处理,以便顺利进行分析。

(1) 只筛选借书的记录。

本次分析只关心热门书,按借书频次进行排序。因此选择借或还的记录都可以。此处不关心借还书的具体时间,也不关心是谁借的,只关心借了什么书,因此只需要字段图书 ID。代码如下:

```
>borrowed= subset(operations,操作类型=="借" ,select=c("图书 ID"))
```

变量 borrowed 表示借书的记录,只有图书 ID 一个字段。

(2) 将图书 ID 转换为对应的图书分类号和书名。

代码如下:

```
>borrowed= subset(merge(borrowed,book,by='图书 ID'),select=c('图书分类号','书
名'))
```

merge()函数用来将两个数据集进行合并。由于 borrowed 和 book 两个表中都有一个共同的字段图书 ID,merge()函数就按图书 ID 对各记录进行对齐,对于每一条 borrowed 记录,根据其图书 ID 在 book 中查找与对应的图书 ID 值相同的记录(可能有一条或多条),然后合并成多条记录。合并后表的字段为两个表中字段的并集。合并返回的结果还是一个 data.frame。合并后对图书 ID 字段不再感兴趣,只需要图书分类号和书名,因此用 subset()函数进行筛选。

(3) 去掉空值记录。

book 中存在许多书名或图书分类号为空的记录,这些记录会带到 borrowed 中,需要去掉。代码如下:

```
>borrowed=na.omit(borrowed)
```

至此,数据准备好了,borrowed 是经过处理后的数据,含有 2017 年全年每次借书的书名和图书分类号。

按照 CRISP-DM 中的数据准备成果,borrowed 就是一个分析数据集。分析数据集通常是通过关联、编码转换、数据筛选等操作后,可直接供数据分析使用的数据集。data.frame 提供了非常好的数据集存储和操作机制。对于不同的分析需要不同的分析数据集。在一个分析过程中,不同阶段也会出现不同的数据集,数据集的变化构成了分析过程的数据流。

12.2.4　试分析

现在可以进行分析了。分析思路:求 borrowed 中相同书名出现的次数,并按次数进行

降序排列。

其代码如下：

```
>arrange(summarise(group_by(borrowed,书名),count=n()),desc(count))
书名           count
1 小王子        157
2 傲慢与偏见    136
3 了不起的盖茨比 124
4 解忧杂货店    123
5 白鹿原        122
6 高等数学      111
7 呼啸山庄      110
8 嫌疑人 X 的献身 108
9 论语          105
10 C 语言程序设计 101
```

被借次数最多的是《小王子》，被借了 157 次。而前面的结果中借还最多的书是《偷影子的人：精装插图版》，约 67 次。为什么两次的结果不一样呢？到 book 中查询一下书名为《小王子》的书，代码如下：

```
>book[which(books$ 书名=="小王子"),]
图书 ID   书名图书分类号
77443   B0077983 小王子   I565.87/1
160336 B0264392 小王子   I565.88S/5
160658 B0264714 小王子   I565.88S/1
177306 B0281364 小王子 I565.88/2-2
197239 B0303281 小王子   I565.88/5
205218 B0311260 小王子 H319.4/2389
210876 B0317174 小王子 H319.4/2696
211413 B0317711 小王子 H319.4/2822
...
```

发现存在书名相同但图书 ID 不同的书，由图书分类号可知，一部分书被分到文学作品类（I 类），一部分书被分到外语类（H 类），原来同名书被多个出版社按不同语种多次出版。由此可见，按图书 ID 和按书名统计的结果不同，而以书名统计更加合理。

再看排名前 10 名的书籍，貌似很符合 2017 年的潮流和热点。

在最热门的书中，除《高等数学》和《C 语言程序设计》与课程学习有关外，其他的都是文学作品，难道全校师生更喜欢看小说？这可是一所工科院校，那问题出在哪里呢？

问题就出在书名上。文学作品的特点是具有同一内容的书名一般只有一个，但技术类的书就不一样，具有相似内容的书会有许多，它们的书名不一定相同。例如，同样是 C 语言，除《C 语言程序设计》外，还有《C 语言程序设计教程》、《新编 C 语言程序设计教程》、《C 语言程序设计 600 例》等，多达几百种。

此时要确定应关注某一本书还是某一类书。如果是最热门的某几本书，那么分析任务基本完成，只要将分析结果用表格或图形的方式展示出来就行了。如果关注的是某一类书，如 C 语言方面的书，这种分析方法就不适合。显然，本案例关注的是后者，因此需要有新的分析方法。

12.3　数据分析

12.3.1　分析思路

　　通过数据探索,认识到分析热门书不能简单地按书名进行统计分析,需要按图书所属类别进行分析,那么是否可以按图书分类号代表的分类进行分类呢? 进一步分析《中国图书馆图书分类法》简表,发现这个分类不够细致,例如:《C 语言程序设计》既可归到"TP311 程序设计、软件工程",也可归到"TP312 程序语言、算法语言",并没有专门的 C 语言类;而图书目录中的"图书分类号"也不能把 C 语言归为一个专门的类。由于可用的数据只有书名,因此需要对书名进行分析,以获取书的主题词。

　　采用主题词抽取中最常用的词频-逆文档频率算法(Term Frequency-Inverse Document Frequency,TF-IDF)思想进行主题词抽取。TF-IDF 的基本思想是:一个词语在一篇文档中出现次数越多,而在其他文档中出现次数越少,越能够代表该文档,作为该文档的主题词。

　　词频(term frequency, TF)指的是某一个给定的词条 w 在文档 d 中出现的频度。计算公式为

$$TF_{wc} = \frac{dw\_count}{dw\_total}$$

　　逆文档频率 (inverse document frequency,IDF)的主要思想是:如果包含词条 w 的文档越少,IDF 越大,则说明词条具有很好的类别区分能力。词条 w 的 IDF 表达为

$$IDF_w = \lg\left(\frac{d\_total}{d\_count+1}\right)$$

　　TF-IDF 采用 $TFIDF_{wc} = TF_{wc} \times IDF_w$ 来表示词条 w 可作为文档 c 的主题词的权重。$TFIDF_{wc}$ 越大,w 越能够代表文档 c 的主题。

　　计算出了词条在某文档中的 TFIDF 值,还需要采用一定的策略来按值选定主题词。如选择指定个数的词条作主题词,只需要按序选择就行了。当主题词个数不确定时,就需要选择一个阈值,大于这个阈值的为主题词。计算阈值也比较复杂,需要根据不同的应用场景设计算法。

　　参照 TF-IDF 思想,结合图书管理的特点,抽取主题词的方法如下。

　　(1)把一个图书分类作为一个文档,将同一分类下所有书名作为文档的内容。对书名进行中文分词,不考虑停用词的情况下,得到一个或多个词条。

　　(2)如果一个词条在某个图书分类中出现的次数很多,而在其他分类中出现的次数很少,这个词条就可能是主题词。例如"C 语言"、"程序设计"、"高等数学"就是主题词。

　　(3)如果一个词条在多个分类中都现出,则认为它是通用词,不是主题词。例如"习题集"、"精通"、"宝典"。

　　(4)一本书可能有一个或多个主题词。

　　(5)文学类书籍直接将书名作为主题词,不进行分词。

按此思路,先构建主题词表,再按书的主题词进行统计分析。

12.3.2　提取主题词

(1) 步骤 1:对书名进行预处理。

对书名进行预处理代码如下:

```
library(stringr)
book=subset(book,,select=c("图书分类号","书名"))
book$ 图书分类号=str_trim(book$ 图书分类号)
book$ 书名=str_trim(book$ 书名)
book$ 图书分类号=str_extract(book$ 图书分类号,"([A-Z]+)") # 提取图书分类主码
book=na.omit(book) # 去掉空值行
book=unique(book) # 去掉重复的,保留第 1 个
book=book[which(str_sub(book$ 图书分类号,1,1)! ="I"),]
```

str_trim()函数用来将数据集中的字符串列前后的空字符去掉。

str_extract()函数按照正则表达式进行字符抽取。正则表达式是文本分析中最常用的一种方式,几乎所有的程序设计语言都支持正则表达式,关于正则表达式的详细用法不在此介绍。"([A-Z]+)"是一个正则表达式,表示以 1 个或多个大写字母开头的字符串。该语句的作用就是提取图书分类的字母部分作为主要分类码。根据分析思路,按词条在主要分类中出现的频次进行分析。

na. omit()函数用于去掉空值行。

unique()函数用来按一列或多列去掉重复记录。

去掉文学作品,文学作品不参与主题词筛选。

经过预处理,book 内的记录过滤掉了文学书籍,图书分类的值变成了主要分类码。

(2) 步骤 2:对书名进行中文分词,提取词条。

中文分词采用"结巴中文分词",需要安装并加载 jieba 包。代码如下:

```
>library(jiebaR)
>cutter=worker(user=paste(dataPath,"\\library_new_words.txt",sep=""),
    stop_word=paste(dataPath,"\\stopwords.txt",sep=""))
>segment("C 语言程序设计",cutter)
[1] "C 语言""程序设计"
```

segment()函数用于抽取参数字符串中的词条,并以列表的方式返回。使用 segment()函数进行分词之前,需要调用 worker 初始化分词器,参数 user 用来指定用户词典,stop_word 用来指定停用词。如果在书名中有一些新的词条,且不能被 jieba 识别,就需要把新词加到用户词典上。

词典文件是一个 utf-8 格式的文本文件,一个词占一行,每一行分三部分:词语、词频(可省略)、词性(可省略),用空格隔开,顺序不可颠倒。下面是图书词典 library_new_words. txt 的部分样例:

```
J++
云计算
大数据
英语四级
```

停用词(stop words)指在切词时自动忽略某些字或词。如常见的"的"、"在"等,这些词对提取关键词没有任何意义。一部分新词词表 library_new_words.txt 和停用词词表 stopwords.txt 可在 https://github.com/wenbl/LibraryBigData 的 data 目录下载。感兴趣的读者可以自己编写程序从图书名中提取新词词表。

采用不同的图书词典、不同的分词系统,得到的主题词统计量、主题词清单、热门书排名不一定完全相同,但总体结果基本是一致的。这也是大数据分析与一般数据库系统查询的不同之处。

首先利用 segment()函数对书名进行分词,将分词得到的词条列表用制表符("\t")分隔开,组成一个字符串,然后用 tidyr 包提供的 separate_rows()函数对词条进行转换,转换规则是:词条中如有 n 个词,则该行转换为 n 行,列词条的内容为单个的词,其他列复用原来的列值。代码如下:

```
library(tidyr)
book$ 词条 = apply(matrix(book$ 书名),1,function(x) paste(segment(x,cutter),
collapse="\t"))
words=separate_rows(book, 词条, sep="\t")
words=words[,c('图书分类号','词条')]
```

例如,book 中第 1 行原来的值为:

```
图书 ID   书名图书分类号
1 B0000001 大庆指南                          F279.273.5-62/1
```

通过分词后变为:

```
图书 ID   书名图书分类号词条
1 B0000001 大庆指南                    F279.273.5-62/1 "大庆\t 指南"
```

通过 separate_rows()转换后得到 words 对应的内容为:

```
图书 ID   书名图书分类号词条
1 B0000001 大庆指南          F279.273.5-62/1 大庆
2 B0000001 大庆指南          F279.273.5 62/1 指南
```

筛选列后的值为:

```
图书分类号词条
1 F279.273.5-62/1 大庆
2 F279.273.5-62/1 指南
```

(3) 步骤 3:对词条进行统计。

根据前面的分析思路,对每一组图书分类、词条提供以下统计量。

dw_count:词条在图书分类中出现的频次。

dw_total:图书分类中所有词条的数目,相同图书分类具有相同的值,图书分类中相同词条被重复计数。

d_total:图书分类总数,只有一个值,不计重复个数。

d_count:包含词条的图书分类数,相同词条具有相同的值。

w_total:词条在图书分类中出现的总频次,重复计数。

cumsum:相同词条的记录,按词条在分类中出现的频次降序排列时,词条出现频次 dw_count 的累加和。

rank:相同词条的记录,按词条在分类中出现的频次降序排列时的顺序号,频次最多的分类的 rank 值为 1。

tf:词频,指词条在图书分类中出现的频次占该分类中词条总数的比例。

cumtf:词频的累加值,同一词条最后行的累加值总是 1。

tfidf:TF-IDF 权重值。

统计代码如下:

```
words=summarise(group_by(words, 图书分类号, 词条),dw_count=n()) # 1
words= merge(words,summarise(group_by(words, 图书分类号),dw_total=sum(dw_
count)),by='图书分类号')
d_total=length(unique(words$ 图书分类号))
words=merge(words,summarise(group_by(words, 词条),d_count=n()))
words=merge(words,summarise(group_by(words, 词条),w_total=sum(dw_count)),by=
'词条')
words=arrange(words,词条,desc(dw_count)) # 按词/词数进行排序
words=transform(words,cumsum= unlist(tapply(dw_count,词条,cumsum))) # 求 dw_
count 累加和
words=transform(words,rank=unlist(tapply(cumsum,词条,rank))) # 组内按累加和排
名
words$ tf=words$ dw_count/words$ w_total
words$ cumtf=words$ cumsum/words$ w_total
words=transform(words,tfidf=tf* log(d_total/(1+d_count),10))
```

求 cumsum、rank 时,需要先对同一词条按在各图书分类中出现的频次从大到小排列。arrange()函数的参数表示"词条"按升序排列,相同的词条按 dw_count 值降序排列。最后把统计结果写入文件。代码如下:

```
library(openxlsx)
write.xlsx(x=words,file= paste(dataPath,"\\words_R.xlsx",sep=""),colNames=
TRUE)
```

(4) 步骤 4:筛选主题词。

利用步骤(3)的统计量,按照一定的规则筛选主题词。

根据 TF-IDF 思想,为了找出各图书分类的主题词,需要设计算法计算每个图书分类的 tfidf 阈值。在实际的图书分类中,许多分类间具有相似的主题词,也就是说一本书既可划在 A 类中,也可以划在 B 类中,而且这样的情况很多,这进一步增加了为一个图书分类确定主题词的复杂性。在本案例中,只关心一个词条是不是主题词,而不关心它是一个图书分类的主题词,还是多个图书分类的主题词。为此,直接利用前面的统计值进行判断,简化分析方法。下面以词条"程序设计"为例说明筛选方式。查看一下词条"程序设计"的统计量,其代码如下:

```
>subset(words,词条=='程序设计')
词条图书分类号 dw_count dw_total d_count w_total cumsum rank    tf    cumtf
  tfidf
30039 程序设计  TP  1556 109699     13   1630 1556   1 0.9546012270
0.9546012  0.5892752972
```

```
30040 程序设计    TN    29    26062    13    1630    1585    2 0.0177914110
0.9723926   0.0109826373
30041 程序设计    TU    11    58474    13    1630    1596    3 0.0067484663
0.9791411   0.0041658279
30042 程序设计    O     9     45256    13    1630    1605    4 0.0055214724
0.9846626   0.0034084047
30043 程序设计    P     8     23164    13    1630    1613    5 0.0049079755
0.9895706   0.0030296930
30044 程序设计    TH    6     14015    13    1630    1619    6 0.0036809816
0.9932515   0.0022722698
30045 程序设计    TM    3     17511    13    1630    1622    7 0.0018404908
0.9950920   0.0011361349
30046 程序设计    TB    2     14057    13    1630    1624    8 0.0012269939
0.9963190   0.0007574233
30047 程序设计    G     2     73811    13    1630    1626    9 0.0012269939
0.9975460   0.0007574233
30048 程序设计    C     1     35045    13    1630    1627    10 0.0006134969
0.9981595   0.0003787116
30049 程序设计    H     1     105212   13    1630    1628    11 0.0006134969
0.9987730   0.0003787116
30050 程序设计    TQ    1     11492    13    1630    1629    12 0.0006134969
0.9993865   0.0003787116
30051 程序设计    F     1     142543   13    1630    1630    13 0.0006134969
1.0000000   0.0003787116
```

将"程序设计"的频次和累加词频分别用直方图和折线图画在同一个图形中,就形成了一个帕累托图,如图 12-2 所示。帕累托图又叫排列图、主次图,是按照某事件发生频率的大小顺序绘制的直方图,用双直角坐标系表示,左边纵坐标表示频次,右边纵坐标表示累计词频。帕累托图分析的基本原理:数据的绝大部分存在于很少的类别中,极少剩下的数据分散在大部分类别中。这与 TF-IDF 的思路高度吻合,但帕累托图更易于理解。

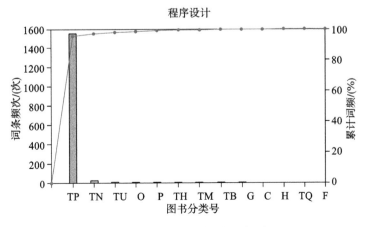

图 12-2　"程序设计"的帕累托图

下面代码定义了一个绘制词条的帕累托图的函数 Paretochart(),参数 keyword 用来指定词条:

```
Paretochart=function(dict,keyword) {
    theWord=subset(dict,词条==keyword) # 获取 keyword 对应的词条数据,将这些数据按
频次由高到低排列
    index=c(0:(nrow(theWord))) # 横坐标值,帕累托图的累计词频折线从 (0,0) 开始,因此插
入 1 个零点
    value1=c(0,theWord$ dw_count)  # 词条频次,插入 1 个零点
    value2=c(0,theWord$ cumtf* 100)  # 累计词频,插入 1 个零点
    ylabels=seq(0,value1[2]+200,by=200) # 生成以 200 为间隔的词条频次坐标值
    ymax=ylabels[length(ylabels)] # 坐标轴上刻度的最大值
    xmax=nrow(theWord) # 横坐标上的最大值
    sp=c(-0.5,rep(1.5,13)) # 帕累托图中词频条形间的间隔值,第一个为负数,把零点左移
到适当位置
    xlabels=c("",theWord$ 图书分类号)

    # 设置绘图参数,mgp 的三个值分为坐标轴标签、刻度标签、刻度线与坐标轴的间距
    # new=F 表示绘制新图,mai 为底、左、顶、右图形区的空白距离 (单位为英寸,1 英寸=2.54 厘
米)
    # cex.axis 为刻度标签字体大小,cex.lab 为坐标名字体大小,col 是画笔的颜色
    par(mgp=c(1.5, 0.8, 0),new=F,mai=c(0.7,0.7,0.5,0.7),cex.axis="0.7",cex.lab=
0.8,col="black")
    # 绘图区顶上的一条线,绘图区的最右边的 X 坐标值为 xmax
    plot(x=c(0,xmax),type="l",y=c(ymax,ymax),axes=F,ylab=NA,xlab=NA,
    xlim=c(0,xmax),ylim=c (0,ymax))
    # 绘制词条频次坐标轴,side=2 表示左侧,las=1 表示刻度标签为水平方向
    # at 用于指定要绘制的刻度值,pos 用于指定轴的位置,col.axis 用于指定刻度标签的颜色
    Axis(side=2,las=1,at=ylabels,pos=0, col.axis="red")
    # 绘制条形图,坐标轴标签、条形柱都用红色,add 表示将条形图加在当前图形上
    barplot(height=value1,xlab="图书分类号",ylab="词条频次 (次)",
        col.lab="red", col="red",axes=F,xlim=c (0,xmax),width=0.4,space=sp,
ylim=c(0,ymax),add=T)
    Axis(side=1,labels=xlabels,at=index,pos=0,col.axis="black") # side=1,横坐
标轴

    # 设置绘图参数, new=T 表示在当前图上绘制
    par(new=T)
    # 绘制折线,type 表示线型,pch 表示数据点用实心圆,lwd 为线宽
    plot(x=index,y=value2,xlab=NA,ylab=NA,col.lab="blue",type="o",
        pch=16,lwd=2,col='blue',axes=F,xlim=c(0,xmax),ylim=c (0,100))
    # side=4,右侧纵坐轴,即累计词频
    Axis(side=4,x=value2,las=1,pos=xmax, col.axis="blue",col.ticks="blue")
```

```
        mtext(text='累计词频(% )',side=4,col='blue',line=1)
    }
```

　　分两次调用Paretochart()函数,分别生成"程序设计"和"考试"的帕累托图,如图12-2、图12-3所示。可以在图形工具中将生成的图形保存起来。调用 Paretochart()函数之前先把前面生成的词条统计数据读入到 words 中,代码如下:

```
    words=read.xlsx(paste(dataPath,"\\words_R.xlsx",sep=""),sheet=1)
    Paretochart(dict=words,keyword="程序设计")
    Paretochart(dict=words,keyword="考试")
```

　　从图12-2可以看到,"程序设计"主要分布在图书分类 TP 中,在其他分类中很少,可作为 TP 的主题词。而"考试"虽然在 H 分类(对应的是语言、文字)中占比最多,但在其他分类中出现的频次也很多,而且出现频次较多的其他分类有 5 个,因此"考试"不能作为主题词。

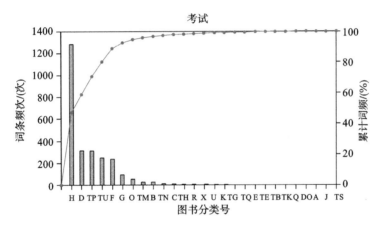

图 12-3　"考试"的帕累托图

　　通过进一步观察,可以按以下条件之一确定主题词。

　　(1) 词条出现的分类数大于等于3,前 3 条词的累计词频大于 85%,且词条总频次大于20 时。

　　(2) 词条出现的分类数等于2,且词条总频次大于 15 时。

　　(3) 词条出现的分类数等于1,且词条总频次大于 6 时。

　　主题词筛选代码如下:

```
    # 按照规则,从关键字中筛选主题词
    topicWords=words[which(words$ d_count>=3 & words$ rank==3& words$ cumtf>0.85
    & words$ cumsum>20
            | words$ d_count==2 & words$ rank==1 & words$ w_total>15
            | words$ d_count==1 & words$ w_total>6),]
    topicWords=topicWords[which(str_length(topicWords$ 词条)>1),]
    # 保存带详细信息的主题词表和简略主题词表
    write.xlsx(topicWords,paste(dataPath,"\\TopicWords_detail_R.xlsx",sep=""),
    colNames=TRUE)
    write.xlsx(subset(topicWords, ,select=c("词条")),
        paste(dataPath,"\\TopicWords_R.xlsx",sep=""), colNames=TRUE)
```

最后将主题词保存起来,供一下步进行热门书籍分析使用。也可以将词条的详细统计量保存到文件中,做进一步分析。

需要强调的是,限于篇幅,本书重点强调让读者理解整个分析过程,因此采用的确定主题词的方法不一定是最佳的,但总体不影响后面对热门书籍的分析。这是因为通过上述简化方法筛选的主题词不一定是最精准的(实际上也没有一个最精准的判断条件),但不会遗漏高频词,因此满足对热门书籍进行分析的要求。感兴趣的读者可以根据分析结果对筛选条件进行改进。

12.3.3　热门书籍分析

在试分析的时候,已经得到了借阅操作的数据集,下面把前面分步的代码集中一下:

```
library(jiebaR)
library(openxlsx)
library(dplyr)
library(tidyr)
library(stringr)
library(wordcloud)


dataPath='数据文件保存路径'
cutter=worker(user=paste(dataPath,"\\library_new_words.txt",sep=""),
        stop_word=paste(dataPath,"\\stopwords.txt",sep="")) # 设置分词引擎
book=  read.xlsx(paste(dataPath,"\\图书目录.xlsx",sep=""),sheet=1)
topicWords=  read.xlsx(paste(dataPath,"\\TopicWords_R.xlsx",sep=""),sheet=1)
operations=  read.xlsx(paste(dataPath,"\\图书借还2017.xlsx",sep=""),sheet=1)
book$书名=str_trim(book$书名)
borrowed=subset(operations,操作类型=="借",select=c("图书ID"))
borrowed=subset(merge(borrowed,book,by='图书ID'),select=c('图书分类号','书名'))
# 按"图书ID"进行关联
borrowed=na.omit(borrowed) # 去掉空值行
```

至此,可得到2个数据集:借阅书数据集 borrowed 和主题词表 topicWords。

先将文学类的书名直接作为词条,不进行分词处理。这在前面的试分析中已经提到,文学作品的特点是同一内容的书名一般只有一个,即使经过几十年的再版,《小王子》仍然叫《小王子》。文学书分词代码如下:

```
words=data.frame(词条=borrowed[which(str_sub(borrowed$图书分类号,1,1)==
"I"),"书名"])
```

再对非文学作品的书籍进行中文分词,方法与主题词中的中文分词方法相同:

```
words_noi=subset(borrowed,str_sub(图书分类号,1,1)! ="I",select=c("书名")) # 非
文学类的
words_noi=data.frame(词条=apply(matrix(words_noi$书名),2,function(x) segment
(x,cutter)))
```

将两组合并在一起:

```
words_noi=rbind(words,words_noi)
```

求词条的个数,并求 words 与 topicWords 的交集,只有主题词才被保留下来,非主题词被过滤掉:

```
words=summarise(group_by(words_noi, 词条),count=n())
words=merge(words,topicWords,by="词条")
```

进行排序,将排名前 300 的主题词保留,作为热门词保存到文件中:

```
words=arrange(words,desc(count))
words=words[1:300,]
write.xlsx(words,paste(dataPath,"\\借书 2017_top300R.xlsx",sep=""),col.names=
TRUE, row.names=FALSE)
```

至此,完成了对热门书籍的分析。可见热门书分类的本质是获得热门主题词。

从保存了排名前 300 的主题词的文件"借书 2017_top300R. xlsx"中摘取排名前 20 的主题词,如表 12-4 所示。

表 12-4　排名前 20 的主题词

名　　次	词　　　条	频　　次	名　　次	词　　　条	频　　次
1	考研	2955	11	六级	817
2	数学	2248	12	C 语言	795
3	英语	1826	13	建筑	783
4	MATLAB	1482	14	经济学	775
5	程序设计	1411	15	编程	740
6	词汇	1369	16	ANSYS	661
7	高等数学	1021	17	英语四级	594
8	大学英语	982	18	算法	593
9	中文版	915	19	单片机	591
10	Java	881	20	写作	559

从表 12-4 可以看出:

(1)考研类的书占据第 1 名,数学、英语、词汇、高等数学也和考研相关;

(2)因为程序设计语言是公共课,且近几年产生了计算机热,因此与程序语言相关的书籍成为热门,从程序语言来看,MATLAB 语言、Java 语言、C 语言是主流。

结合学校的课程设置,还可以作出更多的解读。总体看,热门书的排名受考试、课程、就业的影响比较大。

12.4　数据可视化

数据分析结果已经出来,但仅仅用表格的方式发布数据显得很枯燥,可以用更加直观、有趣的方式发布分析结果。事实上,数据可视化是发布数据分析结果非常重要的方式,因为当发布的数据量比较大的时候,只看数据表格显得不直观,有的数据非专业人士基本看不懂。但数据可视化可以非常直观地把数据表达出来。

12.4.1 热门书词云

下面用词云来展示前面的分析结果。词云就是对文本中出现频率较高的关键词予以视觉上的突出的技术,它形成关键词云或关键词渲染,从而过滤掉大量的文本信息,使读者只要扫一眼文本就可以领略文本的主旨。

R 语言的软件库中有专门用来制作词云的包,如 wordcloud 包、wordcloud2 包,wordcloud2 包比 wordcloud 包的功能更加丰富一些。感兴趣的读者也可编写自己的词云程序。下面介绍如何用 wordcloud2 包制作云图。

wordcloud2 包中的主要函数为 wordcloud2(),其格式如下。

```
wordcloud2(data, size=1, minSize=0, gridSize=0, fontFamily=NULL, fontWeight=
'normal'
,color='random-dark', backgroundColor="white", minRotation=-pi/4, maxRotation
=pi/4
,rotateRatio=0.4, shape='circle', ellipticity=0.65, widgetsize=NULL)
```

其常用参数的含义如下。

data:词云生成数据,是一个包含 2 列的 data.frame 参数,第 1 列为词条,第 2 列为词频。

size:字体大小,默认为 1,一般来说该值越小,生成的形状轮廓越明显。

fontFamily:字体,如微软雅黑。

fontWeight:字体粗细,包含 normal、bold,以及 600。

color:字体颜色,可以选择 random-dark 或 random-light。

backgroundColor:背景颜色,支持 R 语言中的常用颜色,如 gray、blcak,但是还支持不了更加具体的颜色选择,如 gray20。

minRotation 与 maxRotation:字体旋转角度范围的最小值和最大值,字体可在该范围内随机旋转。

rotateRatio:字体旋转比例,如设定为 1,则全部词语都会发生旋转。

shape:词云形状选择,默认是 circle,即圆形,还可以选择 cardioid (心形)、star(星形)、diamond(钻石)、triangle-forward(右向三角形)、triangle(三角形)、pentagon(五边形)。

首先从上节的分析结果中读取热门书的词数据,代码如下:

```
library(openxlsx)
dataPath='数据文件保存路径'
keyWords=read.xlsx(paste(dataPath,"\\借书2017_top300R.xlsx",sep=""),sheet=1)
```

然后调用 wordcloud2 绘制词云:

```
library(wordcloud2)
wordcloud2(data=keyWords, shape='diamond', size=0.7, fontFamily="微软雅黑")
```

生成的词云如图 12-4 所示,如果觉得这个词云有点呆板,还可以把词云表现成一个字母图形,如图 12-5 所示。图 12-5 中缺少最大的几个词,如考研、数学等,这是因为这几个词的字号太大,图中无处安放。如果看不到显示结果,或显示结果不理想,可将 Viewer 窗口调整到最大,再执行 letterCloud 语句。对于一些具有特殊形状的词云,不能保证所有的词都显示出来,如果没有足够的空间显示某一个词,该词会被丢掉。

图 12-4　热门图书词云

图 12-5　热门图书词云——形状

```
library(devtools) # 需要先安装和加载 devtools 才能显示字母图形
letterCloud(data=keyWords, word="R",size=0.5)
```

12.4.2　热门书排名对比

本案例提供 2014—2017 年的图书借阅数据,可以分别进行分析,得到各年度的热门书。有了 4 年的分析结果,就可以展示一下这 4 年热门图书的变化情况。下面将采用趋势图(折线图)展示 4 年中 Top20 热门图书的变化。为了方便,这里把 4 年的数据集中放在一个 Excel 文件的 4 个表单中,表单名为年份。

（1）读入数据。

代码如下：

```
library(openxlsx)
dataPath='数据文件保存路径'
years=c('2014','2015','2016','2017')
top=20

# 读入年度数据
words_years=data.frame()
top_words=data.frame()
for ( year in years) {
  words_year=read.xlsx(paste(dataPath,"\\借书名 TOP20:2014-2017 排名变化.xlsx",
sep=""),sheet=year)
  words_year['year']=year
  words_year$ rank1=row(words_year['词条'])
  words_years=rbind(words_years,words_year)
  top_words=rbind(top_words,words_year[1:top,])
}
```

words_years 为 4 年的全部数据，相比 Excel 中的内容，增加了列"year"，用 0～3 表示年份号，并增加了列"rank1"表示词条在当年的排名。top_words 为各年前 20 名的词条。

（2）整理 Top20 词条。

top_words 为各年前 20 名的词条，合并去重后，得到的是 4 年中进入过前 20 名的词条，称为 Top20 词条，只要有一年进入过前 20 名，就是 Top20 词条。在后面的展示中，只关注 Top20 词条的排名变化，代码如下：

```
# 整理 Top20 数据
top_words=unique(top_words[,'词条'])
words_count=length(top_words)
top_words=data.frame(词条=top_words)
words=merge(words_years,top_words,by="词条")
words=words[order(words$ year,words$ rank1),]
words=transform(words,rank2=unlist(tapply(rank1,year,rank)))
```

words_count 为 Top20 词条数，一般会大于 20。通过 merge 得到 Top20 词条在各年的数据 words。words 中增加了一列"rank2"，用来对 rank1 进行排名，结果是 0～words_count－1。rank2 与 rank1 的前 20 个值是相同的，但后面的不一定相同，rank2 的作用是显示排名位置。

（3）绘制排名变化图。

下面用折线图表达 Top20 词条的结果。横轴表示年份，纵轴表示排名，top_words 中的每一个词对应一条折线。若词条在某一年的变化较大，落到 20 名外很远，则折线图的纵坐标范围太大，使图形很难看。因此在 20 名之外的点采用 rank2 的值作为虚排名，并在上面标明实际排名，这样可保证所有纵坐标点数不会超过 words_count 个。代码如下：

```
# 绘制排名变化图
x_index=c(0,1,2,3,4,5)          # x 轴坐标值
x_labels=c("",years,"")         # x 轴刻度
y_min=top-words_count           # y 轴最小值,注意不是从 0 开始,是一个负数
y_index=c(y_min:top)            # y 轴坐标值
y_labels=c(rep("",words_count-top+1),top+1-c(1:top))      # y 轴刻度

# 定义图形及坐标轴
plot(1:17, 1:17,xlab="年份",ylab="排名", main="图书馆大数据-年度 Top20 变化",
    xlim=c(0.5,length(years)+1),ylim=c(y_min,top), type="n",axes=F)
Axis(side=2,at=y_index,labels=y_labels,pos=0.5,col.axis="black")
Axis(side=1,at=x_index,labels=x_labels,pos=y_min,col.axis="black") # side=1,
横坐标轴

lines(c(0.5,length(years)+1),c(0.5,0.5),type="l",lty=2) # Top20 分隔线

year_index=c(1:length(years))
cols=rainbow(50) # 生成一个有 50 种颜色的颜色表
for (word in top_words$ 词条) {
  points=c()
  for (theYearIndex in year_index) {
    theyear=years[theYearIndex]
    theWord=subset(words,词条==word & year==theyear,)
    rank1=theWord$ rank1[1]
    rank2=theWord$ rank2[1]
    theRank=rank1
    if (rank1>top) {
      # 排名在 Top20 之外的,采用特殊方式绘点
      theRank=rank2
      text(x=theYearIndex-0.05, 21-0.7-rank2,
          as.character(rank1),cex=0.7,adj=c(0,0))
    }
    points=c(points,top+1-theRank)
  }

  theColor=cols[as.integer(runif(1, 1, 50))]
  lines(x=year_index,y=points,col=theColor,type="o",lwd=2,pch=16)
  text(x=length(years)+0.1, y=top+1-0.1-theRank, labels=word,cex=0.7,adj=c
(0,0))
}
```

结果如图 12-6 所示。

从图 12-6 可以看出,计算机方面的书近几年处于持续热门状态,这与现实中这几年的

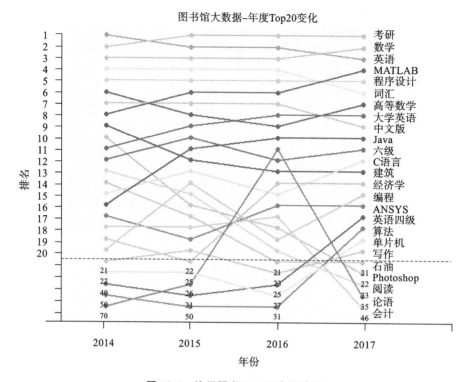

图 12-6　热门图书 Top20 变化情况

计算机热表现一致。

本章小结及习题

参考文献
REFERENCES

[1] [美]Norman Matloff. R 语言编程艺术[M].陈堰平,邱怡轩,潘岚峰,译.北京:机械工业出版社,2013.

[2] [美]Robert I. Kabacoff. R 语言实战[M].2 版.王小宁,刘撷芯,黄俊文,译.北京:人民邮电出版社,2016.

[3] [美]Brian Dennis. R 语言初学指南[M].高敬雅,等译.北京:人民邮电出版社,2016.

[4] [印]拉格哈夫·巴利,迪潘简·撒卡尔. R 语言机器学习:实用案例分析[M].李洪成,等译.北京:机械工业出版社,2017.

[5] 任坤. R 语言编程指南[M].王婷,等译.北京:人民邮电出版社,2017.

[6] 谢佳标. R 语言游戏数据分析与挖掘[M].北京:机械工业出版社,2017.

[7] 游皓麟. R 语言预测实战[M].北京:电子工业出版社,2016.

[8] 洪锦魁,蔡桂宏. R 语言迈向大数据之路[M].北京:清华大学出版社,2016.

[9] 张良均,谢佳标,等. R 语言与数据挖掘[M].北京:机械工业出版社,2016.

[10] 左飞. R 语言实战机器学习与数据分析[M].北京:电子工业出版社,2016.

[11] 伍瑾,毛忠行.大数据背景下的高校图书馆图书采购模式探析[J].常州大学学报(社会科学版),2014(5):133-136.

[12] 何胜,熊太纯,周冰,柳益君,武群辉.高校图书馆大数据服务现实困境与应用模式分析[J].图书情报工作,2015(22):49-55.